大零号湾区域规划图(2021年)

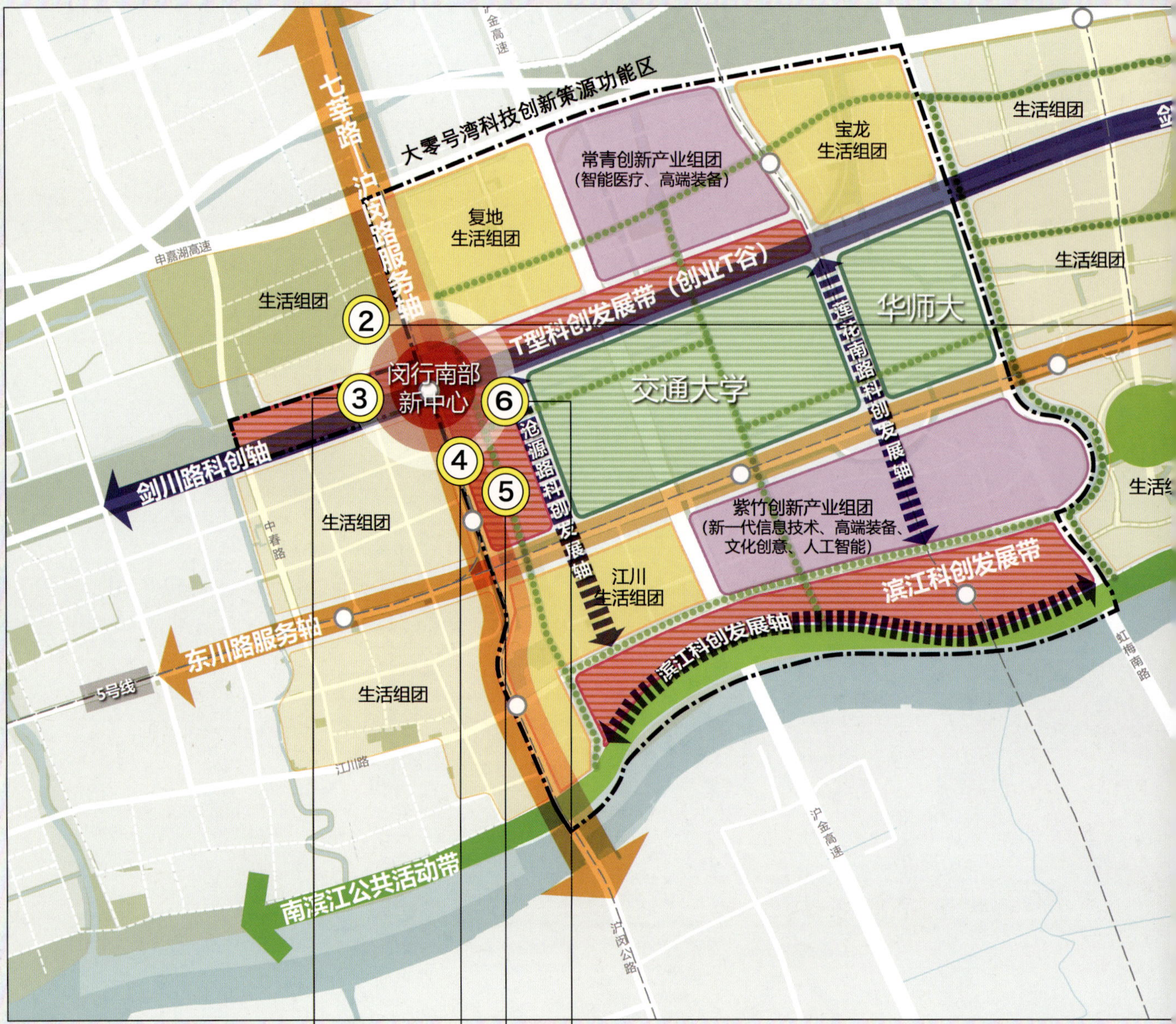

③ 大零号湾区域鸟瞰(二)

④ 大零号湾区域鸟瞰(三)

大学校区
产业空间
生活组团
配套服务中心
轨道交通
地铁站
开放空间系统

① 浦江第一湾

② 大零号湾区域鸟瞰（一）

号湾区域鸟瞰（四）

⑥ 大零号湾区域鸟瞰（五）

start from Zero: unbounded creativity

大零号湾科创大厦（剑川路940号）（摄于2021年）

横泾港科创水街（剑川路953弄）（摄于2021年）

华谊万创·新所（沪闵路1441号）（摄于2021年）

上海交大科技园闵行园区创想600基地（剑川路600号）（摄于2020年）

零号湾科创大楼（剑川路951号）（摄于2019年）

零号湾930（剑川路930号上海人工智能研究院、交大医疗机器人产业园）（摄于2020年）

零号湾950（剑川路950号）（摄于2020年）

start from Zero: unbounded creativity

2015年4月11日,"零号湾"全球创新创业集聚区签约仪式举行,上海交大党委书记姜斯宪(后排右七)、闵行区委书记赵奇(后排左六)、上海地产集团董事长冯经明(后排右六)参加,上海交大党委副书记朱健(前右)、闵行区副区长张国坤(前中)、上海地产集团副总裁薛宏(前左)代表三方签订"零号湾"全球创新创业集聚区共建备忘录

2015年6月18日,"零号湾"全球创新创业集聚区启动仪式暨上海零号湾创业投资有限公司揭牌仪式在闵行区沧源科技园举行,上海交大先进产业技术研究院院长刘燕刚(右二)、地产闵虹党委书记汤伟军(右一)、江川路街道办事处主任王文辉(左)揭牌

2015年10月25日,"零号湾"科技大楼启用暨首批机构入驻仪式举行。由上海交大党委书记姜斯宪(右二)、闵行区委书记赵奇(左二)、上海地产集团董事长冯经明(右一)启动,江川路街道党工委书记刘琼(左一)主持

2015年12月14日，市人大常委会主任殷一璀（居中）、副主任钟燕群调研"零号湾"全球创新创业集聚区，上海交大党委书记姜斯宪、校长张杰，闵行区委书记赵奇、区人大常委会主任张路加，上海地产集团副总裁薛宏等陪同

2016年2月18日，副市长周波（前排左三，被讲解者）率市相关部门到"零号湾"全球创新创业集聚区调研创新创业工作情况

2017年3月，闵行区委书记赵奇（左六）带队赴沈阳飞机工业（集团）有限公司调研，区人大常委会原主任、滨江管委会顾问张路加（右三）等参加

2017年5月17日，上海闵行房地集团与上海交大媒体与设计学院签订战略合作协议，上海交大党委常务副书记郭新立（右六）与闵行房地集团董事长华允弟（右八）代表双方签字

2017年7月24日,上海智能医学大数据产业基地建设发展规划论证会举行,中国工程院院士杨胜利、王威琪、王红阳、宁光,上海市市场监督工作委员会书记阎祖强,闵行区领导沈军,上海市科学学研究所所长骆大进等参加,会议由闵行区滨江办主任、南滨江公司党委书记、董事长余建源主持

2017年12月7日,闵行区召开紫竹创新创业走廊规划评估和优化调整主题会暨专家、咨询委员会受聘仪式

2017年12月21日，由闵行区政府和上海交通大学合作共建的上海交通大学医疗机器人研究院揭牌成立，上海交大校长林忠钦（右），闵行区区长倪耀明（左）等参加

2018年6月15日，上海交通大学医疗机器人研究院与闵行区政府召开第一届理事会第一次会议。上海交大党委书记姜斯宪，副校长徐学敏、奚立峰，闵行区分管领导，医疗机器人研究院院长、英国皇家工程院院士杨广中，医疗机器人研究院常务副院长陈卫东、生医工学院党委书记季波等参加会议

2018年7月12日，闵行房地集团与上海交大产业集团、交大技术转移中心、交大科技园公司签署战略合作协议。闵行区分管领导、区滨江办主任余建源、区经委副主任史宏超、区科委副主任郑良明，交大校务委员会专职副主任吴旦，交大国资办副主任李东云，交大产业集团董事长钱天东、总裁刘玉文，上海交大科技园有限公司董事长曹兆敏、闵行房地集团董事长华允弟等出席签约仪式

2018年10月25日，上海交通大学、闵行区政府、临港集团、博康集团举行"上海人工智能研究院"合作签约仪式。上海交通大学党委书记姜斯宪，临港集团党委书记、董事长刘家平，博康集团董事长张滔等出席仪式并见证签约。上海交通大学副校长毛军发，闵行区委副书记、区长倪耀明，临港集团总裁袁国华，博康集团董事长张滔代表各方签署共建协议

2019年3月4日,第一届"梦享闵行 筑梦滨江"沧源杯迎春拔河邀请赛举行

2019年4月9日,"零号湾"工作例会召开。市科委总工程师陆敏、上海交大副校长毛军发、闵行区分管领导、地产闵虹执行董事冯晓明等出席会议

2019年4月12日,闵行区区长倪耀明专题调研华谊大正轮胎转型项目,华谊集团副总裁顾立立、华谊资产总经理曹金荣、江川路街道办事处主任吴敏华等参加

2019年6月29日，由闵行区政府主办的"零号湾"全球创新创业集聚区"为梦启航"主题活动顺利举办。活动最后，上海交通大学姜斯宪书记、市经信委吴金城主任、市科委张全主任、闵行区倪耀明区长、市科创办王萧副主任、华东师范大学孙真荣副校长、仪电集团总裁蔡小庆、国盛集团副总裁戴敏敏、地产集团副总裁杨庆云、华谊集团副总裁顾立立、电气集团副总裁陈干锦上台共同见证"零号湾"全球创新创业集聚区正式启航

2019年11月29日，"集聚梦想 引领未来"建设项目集中启动暨华谊智慧天地开工仪式在原华谊大中华正泰橡胶厂举行。上海交通大学校长林忠钦（左六），闵行区委书记倪耀明（左七），区领导张路加（右七）、倪学斌（左四）、王一力（右六），华谊集团总裁王霞（左五）、副总裁顾立立（左三），项目方华谊智慧天地项目方张海（右五）、王锦淮（左二）、吴杏仙（右四），龙湖淡水河畔温介邦（右二）、白金汉爵大酒店姜涛（右一）、宏润科创中心郑宏舫（左一）、佳通科创中心项目吴庆贤（右三）等共同启动项目开工

上海交通大学校长林忠钦致辞

闵行区委书记倪耀明致辞

华谊集团总裁王霞致辞

万科集团上海区域总裁（华谊智慧天地项目方）张海致辞

南滨江公司党委书记、董事长余建源介绍项目情况

start from Zero: unbounded creativity

2020年4月8日，市委副书记廖国勋（左六）一行实地走访"零号湾"全球创新创业集聚区、交大医疗机器人产业园、交大国家大学科技园闵行园区，上海交大校长林忠钦（右五）、市委副秘书长燕爽、闵行区委书记倪耀明、市科委总工程师陆敏等参加

2020年4月28日,闵行区政协主席祝学军(左六)走访调研创想600基地,区政协秘书长韩朝阳(左一)、专委办主任邢红光(左二),吴泾镇党委书记杨其景(左五),南滨江公司董事长余建源(右三)、党委副书记倪悦婷(右四),闵行房地集团董事长华允弟(左四)等陪同

2020年5月8日,市人大常委会主任蒋卓庆(前排左三)调研医疗机器人研究院建设情况,上海交大党委书记杨振斌(前排左二)、副校长王伟明(前排左一)、医疗机器人研究院院长杨广中(前排右三)、生医工学院党委书记季波(左一),闵行区区长陈宇剑(前排右一)、区人大常委会主任庞峻(前排右二)等参加调研

2020年5月9日,市委常委、副市长吴清(左二)调研视察创想600基地,杨振斌(右五)、林忠钦(左一)、王伟明(左三)、陈宇剑(右四)、陆敏(右三)、陈宏凯(左四)、华允弟(右二)参加

2020年5月9日,国盛闵行健康智谷启动签约仪式于上海紫竹新兴产业技术研究院举行。市委常委、副市长吴清(居中),市政府副秘书长陈鸣波(右二),中国工程院院士杨胜利(左二),闵行区委书记倪耀明(右一)和上海国盛集团党委书记、董事长寿伟光(左一)为项目启动揭牌

2020年5月23日,市委常委、常务副市长陈寅(左三)调研上海交大"大零号湾"全球创新创业集聚区建设情况,市政府副秘书长马春雷(右一),闵行区委书记倪耀明(右二),区委常委、副区长沈军(右三)等陪同

2020年7月25日,闵行区区长陈宇剑(左四)接待清华大学药学院教授鲁白(左六)团队一行考察

2020年8月19日,中国工程院副院长钟志华院士(左六)一行赴"零号湾"全球创新创业集聚区考察调研,上海交大校长林忠钦(左七)、地产闵虹总经理冯晓明(左四)、零号湾创投公司总经理张志刚(左一)等参加

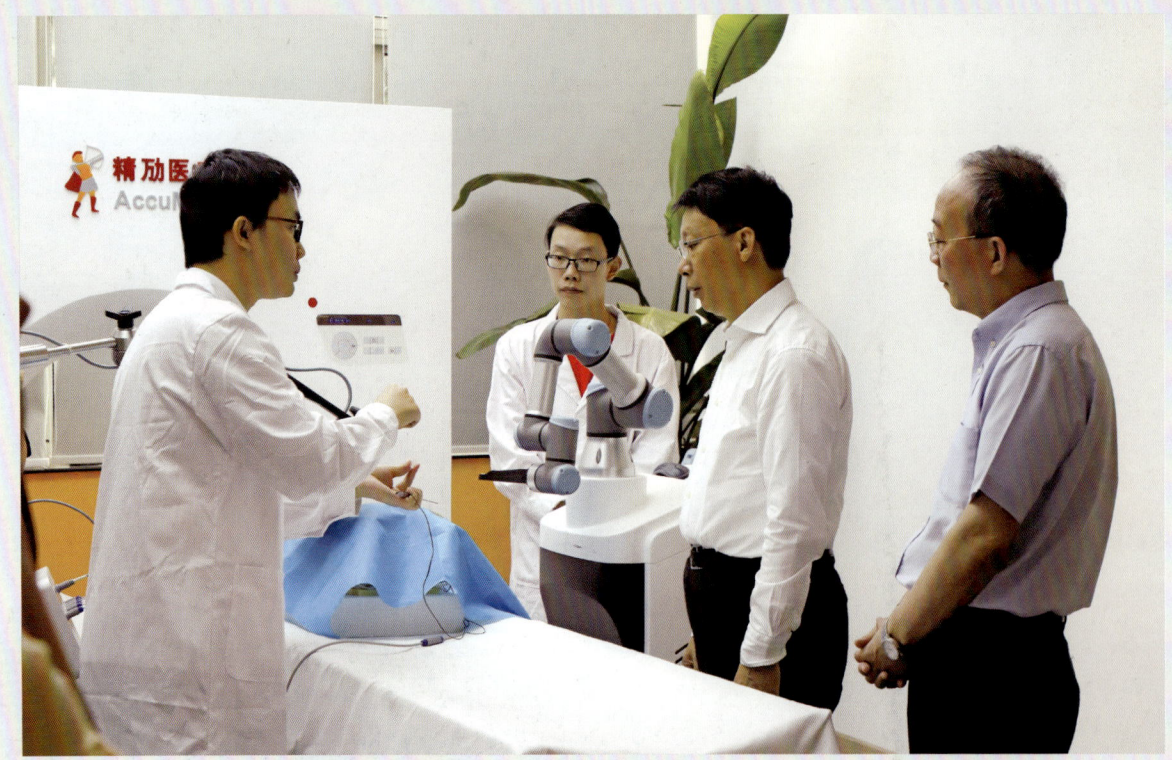

2020年8月27日,市委副书记于绍良(右二)、闵行区委书记倪耀明(右一)调研精励医疗

2020年9月9日,闵行区委书记倪耀明(右三)一行调研大零号湾区域市属企业地块转型情况,华谊集团副总裁马晓宾(左四)、资产部总经理李宁(左五),华谊资产公司党委书记倪永盛(左一)、副总经理刘清(右二),江川路街道党工委书记王文辉(左二)参加

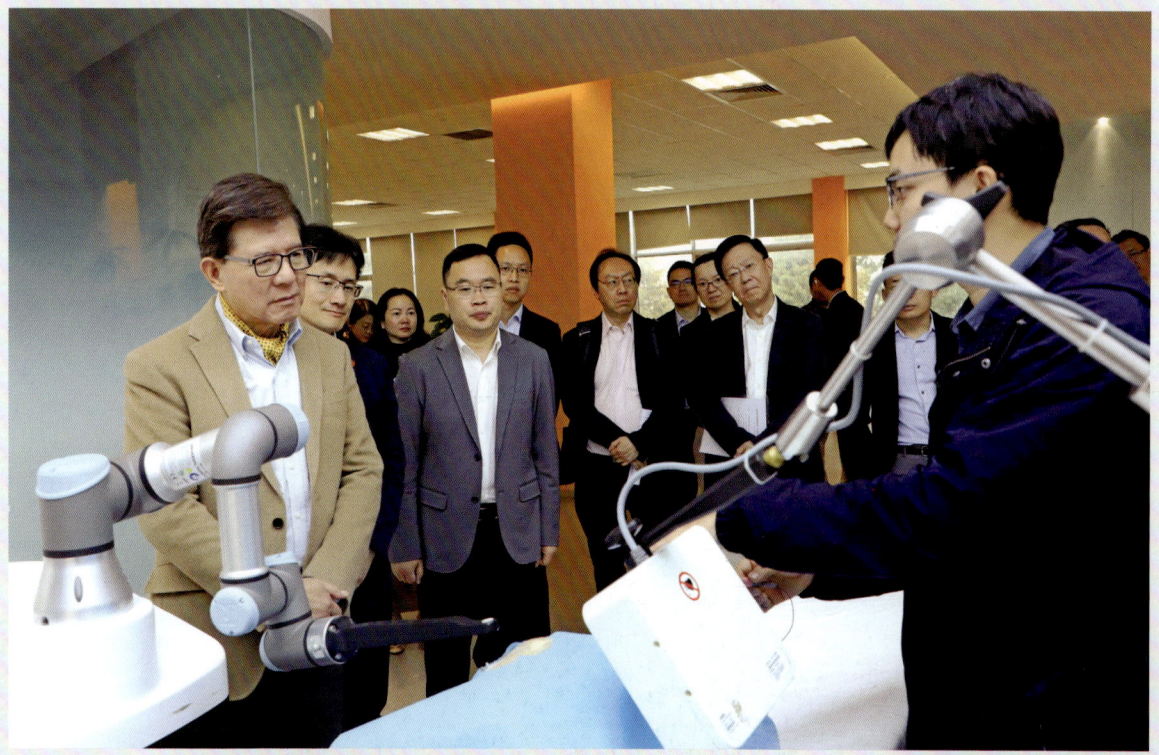

2020年10月16日,瑞安集团董事局主席罗康瑞(左一)一行赴精励医疗考察,闵行区区长陈宇剑(左五)、上海交大副校长王伟明(左二)等陪同

2020年10月21日，上海市在上海交通大学召开大学科技园高质量发展推进会。市委副书记于绍良出席会议并讲话，市委常委、副市长吴清主持会议，副市长陈群，市委副秘书长燕爽、虞丽娟、陈鸣波，上海交大党委书记杨振斌、校长林忠钦，同济大学校长陈杰，市相关委办局和区县，部分高校、重点企业负责人和有关人员参加会议

2020年10月21日，上海市在上海交大召开大学科技园高质量发展推进会。副市长陈群（左）与上海交大创业代表、上海柏楚电子创始人唐晔（右）一同为上海交大国家大学科技园创想600基地启用揭牌

2020年10月21日，市委副书记于绍良（右五），市委常委、副市长吴清（右三），副市长陈群（右一），市政府副秘书长陈鸣波（右四）一行考察调研"零号湾"全球创新创业集聚区。上海交大党委书记杨振斌（右六）、副校长王伟明（右七），闵行区委书记倪耀明（右二）等陪同

2020年12月14日至16日，上海交通大学医疗机器人研究院国际学术论坛（Academic Forum of Institute of Medical Robotics）在交大闵行校区转化医学大楼和线上ZOOM平台同步举办。上海交大副校长张安胜（右五）、闵行区分管领导，研究院理事会理事杨广中（左四）、陈卫东（右一）、林艺（左二）、李丽（右四）、余建源（左一）等参加

2021年3月8日，闵行区区长陈宇剑（左四）赴大零号湾区域调研，区发改委主任胡志宏（右五）、江川路街道党工委书记王文辉（右二），南滨江公司总经理徐亚云（右三）、副总经理陈声凯（左一），华谊资产董事长倪永盛（右一）、副总经理刘清（左二），万科华谊万创·新所项目总经理杨晓丽（右四）陪同

2021年3月19日,市经信委主任吴金城(左五)、上海交大副校长王伟明(右五)、闵行区副区长管小军(左四)、上海交大大零号湾专项办主任陈江平(右四)、区经委主任林艺(左二)、区科委主任李丽(右二)、南滨江公司董事长余建源(右三)等赴宁德时代总部洽谈

start from Zero: unbounded creativity

2021年4月29日,由南滨江公司年轻干部联袂献演的"一群人,一座城"2021年"五四"青年节主题活动在南滨江紫竹产研院举行。活动特别邀请闵行区国资委党委副书记张浩(中排右五)、上海交大大零号湾专项办主任陈江平(中排左五),闵行房地集团副董事长吴杏仙(中排左四)、副总经理王静(中排右三)等嘉宾出席

2021年5月10号,闵行区委常委、副区长管小军(右一)调研沪闵路383/427号项目改造现场,区经委主任林艺(左三),江川路街道党工委书记王文辉(右二)、办事处主任蒋汉武(右三)、副主任范斌(左一),闵行房地集团董事长华允弟(左二)陪同

2021年5月26日，龙湖蓝海引擎·淡水河畔科创园开园仪式举行，上海交通大学校长林忠钦（左五）、副校长奚立峰（左三）、副校长王伟明（右三）、闵行区委书记倪耀明（右四）、区政协主席祝学军（左四）、副区长管小军（左二）、区人大常委会副主任陈皋（右二）、颛桥镇党委书记傅爱明（左一）等共同按下启动键

2021年6月18日，"零·618"零号湾为梦同行六周年庆祝大会于"零号湾"全球创新创业集聚区内举行。地产闵虹党委书记汪丹（右四）、南滨江公司董事长余建源（左四）、江川路街道办事处主任蒋汉武（右三）、上海交大大零号湾专项办主任陈江平（左三）、上海交通大学生创新中心党委书记熊振华（右二）、市人力资源和社会保障局国际处副处长龚宇（左二）、零号湾创投总经理张志刚（右一）、南滨江公司总经理徐亚云（左一）参加

2021年7月29日,大零号湾科创大厦正式启用。闵行区委书记倪耀明(左三)、区长陈宇剑(左二)、副区长管小军(右一),上海交大常务副校长丁奎岭(右三)、校务委员会专职副主任吴旦(左一),市科委副主任陆敏(右二)共同按下启用键

卷首照

2021年7月29日,中国大学科技园新时期高质量发展研讨会在闵行区剑川路940号大零号湾科创大厦举行

2021年8月26日，市委宣传部常务副部长胡劲军（居中）一行调研"大零号湾"全球创新创业集聚区建设情况

2021年8月28日，市科委、闵行区与上海交大三方召开"大零号湾"建设专题会议。市科委主任张全、副主任陆敏，闵行区委书记倪耀明、区委副书记、区长陈宇剑、区委常委、副区长管小军，上海交大校长、中国工程院院士林忠钦、副校长奚立峰、党委副书记、副校长王伟明、副校长朱新远、校务委员会专职副主任吴旦出席会议，市科委高新处、创新服务处，上海交大大零号湾专项办、产研院、医疗机器人研究院、交大科技园公司、零号湾公司等负责人，区委办、区府办、区科委、区卫健委、南滨江公司主要领导参加会议

2021年11月10日，闵行区委副书记、闵行区政府党组书记、代区长陈华文（中）调研大零号湾、闵行房地集团董事长华允弟（右）陪同

2021年11月25日,"2021对话区委书记·闵行篇"访谈节目录制,区委书记陈宇剑赴横泾港科创水街现场调研

2021年11月30日,华谊万创·新所正式对外运营,南滨江公司总经理徐亚云(前右二)、江川路街道办事处副主任陆晓燕(前右三)、闵行房地集团副董事长吴杏仙(前左三)、万科华谊万创·新所项目总经理杨晓丽(前左二)等参加开园活动

2021年12月29日,科创CEO赋能训练营结营仪式举行

从零开始，创造无限
——"大零号湾"开发亲历者回忆（2015—2021）

编委会

顾　问： 张路加　莫建备

主　任： 洪民荣

成　员： 华允弟　刘　清　吴庆贤　余　宙　余建源
　　　　　陈江平　罗金才　周桐宇（按姓氏笔画排序）

编纂组： 赵　琢　王　传　林　月　马　胜　何迪韬

目 录

概 述	001
一、"零号湾"创立	001
二、从"零号湾"到"大零号湾"	004
第一章 开发背景	010
第一节 国家决策	012
第二节 上海部署	016
第三节 交大支撑	020
第四节 闵行推进	025
第二章 管理机构	028
第一节 综合管理机构	030
第二节 开发管理机构	032
第三章 工作推进	034
第一节 重要会议	036
一、联席会议	036
二、市级会议	043
三、校级会议	044
四、区级会议	045
第二节 领导调研	054
一、市领导调研	054
二、相关领导调研	059
第三节 重要活动	081

第四章　开发运营　　　　　　　　　　　　　　　106

第一节　开发建设　　　　　　　　　　　　　108
一、开发建设公司选介　　　　　　　　108
二、开发建设情况选介　　　　　　　　112

第二节　运营管理　　　　　　　　　　　　　120
一、运营管理公司选介　　　　　　　　120
二、运营管理情况选介　　　　　　　　125

第五章　科创生态建设　　　　　　　　　　　　130

第一节　公共服务机构入驻　　　　　　　　　132
一、上海市闵行区行政服务中心大零号湾分中心　　132
二、闵行区科技创新服务中心　　　　　133
三、上海知识产权交易中心南部分中心　　134
四、上海闵行高端人才服务中心　　　　135

第二节　公共设施提升　　　　　　　　　　　136
一、大零号湾科创大厦启用　　　　　　136
二、紫竹创新创业走廊中心绿地一期项目建成　　136
三、横泾港东岸滨水景观公共空间改造　　138
四、白金汉爵酒店落成　　　　　　　　138
五、宜良路东二河桥梁工程开工　　　　139
六、大正地下公共车库工程开工　　　　140
七、北苑天桥建成　　　　　　　　　　140
八、北鲲园建成　　　　　　　　　　　141
九、剑川路、沧源路架空线入地项目完成　　141
十、闵行科创公园开园　　　　　　　　143

第三节　科创平台汇聚　　　　　　　　　　　144
一、剑川路951号　　　　　　　　　　144
二、创想600基地　　　　　　　　　　145
三、920启源科技园　　　　　　　　　151
四、剑川路930号　　　　　　　　　　151
五、剑川路950号　　　　　　　　　　152
六、剑川路955号　　　　　　　　　　153
七、飞马旅交大科创园　　　　　　　　153
八、易迈科创园　　　　　　　　　　　155
九、电驱动园区　　　　　　　　　　　155

十、思源创新园　　155
十一、龙湖蓝海引擎·淡水河畔　　156
十二、华谊万创·新所　　157
十三、上海紫竹新兴产业技术研究院　　157
十四、佳通夏日创园　　159
十五、宏润科创中心　　160
十六、云境443　　161
十七、云境383/427　　161
十八、大零号湾·国盛健康云城　　162
十九、大零号湾·海联智谷　　164

第四节　新型高水平机构涌现　　165
一、上海交通大学医疗机器人研究院　　165
二、上海人工智能研究院　　166
三、宁德时代未来能源（上海）研究院　　167
四、上海交大元知机器人研究院　　168
五、上海交通大学未来技术学院　　169

第五节　双创企业发展壮大　　170
一、上海诺通新能源科技有限公司　　170
二、奕目（上海）科技有限公司　　170
三、上海享爱健康科技有限公司　　171
四、上海中科新生命生物科技有限公司　　171
五、术锐（上海）科技有限公司　　171
六、上海图灵智算量子科技有限公司　　172
七、上海光玥生物科技有限公司　　172
八、霖鼎光学（上海）有限公司　　172
九、上海节卡机器人科技有限公司　　173
十、峰云智造（上海）科技有限公司　　174
十一、上海天鹜科技有限公司　　174
十二、上海飒智智能科技有限公司　　174
十三、上海骄成超声波技术股份有限公司　　175
十四、上海易校信息科技有限公司　　175
十五、上海钙蓝时代光电科技有限公司　　175
十六、交芯科（上海）智能科技有限公司　　175
十七、上海电气集团智慧能源科技有限公司　　175
十八、和华瑞博（上海和华科泰医疗科技有限公司）　　176
十九、上海氦尘科技有限公司　　176

二十、上海励响网络科技有限公司　　176

　　二十一、上海东富龙科技集团股份有限公司　　176

　　二十二、上海泰则半导体有限公司　　177

　　二十三、星猿哲科技（上海）有限公司　　177

　　二十四、上海柏楚电子科技股份有限公司　　178

　　二十五、精励医疗科技有限公司　　178

　　附：2022年"大零号湾"主要代表性入驻企业一览表　　179

第六章　工作日志选录　　194

附　录　　258

　　一、《大零号湾科创生态体系建设的建议》　　260

　　二、《沧源园区转型发展和运行管理工作方案》
　　　　南滨江公司在闵行区紫竹创新创业走廊沧源片区
　　　　推进专题会上的汇报材料　　270

　　三、部分新闻报道摘编（2015—2021）　　272

　　四、"零号湾"全球创新创业集聚区"为梦启航"主题
　　　　活动图录　　280

　　五、争朝夕　克难题　谋布局
　　　　南滨江公司加快推进地区转型　助力上海南部科创
　　　　中心核心区建设　　290

　　六、"我们一起走过——人人争当实干家"
　　　　南滨江公司2021年重点工作讲评会纪实　　293

后　记　　301

概述

从 2015 年 6 月 18 日 "零号湾" 全球创新创业集聚区创立，到 2022 年 11 月 2 日市政府批复同意《推进"大零号湾"科技创新策源功能区建设方案》，星星之火，终成燎原之势。"大零号湾" 是在原来的 "零号湾" 基础上发展而来。从 "零号湾" 到 "大零号湾"，不仅仅是区域面积的相关扩大，也不是简单地从一栋楼到一群楼、从 5 万平方米到 17 平方千米这一物理空间的扩大，而是从 "创新平台" 向 "创新生态系统" 的转变。目的就是要通过构建 "政产学研金服用" 一体化的协同创新体系，吸引高校、科研院所、科技领军企业、科技服务机构、金融机构、园区主体等各类主体集聚，促进人才、技术、资金等要素自由流动、良性互动、融合发展，最终将 "大零号湾" 打造成为区域创新创业的 "核爆点"。

一、"零号湾" 创立

（一）"零号湾" 的意义

对上海交通大学（简称 "上海交大"）而言，建成闵行校区以后，受客观条件限制，很长一段时间都无法在学校周边产生有效的产业孵化。上海交大一直想要构建一个开放的、与大学零距离紧密融合在一起的创新创业生态体，让老师和学生的想法、创意以及成果能够自然而然地融入产业，支持整个区域和社会的发展。由此，上海交大尝试创建一个协作生态体系，帮助教授们零距离获取创新能力与产业协作的要素，零距离融入产业。在这个动态、离散的系统里，具备一切创新成果落地所需要的要素资源，教授们可以获得 "一站式" 创业服务。

在上海交大实践的同时，闵行区也在进行另外一种探索。对闵行而言，南部这片区域里坐拥上海交通大学、华东师范大学（简称 "华东师大"）两所 "双一流" 高校，却没有与之相适应的科创生态和产业环境，那么多的人才留不住，那么多的科研创新成果没法 "纸变钱"，对于区域发展乃至社会进步而言，都是巨大的浪费。因此，闵行聚焦上海南部科创中心建设，大力引才聚智发展高新技术产业，探索创新体制机制。而具有丰富产业资源和企业服务经验的上海地产（集团）有限公司（简称 "上海地产集团"）旗下上海地产闵虹（集团）有限公司（简称 "地产闵虹"）的加入，成为零号湾起步、发展的重要支撑。

2015 年 3 月 13 日，《中共中央国务院关于深化体制机制改革加快实施创新驱动发展战略的若干意见》出台，这种根本性的制度改革极大地激发了师生投入科技成果转化的积极性，也使得学校在科技成果转化中能更加放开手脚开展工作。如此大背景下，在对创新创业体系建设的基本规律做了深入研究探讨后，上海交大、闵行区政府与上海地产（集团）有限公司达成合作，协调各方资源，建立政、产、学、研、资、创全面协作的可持续发展的创新创业生态体系，其雏形便是坐落于闵行滨江区域江川街道所辖沧源科技园内的"零号湾"。

（二）"零号湾"的诞生

2015年3月15日，在地产闵虹的会议室内，合作三方讨论，设立"零号湾"全球创新创业集聚区。为什么会叫"零号湾"？"零号"，源于之前做的载体名称均叫"一号""二号""三号"基地……新设立的是一个更大的系统，不能沿用之前的序号，因此倒过来，叫"零号"。此外，构建与大学零距离、紧密融合在一起的创新创业生态体系，这个创业是从"0"到"1"的过程。"湾"，一方面指地理位置，处在黄浦江的第一湾，也在杭州湾的北岸。大江大河的湾区往往是经济最发达的地区，东京湾区、纽约湾区、旧金山湾区孕育出世界著名的三大湾区经济。另一方面，也寓意着"零号湾"完全按照市场机制构建生态体制，是所有的创业者都能从零开始、从零启航的港湾。因此，"零号湾"是源头，也代表着闵行所在的浦江第一湾，寓意着以闵行为圆心，辐射到长三角，走向全球。零号湾成立的初心便是推动科研成果落地。

2015年4月11日，上海交通大学、闵行区政府、上海地产（集团）有限公司签订"零号湾"全球创新创业集聚区共建备忘录。根据备忘录，三方拟通过搭建完整的创业服务平台和成长培育生态体系，吸引和凝聚国内外高校在校生、校友以及青年教师落户创业。当天的签约仪式上，6支学生创新创业团队首批入驻"零号湾"，地产闵虹协助租赁42平方米办公场地。从零开始，这些创新创业团队在这里开启了创业之旅。

2015年6月18日 由上海交通大学、闵行区政府及上海地产（集团）有限公司合作共建的"零号湾"全球创新创业集聚区启动仪式暨上海零号湾创业投资有限公司（简称"零号湾创投公司"）揭牌仪式在闵行区沧源科技园举行。截至该日，共有29支团队通过创业导师评审，首批入驻"零号湾"。在首批入驻的团队组成中，既有上海交大的在校学生，也有海内外校友和青年教师。

（三）"零号湾"的优势

在各地创业园区和孵化器风起云涌的当下，为什么创业者会选择"零号湾"？根据对企业家初次创业的需求调研发现，创业者起步时依次需要的是人脉、场地、资金、配套设施、增值服务、公寓、市场等。"零号湾"所在区域在上海交大闵行主校区西侧和北侧，和交大校园一路之隔，创业者选择这一园区创业，在公司发展需要人才时，上午在校园网上发个招聘启事，下午也许就能在校园内的餐厅、咖啡馆和应聘学生沟通。这个区域对于吸引在校生到创业型企业见习、实习具有极大的地域优势。上海地产闵虹（集团）有限公司的加入，为创新创业生态圈的建设注入巨大活力，极大助推了高校创新成果产业化和市场化。闵行区政府发挥总揽全局、协调各方的作用，为创新创业提供了载体和平台。"零号湾"是科技成果转化和创新创业培养的重要载体，为园区周边大学生的创新创业提供实践基地，降低了他们的创业成本。高校、政府和企业的强强联手，以及在体制机制上的创新，为"零号湾"的建设带来更多活力。

那时，"零号湾"向创业团队提供几乎免费的办公空间，并配备了强大的创业导师团队和丰富的创投资金，吸引了众多项目入驻。闵行区也为"零号湾"及入驻企业提供了完善的政策扶持，并对周边配套设施进行系统性的规划提升。"在这一阶段，我们通过协同配置创新创业资源，支持交大校友、老师和学生的创业项目培育，增强产业资源与大学创新人才的交流和互动，从而打破大学和产业之间的边界，改变传统高校和产业之间的独木桥连接模型。"上海零号湾创业投资有限公司总经理张志刚说。张志刚是上海交大第一个保留教职离岗创业的副教授。从那时起，他的名片和微信名上的头衔，就成了"零号湾1号服务员"。

在吸引团队入驻方面取得跨越式进展的同时，"零号湾"的配套建设也以超常规的速度得以落实。科技大楼的启用作为里程碑式的成果，进一步发挥优势资源的聚集效应，完善三类主要职能体系的"黄金组合"：一是以交大优势学科为特征的专业孵化器；二是优势互补的创新创业孵化器主体；三是围绕创新创业的金融服务、融资投资、法律法务等支撑体系。多方优势资源的协同将共同努力为"零号湾"培育最佳创业生态体系。

"零号湾"秉持"大园区＋专业孵化器"的运作模式，充分挖掘高校、社会、资本等资源，积极引进多种形式的创新创业运营管理主体，打造多元化、开放性创新创业培育平台。因此，三方合作、各施所长的运作机制在具体实践中起到了极为关键的作用。上海交大和上海地产（集团）有限公司在前台充分整合各类科技服务要素和资源，闵行区政府在后台为"零号湾"打造更好的行政服务和生态环境配套体系。三方齐肩并进，合力推动"零号湾"的快速成长。参与"零号湾"共建的三方，闵行区政府、上海交通大学、上海地产集团三方彼此之间并没有行政隶属和管理权，相互之间也没有体制上的约束；然而三方的相关部门、负责人能铆足劲，全情投入，全身心投入"零号湾"的筹建、运营和发展中。这是一个独特的三方会商机制。每次合作三方在一起开碰头会，另外两方都会对第三方下阶段的工作提出建议和要求，随后大家共同商定下一个工作节点；往往到了下一个节点时都会发现另外两方的进展超出预期，凸显出大家都有主动加压、主动担当的自觉意识。这对于一个科技园区来说，尤为难能可贵。

2015年10月25日，"零号湾"全球创新创业集聚区科技大楼启用暨首批机构入驻仪式举行。截至该日，入驻创业团队达63支，创业者人数超过350人。包括上海市大学生科技创业基金会（EFG）、晨晖创投等多个知名孵化器在内的多家全国知名专业孵化器入驻办公，关注智慧医疗、智能硬件、智慧城市、互联网金融等领域的创业培育，为创业者们提供兼具专业性和综合性的孵化服务，实现从单一孵化平台向多元化创业生态体系的升级，打造多样性创业孵化器生态链。

就像时任闵行区委书记赵奇说的那样，"零号湾"整合了政府的政策资源、高校的人才和创新资源、企业的资金资源、管理资源和市场需求资源，因而各方资源和力量在这里得到汇聚融合，发挥化学效应，从量变到质变，产生非一般的变化。上海交大4万多名师生员工与数十万名校友都会是创新创业不竭的源泉和动力。而上海地产集团具有成功的资本运作优势，是创新创业深入发展的广阔腹地。闵行的南部区域，尤其是江川区域是新中国机电制造业的发祥地和腾飞地，更是"智造业"基地的振兴所在。"零号湾"的诞生和建设，可谓集合了"天时、地利、人和"。

2016年5月，上海交通大学入选首批国家级双创示范基地，"零号湾"全球创新创业集聚区作为国家级双创示范基地重点建设项目，获得重点支持，加速发展取得显著成效。"零号湾"从一栋商务写字楼逐渐蜕变为具有完整的创业服务平台和成长培育生态体系的双创园区，吸引和凝聚一批国内外高校在校生、校友以及青年教师落户开展创新创业，成为上海南部科创中心建设中的一张闪亮名片。

从零开始，"零号湾"成功开辟了一条从实验室到市场的成果转化通道。当时认为，"零号湾"在沧源园区内正式启动，打响了沧源科技园转型的第一枪；现在看来，"零号湾"的创立也迈出了创建"大零号湾"科技创新策源功能区的第一步。

二、从"零号湾"到"大零号湾"

（一）"零号湾"的扩展

2016年2月，紫竹创新创业走廊正式启动建设，闵行区政府成立紫竹创新创业走廊建设领导小组，形成整个紫竹创新创业走廊建设框架机制，明确上海市闵行区滨江地区综合开发管理委员会办公室（简称"区滨江办"）作为实施平台，主要负责沧源科技园及周边区域的整体转型开发工作。2016年2月18日下午，"紫竹创新创业走廊"合作框架协议签约仪式在紫竹国家高新技术产业开发区（简称"紫竹国家高新区"）举行。走廊北到申嘉湖高速公路，西至区界，东、南均至紫竹国家高新区，内部以剑川路、东川路、江川路等三条主干路打造东西向发展的廊道，总计占地面积约70平方千米，其中产业用地25平方千米。2016年8月，闵行区专门成立国资平台公司——上海南滨江投资发展有限公司［简称"南滨江公司"，与区滨江办合署办公；现更名为上海大零号湾投资发展（集团）有限公司］。作为"紫竹创新创业走廊"的实施平台，2016年，南滨江公司推动滨江地区国有资产整合，启动接收市社保中心地块（剑川路940号）和紫竹产研院资产前期工作，排摸沧源科技园及"零号湾"资产状况。"零号湾"所在的沧源片区是"紫竹创新创业走廊"的核心区域之一，沧源片区的改造升级是当时南滨江公司的重点工作之一。

上海闵行房地（集团）有限公司（简称"闵行房地集团"）是闵行区本土企业，根在闵行，企业也一直在思考如何更好地融入闵行的发展。上海南部科创中心核心区和上海交通大学的发展远景，吸引了企业的目光，开始提前布局落子，通过校企合作，协同创新发展。2016年9月8日，谋求创新转型的闵行房地集团抢占新一轮创新发展的风口，看好剑川路项目基地（后来的上海交大科技园闵行园区创想600基地，以下简称"创想600基地"）位于"紫竹创新创业走廊"的区位优势，以及上海交大每年2000多项科技专利、众多文化创意成果急需展示转化的需求。因此闵行房地集团率先与上海交通大学媒体与设计学院签订战略合作协议，建设文化科创成果展示和转移转化的创新创业平台。自此，闵行房地集团加入创建阵营，并一直发挥着重要的作用。

2016年11月2日，闵行区召开滨江地区开发设计方案汇报专题会。会上，区委书记赵奇表示，沧源片区城市设计方案已具备可操作性，下一阶段应重点拓展科技创新功能，开放高校公共空间，形成社区与校区的有机连接。同时进一步研究交通、环境等配套功能，更加注重整体环境的提升，打造亲近、温馨的开放式街区。区领导要求，扩大沧源片区研究范围，将思购用地纳入改造范围同步建设，同时加强与上海交大的对接。

2017年5月2日上午，闵行区分管副区长主持召开闵行区滨江地区综合开发管理委员会（简称"滨江管委会"）专题推进会。会议明确，建设"紫竹创新创业走廊"是滨江管委会的核心工作之一，作为"紫竹创新创业走廊"的重要承载区，沧源片区的提升改造是当前工作的重中之重。2017年9月，闵行区政府与上海交通大学、华东师范大学、地产集团和经信委、紫竹高新区五家单位形成了一个产业创新联盟，以此进行上下联动、左右联合，共同推进闵行的紫竹创新创业走廊的发展。2017年10月23日下午，区长倪耀明主持召开区政府第21次常务会议。会议指出，"零号湾"全球创新创业集聚区在闵行区、上海交通大学和上海地产集团三方共同推动下，已成为闵行区打造上海南部科创中心的重要组成部分，深化"零号湾"全球创新创业集聚区建设，有利于汇聚三方各自领域资源优势，打造一流的创业孵化基地和科技成果转化平台，进一步助推该区域企业转型和产业升级，推动大众创业、万众创新。会议要求区科委、区经委、区人社局、南滨江公司等相关单位根据职责分工，紧紧围绕建设目标，采取各项措施，加强服务保障，全力推进"零号湾"全球创新创业集聚区建设各项工作任务。2017年，根据《闵行滨江地区开发建设领导小组会议纪要（2016年第1期）》和《闵行区人民政府办公室关于转发〈沧源片区转型发展和运行管理工作方案〉的通知》，紫竹创新创业走廊沧源片区的主要任务是剑川路商务区、沧源科技园区、华谊集团江川地区地块改建、环交大周边地区环境和功能提升，主要范围界定为北至闵吴支线、东至S4—剑川路—沧源路—东川路—S4、南至黄浦江、西至横泾港—江川路—沪闵路—东川路—规划石屏路—剑川路—规划安宁路。

为加强资源整合，顺利推进沧源片区的改造升级，区委、区政府明确区滨江办作为区政府派出机构，负有区域经济发展综合协调功能。随后，由南滨江公司陆续接收沧源片区部分国有资产：2017年5月2日，闵行区国资委批复同意将上海市闵行资产投资经营（集团）有限公司持有的上海零号湾创业投资有限公司40%股权（出资120万元）划至南滨江公司；此次股权转移，便于南滨江公司加强与上海交大、上海地产闵虹（集团）有限公司和"零号湾"的交流与衔接。5月22日，闵行区国资委批复同意上海碧华企业管理有限公司持有的上海沧源科技园发展有限公司100%股权（出资100万元）无偿划转至南滨江公司。6月25日，闵行区国资委批复同意将上海碧华企业管理有限公司持有的上海益源工业开发有限公司40%股权（出资500万元）划转至南滨江公司。12月，根据上海儒君律师事务所出具的《关于沧源工业小区存量土地情况的查证报告》，闵行区国资委批复同意将沧源工业小区部分存量土地权属（即沧源工业小区已出让和划拨土地之外的其余存量土地，包括道路和绿化用地）划转至南滨江公司下属全资子公司——上海沧源科技园发展有限公司。12月，闵行区国资委批复同意上海沧源科技园发展有限公司接收沧源科技园区管理权，履行沧源科技园的园区管理职能。原上海益源工业开发有限公司承担的沧源科技园区物业管理、绿化管理等职能一并由上海沧源科技园发展有限公司承接并拥有收益权、资产处置权等产权人权利和责任义务。

2018年4月19日，区国资委批复同意成立医疗机器人产业化公司（后定名为上海南韱机器人科技发展有限公司），注册资金人民币2.5亿元。其中，南滨江公司出资约2亿元，占80%股权；闵行房地集团出资0.5亿元，占20%股权。2018年5月14日，区国资委批复同意南滨江公司自筹资金8794.9万元投资建设上海南部科创服务中心大厦（现更名为"大零号湾科创大厦"）。2018年5月28日，区国资委批复同意成立上海南滨江智能医疗科技开发有限公司，注册资金人民币2亿元。其中，南滨江公司出资1亿元，占50%股权；上海宝藤生物医药股份有限公司出资1亿元，占50%股权。

2018年7月12日，闵行房地集团与上海交大产业投资管理（集团）有限公司、上海交大技术转移中心、上海交大科技园有限公司在上海交通大学签署战略合作协议。

至2018年，核心区建设存在集中度、显示度不足等问题。为进一步吸收社会资金投入，加快区域发展，2018年7月26日，南滨江公司和闵行房地集团展开战略合作，共同出资成立剑川路双创走廊开发运营平台公司——上海弄升企业发展有限公司（以下简称"弄升公司"）。弄升公司功能定位是作为剑川路核心区合作开发项目的建设和运营主体，通过对区域内存量工业用地、低效园区、公共绿地的整体规划、空间租赁和改造升级，着力打造以双创为支撑，以科技创新、文化创意、现代传媒、休闲娱乐为主要功能，融创意产业与创意活动为一体的生态双创走廊。公司承载了提升创新集聚的功能，重点推进剑川路930、950、955号三个园区先行先试，全力促成交大（闵行）国家大学科技园落地，重点布局交大科技成果转化孵化基地，汇聚一流创新要素，加快了区域建设的步伐。

2018年12月7日，零号湾工作例会在上海地产闵虹（集团）有限公司举行。上海交大副校长王伟明表示将汇聚各方资源，将零号湾打造成为上海最重要的创新创业增长极，建议进一步细化零号湾下一步发展的定位、内涵、细化互动机制，形成横向的比较优势。闵行区分管副区长希望各方重新认识零号湾的发展定位，拓展发展区域，将"零号湾"品牌扩展到沧源片区的整个区域，打造品牌高地；更加关注产业链上下游的发展，系统考虑产业定位，围绕承接交大成果转化项目，做好与周边产业区块的对接，拉长产业链长度；以开放、包容、合作的态度，与国内外高校、优秀的创新创业机构与团队进行合作，形成各类运营机构、企业的集聚地。

2018年12月21日，首次大零号湾建设工作研讨会在上海交大召开，市科委主任张全，闵行区区长倪耀明、上海交大校长林忠钦、副校长王伟明、上海交大校友、教育发展基金会理事杨振宇，以及三方相关部门主要负责人出席会议。与会三方主要领导经过充分研讨，正式提出建设"大零号湾"的工作设想。会议决定，成立由三方共同参与的工作小组，研究制订专门方案，经过三方会议研讨后，择时向市领导作专题汇报。

(二)"6·29"为梦启航主题活动

到了2019年,"零号湾"再度迎来升级。市科委、上海交通大学、闵行区政府等部门和机构通力合作,对标美国硅谷、北京中关村等世界一流创新社区,依托上海交通大学、华东师范大学、紫竹及周边区域,立足区、校各自的优势,建设"大零号湾"全球创新创业集聚区,打造上海科创中心的重要策源地和区域经济社会发展增长极。3月,区滨江办牵头,会同市科委、交通大学、区科委研究加快推进"大零号湾"区域科创集聚区升级,南滨江科创城建设初步方案形成。

2019年6月29日,是"大零号湾"创建过程中非常重要的一天。这天上午,由闵行区政府主办的"零号湾"全球创新创业集聚区"为梦启航"主题活动顺利举办。来自上海市相关部门、高校和市属企业集团的领导、专家学者、园区和企业代表、创新创业者、投资人、各方面的合作伙伴汇聚一堂,以一系列主旨演讲、方案发布、项目展示、赛事启动、园区揭牌等活动,共同描绘"零号湾"全球创新创业聚集区的未来。闵行区滨江管委会常务副主任、南滨江公司董事长余建源作"新外滩、新中心、新港湾"主题演讲,首次就环上海交大、华东师大周边大零号湾17平方千米科技创新策源布局进行了宣讲。时任华谊集团副总裁顾立立等就华谊大正智慧天地、飞马旅交大科创园、颛桥龙湖蓝海引擎·淡水河畔科创园、佳通科创中心、宏润科创中心等一批双创载体产业转型升级方案进行了发布。上海交通大学和华东师范大学两所高校展示各自的优秀科创项目。活动中,各区域开发主体、科研机构、地区合作项目、国际合作项目、科创服务机构、地区科创企业等进行集中签约。"华东师范大学全球校友创新创业大赛"和"第四届中国创新挑战赛(上海)暨第二届长三角国际创新挑战赛闵行区分赛场"两场赛事活动举行启动仪式。"高校国家知识产权信息服务中心""上海交通大学国家大学科技园闵行园区"正式揭牌。

(三)共识形成

2019年7月,由上海南滨江投资发展有限公司、上海交大科技园有限公司、上海闵行房地(集团)有限公司共同出资,在区域内成立上海交大国家大学科技园闵行园区。上海闵行交大科技园运营有限公司在剑川路、沧源路"T"字形区域运营管理初步形成以剑川路951号为高校师生创新创业基地、以剑川路600号为师生创业专属平台、以剑川路950号为高校教师成果转化基地、以龙湖黄二村园区为中试基地的格局,有效承接交大师生创新创业项目。至2019年,在闵行区委、区政府的带领下,在社会各界的关心支持下,环交大周边区域快速发展。通过创新创业生态体系建设,打通从研发、应用到产业化的科技创新链,吸引一批在国内外有较大影响力的科创企业落户创业。由上海交通大学、闵行区政府、上海地产集团合作建设的零号湾一期,入驻项目超过560个、设立企业超过400家。在剑川路、沧源路"T"字形区域内,一批特色载体正在形成,交大医疗机器人研究院、人工智能产业园、飞马旅康养创新产业园陆续开园;智慧医疗创新示范基地、华谊智慧天地及佳通、宏润、龙湖黄二村等转型项目即将建设;人才公园、横泾港东岸景观等环境提升项目有序实施。环交大周边区域建设实现三个基本,即认识基本统一，推进基本有序，成效基本显现。

2019年9月7日，在前期多次会议充分交流研讨基础上，形成了较为系统的大零号湾建设方案文本，市科委、闵行区、上海交大三方主要领导在上海交大召开大零号湾建设专题会议，就大零号湾战略规划布局进行讨论研究。会议决定，建立"大零号湾"全球创新创业集聚区建设联席会议制度，由三方相关人员共同组成联席会议办公室，负责具体工作落实。会议研究了大零号湾核心区（T形区）规划布局、政策需求等事项，计划近期形成新的方案再次进行专题研究。

2019年11月2至3日，习近平总书记在上海考察时指出：要强化科技创新策源功能，努力实现科学新发现、技术新发明、产业新方向、发展新理念从无到有的跨越，成为科学规律的第一发现者、技术发明的第一创造者、创新产业的第一开拓者、创新理念的第一实践者，形成一批基础研究和应用基础研究的原创性成果，突破一批卡脖子的关键核心技术。

2019年12月2日上午，市委书记李强就高校服务国家战略和城市发展、加快推进"双一流"建设赴上海交通大学调研。李强指出，当前，上海正按照习近平总书记重要指示要求，着力强化科技创新策源功能。高校尤其是研究型大学，要成为知识创新的源头、基础研究的尖兵。聚力打通基础研究的"最先一千米"、成果转化的"最后一千米"。依托大设施、大平台、大项目，在重点优势领域力争取得基础研究和"卡脖子"技术的突破。要建强大学科技园，推动科研成果高效转移、高质量转化，将丰富的学术资源转化为充满活力的创新资源、转化为现实产业发展优势。

2020年，为深入贯彻习近平总书记关于上海要强化"四大功能"的领航指向，切实落实李强书记"大学科技园是上海科创中心建设的重要策源地和承载地"的指示要求，闵行区充分利用区域南部科创要素集聚优势，与市科委、上海交通大学、华东师范大学等筹划建设以大学科技园为核心的"大零号湾"全球创新创业集聚区，努力在科技创新策源上求突破。是年，"大零号湾"全球创新创业集聚区建设纳入市委、市政府重点区域和重点工作，时任市委副书记廖国勋，市委常委、副市长吴清，市委常委、常务副市长陈寅等市领导相继调研"大零号湾"地区的发展建设情况。7月21日，市政府批复同意上海张江高新技术产业开发区空间调整方案。创想600基地，科技成果转化基地剑川路951号、930号、950号、955号，金领谷智能光学产业基地，龙湖智能协作机器人基地均被纳入大张江园区范畴。10月21日，大学科技园高质量发展推进会在上海交通大学召开。市委副书记于绍良在会上强调，大学科技园是科创中心建设的重要策源地和承载地，要强化科技成果转化、科技企业孵化、科技人才培养、集聚辐射带动等核心功能，坚持塑造品牌、形成特色、提升能级，助力上海更好地服务全国改革发展大局。推进会上，副市长陈群与创业代表为"创想600基地"启用揭牌。"创想600基地"是闵行房地集团利用自身产业资源，携手吴泾镇人民政府、上海交大科技园有限公司、上海南滨江投资发展有限公司等共同打造的创新创业合作平台，积极助力大零号湾和上海环交大建设"科技创新策源地""高端产业引领地"。

2021年7月29日，大零号湾科创大厦（简称"科创大厦"）举办启用仪式。科创大厦启用，是大零号湾科创生态的跨越式提升，全要素、低成本、便捷化的"一站式"服务体系基本构建。随着开放式街区环境的不断提升,龙湖天街、白金汉爵酒店等配套设施的逐步完善,大零号湾形成以上海交大、华东师大等高校为策源地,大学科技园、产业园区为载体,科创大厦服务体系为纽带,高端配套为补充的产业生态体系,创新创业集中度和显示度加速呈现。

2022年8月22日,市政府常务会议原则同意《推进"大零号湾"科技创新策源功能区建设方案》并指出,依托上海交通大学、华东师范大学、紫竹及周边区域,建设"大零号湾"科技创新策源功能区。根据建设方案,"大零号湾"科技创新策源功能区规划范围北至S32申嘉湖高速,西至沪闵路,东至虹梅南路,南至黄浦江,总面积约17平方千米。未来三年,这里将建成科创载体47万平方米,新开工38万平方米,区域科创载体总量达141万平方米。其中,核心策源区("C"区),由上海交大、华东师大等高校院所构成,依托原始创新成果,为技术创新和产业创新提供支撑。成果转化区("T"区),以沧源路、剑川路为主轴,主要承接高校院所成果转化项目落地以及师生"硬科技"创业。开放创新区("O"区),重点承接"T"区成长壮大的企业溢出和加速服务。"大零号湾"可辐射至周边闵行经济技术开发区、莘庄工业区、临港浦江国际科技城等区域,为高校院所成果转移转化项目发展提供产业承载和配套服务。11月2日,市政府发文,批复同意《推进"大零号湾"科技创新策源功能区建设方案》。

至2022年,"大零号湾"核心区内实际入驻企业已逾600家,50家企业获融资达50亿元,其中9家估值超10亿元,23家公司获批市级"专精特新"企业,成为推动"大零号湾"发展的新引擎。此外,"大零号湾"区域汇聚航空、航天、船舶、核电装备等领域的10多家科研院所,20多家国家级重点实验室、工程研究中心。

从2015年"零号湾"在紧邻上海交通大学的西北角启动建设开始,经过不断发展,最初的"零号湾"实现"从0到1"的跨越,连同闵行区"环上海交大、华东师大"核心区域约17平方千米拓展为"大零号湾",先后获国家发展和改革委"国家首批双创示范基地""科技成果转化专项改革试点单位"、科技部"国家科技成果转移转化示范区"、国家知识产权局"第一批国家知识产权强市建设示范城区"称号,并入选科技部、教育部"未来产业科技园建设试点"名单,成为具有完整创业服务平台和成长培育生态体系的科创集聚区。在上海市产业技术创新大会上,张江、临港和大零号湾被授牌首批未来产业先导区。其中,对大零号湾特别强调的是:将发挥高校资源集聚、全球创新创业集聚区品牌和紫竹国家级高新区高端产业集聚优势,以校企联动融合创新、科技成果转化、创新创业活跃为特色,重点布局未来智能、未来能源、未来空间三大方向。从初步想法到最终实践,再到如今的"大零号湾"科技创新策源功能区,"零号湾"从小到大、从零到一,一步步发展成为闵行区乃至上海市重要的创新引擎。

第一章

开发背景

科技创新是上海现代化建设的关键,也是赢得未来发展的关键。近年来,上海深入贯彻落实习近平总书记对上海建设具有全球影响力的科技创新中心的重要指示精神,紧抓"强化科技创新策源功能"这个核心任务,加快建设创新要素集聚、综合服务功能完善、适宜创新创业、各具特色的科创中心重要承载区。"大零号湾"等一批高水平创新集聚区成为科创中心建设的重要支撑力量。大零号湾科技创新策源功能区的建设过程充分发挥了创新要素集聚、融合、提升的重要支撑作用,体现了政府、大学、企业、社会的合作、共享、共赢效应。

第一节　国家决策
第二节　上海部署
第三节　交大支撑
第四节　闵行推进

第一节
国家决策

2014年5月24日,中共中央总书记、国家主席、中央军委主席习近平在上海调研时指出,希望上海要努力在推进科技创新、实施创新驱动发展方面走在全国前头、走在世界前列,加快向建设具有全球影响力的科技创新中心进军。8月18日,习近平主持召开中央财经领导小组第七次会议,专题研究实施创新驱动发展战略,阐述实施创新驱动发展战略的基本要求,强调要抓紧出台实施创新驱动发展的政策和部署,要研究在一些省区市系统推进全面创新改革试验。

2015年3月5日,习近平在参加十二届全国人大三次会议上海代表团审议时指出:创新是引领发展的第一动力。抓创新就是抓发展,谋创新就是谋未来。适应和引领我国经济发展新常态,关键是要依靠科技创新转换发展动力。必须破除体制机制障碍,面向经济社会发展主战场,围绕产业链部署创新链,消除科技创新中的"孤岛现象",使创新成果更快转化为现实生产力。人才是创新的根基,创新驱动实质上是人才驱动;要择天下英才而用之,实施更加积极的创新人才引进政策;集聚一批站在行业科技前沿、具有国际视野和能力的领军人才。

2015年3月13日,《中共中央国务院关于深化体制机制改革 加快实施创新驱动发展战略的若干意见》(简称《意见》)发布。《意见》强调,面对全球新一轮科技革命与产业变革的重大机遇和挑战,面对经济发展新常态下的趋势变化和特点,面对实现"两个一百年"奋斗目标的历史任务和要求,必须深化体制机制改革,加快实施创新驱动发展战略。

2015年11月7日,国务院副总理刘延东在上海纪念人工全合成结晶牛胰岛素50周年暨加强原始创新座谈会上指出:上海按照党中央国务院的部署,统筹谋划,锐意改革,科技创新中心建设实现良好开局。建设具有全球影响力的科技创新中心是一项国家战略,要用好改革试验政策叠加优势,集聚全球创新人才,前瞻布局科技项目,加快建设创新高地和产业基地,成为改革开放排头兵和创新发展先行者。她要求各有关部门全力支持、协调配合,充分发挥上海建设科技创新中心的示范引领和辐射带动作用,打造功能完善的区域创新体系。

2016年3月5日,习近平在参加十二届全国人大四次会议上海代表团审议时,充分肯定一年来上海勇于改革攻坚、聚焦创新驱动取得的新成就,要求上海保持锐意创新的勇气、敢为人先的锐气、蓬勃向上的朝气,贯彻落实创新、协调、绿色、开放、共享的发展理念,着力加强全面深化改革开放各项措施系统集成,着力加快具有全球影响力的科技创新中心建设步伐,着力推进供给侧结构性改革,当好全国改革开放排头兵、创新发展先行者。

2016年3月30日,国务院总理李克强主持召开国务院常务会议,部署推进上海加快建设科技创新中心，会议明确：采取新模式，用3年时间在上海系统推进全面创新改革试验，建设综合性国家科学中心，探索在鼓励创业创新的普惠税制、投贷联动等金融服务模式创新、股权托管交易市场、新型产业技术研发组织、简化外资创投管理等方面开展先行先试，实施一批攻克关键共性技术、解决"卡脖子"瓶颈的重大战略项目，持续释放改革红利。

2016年11月22日，刘延东在上海调研时指出：要深入学习贯彻党的十八届六中全会和习近平总书记系列重要讲话精神，特别是科技创新思想，实施创新驱动发展战略，抓住机遇，统筹谋划，加快上海建设具有全球影响力的科技创新中心，为实现建设世界科技强国"三步走"目标提供重要战略支点。在上海建设科技创新中心，是党中央、国务院着眼于建设创新型国家而作出的重大部署，也是实施创新驱动发展战略的重要抓手，对于抢抓科技和产业变革机遇、集聚全球高端创新资源、推动我国科技创新跨越发展具有重要意义。上海市作为改革开放排头兵和创新发展先行者，部署周密、措施有力，科技创新中心建设各项工作稳步推进，取得了积极进展。科技创新中心建设是一项系统工程，要突出重点，点面结合，力争早日取得突破性进展。

2017年3月5日下午，习近平在参加十二届全国人大五次会议上海代表团审议时，充分肯定一年来上海围绕创新驱动发展、优化经济结构、深化改革等方面取得的新成就。希望上海继续按照当好全国改革开放排头兵、创新发展先行者的要求，在深化自由贸易试验区改革上有新作为，在推进科技创新中心建设上有新作为，在推进社会治理创新上有新作为，在全面从严治党上有新作为。要以全球视野、国际标准提升科学中心集中度和显示度，在基础科技领域作出大的创新、在关键核心技术领域取得大的突破。要突破制约产学研相结合的体制机制瓶颈，让机构、人才、装置、资金、项目都充分活跃起来，使科技成果更快推广应用、转移转化。要大兴识才爱才敬才用才之风，改革人才培养使用机制，借鉴运用国际通行、灵活有效的方法，推动人才政策创新突破和细化落实，真正聚天下英才而用之，让更多千里马竞相奔腾。

2018年3月5日，李克强在第十三届全国人民代表大会第一次会议上作政府工作报告时指出：实施创新驱动发展战略，优化创新生态，形成多主体协同、全方位推进的创新局面。扩大科研机构和高校科研自主权，改进科研项目和经费管理，深化科技成果权益管理改革。支持北京、上海建设科技创新中心，新设14个国家自主创新示范区，带动形成一批区域创新高地。以企业为主体加强技术创新体系建设，涌现一批具有国际竞争力的创新型企业和新型研发机构。

2018年9月26日，国务院《关于推动创新创业高质量发展　打造"双创"升级版的意见》

发布。这个文件指示，推进大众创业、万众创新是深入实施创新驱动发展战略的重要支撑、深入推进供给侧结构性改革的重要途径。随着大众创业、万众创新蓬勃发展，创新创业环境持续改善，创新创业主体日益多元，各类支撑平台不断丰富，创新创业社会氛围更加浓厚，创新创业理念日益深入人心，取得显著成效。但同时，还存在创新创业生态不够完善、科技成果转化机制尚不健全、大中小企业融通发展还不充分、创新创业国际合作不够深入以及部分政策落实不到位等问题。打造"双创"升级版，推动创新创业高质量发展，有利于进一步增强创业带动就业能力，有利于提升科技创新和产业发展活力，有利于创造优质供给和扩大有效需求，对增强经济发展内生动力具有重要意义。

2018年11月6至7日，习近平在上海考察时指出：科学技术从来没有像今天这样深刻影响着国家前途命运，从来没有像今天这样深刻影响着人民生活福祉。在实现中华民族伟大复兴的关键时刻，要增强科技创新的紧迫感和使命感，把科技创新摆到更加重要位置，踢好"临门一脚"，让科技创新在实施创新驱动发展战略、加快新旧动能转换中发挥重大作用。要认真落实党中央关于科技创新的战略部署和政策措施，加强基础研究和应用基础研究，提升原始创新能力，注重发挥企业主体作用，加强知识产权保护，尊重创新人才，释放创新活力，培育壮大新兴产业和创新型企业，加快科技成果转化，提升创新体系整体效能。要以全球视野、国际标准推进张江综合性国家科学中心建设，集聚建设国际先进水平的实验室、科研院所、研发机构、研究型大学，加快建立世界一流的重大科技基础设施集群。

2019年11月2至3日，习近平在上海考察指出：要深入推进党中央交付给上海的三项新的重大任务落实。上海自贸试验区临港新片区要进行更深层次、更宽领域、更大力度的全方位高水平开放，努力成为集聚海内外人才开展国际创新协同的重要基地、统筹发展在岸业务和离岸业务的重要枢纽、企业走出去发展壮大的重要跳板、更好利用两个市场两种资源的重要通道、参与国际经济治理的重要试验田，有针对性地进行体制机制创新，强化制度建设，提高经济质量。设立科创板并试点注册制要坚守定位，提高上市公司质量，支持和鼓励"硬科技"企业上市，强化信息披露，合理引导预期，加强监管。长三角三省一市要增强大局意识、全局观念，抓好《长江三角洲区域一体化发展规划纲要》贯彻落实，聚焦重点领域、重点区域、重大项目、重大平台，把一体化发展的文章做好。要强化科技创新策源功能，努力实现科学新发现、技术新发明、产业新方向、发展新理念从无到有的跨越，成为科学规律的第一发现者、技术发明的第一创造者、创新产业的第一开拓者、创新理念的第一实践者，形成一批基础研究和应用基础研究的原创性成果，突破一批卡脖子的关键核心技术。

2020年9月22日，李克强考察上海交通大学，走进海洋工程国家重点实验室，了解基础研究和科技创新情况。他来到钱学森图书馆观看科研成果展示，与院士、教授们就破除制约科技创新活力的障碍深入交流。此前不久，上海交大几位资深院士和教授给总理写信，就科技创新和科技成果转化等问题提出建议。李克强在图书馆见到他们后说，你们的信我收到了，你们反映的科技成果转化所遇到的障碍，我看比较突出的是两点：一是破而不立，二是由此导致了政策空窗期。总理现场与他们逐个问题进行探讨。李克强说，这些问题看似具体，但在实际操作过程中，任何一个都可能"绊"住科研人员。科技成果转化讲了很多年，但越到科研一线就越会发现，粗绳子已经不多了，细绳子还大量存在，严重束缚着科研人员的手脚。他叮嘱随行部门负责人，要统筹研究政策予以综合解决。

2020年11月12日，习近平在浦东开放开发30周年庆祝大会上指出：要全力做强创新引擎，打造自主创新新高地。要面向世界科技前沿、面向经济主战场、面向国家重大需求、面向人民生命健康，加强基础研究和应用基础研究，打好关键核心技术攻坚战，加速科技成果向现实生产力转化，提升产业链水平，为确保全国产业链供应链稳定多作新贡献。要优化创新创业生态环境，疏通基础研究、应用研究和产业化双向链接的快车道。要聚焦关键领域发展创新型产业，加快在集成电路、生物医药、人工智能等领域打造世界级产业集群。要深化科技创新体制改革，发挥企业在技术创新中的主体作用，同长三角地区产业集群加强分工协作，突破一批核心部件、推出一批高端产品、形成一批中国标准。要积极参与、牵头组织国际大科学计划和大科学工程，开展全球科技协同创新。

第二节

上海部署

2014年5月后，当时的上海市委书记韩正、市长杨雄、市委副书记应勇围绕习近平总书记5月24日在上海调研时的讲话要求，深入区县、园区、企业、高校、科研院所开展密集调研，并多次召开专家、院士、企业家等座谈会听取建议；市委常委、副市长屠光绍，市委常委、组织部部长徐泽洲，副市长周波，副市长时光辉等市领导带领各部门，围绕人才、知识产权、成果转化、科技金融、财税、国资国企改革等专题广泛听取意见，开展深化意见；市人大、市政协组织专题会议举行研究讨论，提出书面意见；市工商联、市政府参事室等单位也提出建议；各部门、各区县非常重视，主要领导牵头、组织专门力量，研究本领域和本地区如何推进科创中心建设；复旦大学、上海交通大学、同济大学等高校及科研院所、智库等，也围绕相关研究领域，提出具体建议。11月26—27日，杨雄带队前往国家发展改革委、科技部等部门作汇报，争取率先开展全面改革创新试点。12月15—16日，中共上海市委举行"深入实施创新驱动发展战略学习讨论会"，认真学习领会中央经济工作会议精神和习近平总书记重要讲话精神，围绕加快向具有全球影响力的科技创新中心进军的主题开展热烈讨论。

2015年2月25日，韩正主持召开市委"大力实施创新驱动发展战略，建设具有全球影响力的科技创新中心"课题动员会，部署推进2015年一号课题专题研究，贯彻落实习近平总书记对上海发展的定位和工作要求，加快建设具有全球影响力科创中心建设。5月，市发展改革委会同有关部门形成《大力实施创新驱动发展战略，加快建设具有全球影响力的科技创新中心》调研课题总报告，市委组织部、市政府发展研究中心分别牵头会同有关单位形成分报告，市委研究室、市发展改革委、市科委会同有关单位起草《关于加快建设具有全球影响力的科技创新中心的意见》。5月25日，十届市委八次全会在上海展览中心举行。全会审议并通过中共上海市委《关于加快建设具有全球影响力的科技创新中心的意见》，明确到2020年形成科技创新中心基本框架体系、到2030年形成科技创新中心城市核心功能的战略目标，提出聚焦体制机制、创新创业人才、创新创业环境、前瞻布局等四个关键环节的任务举措。

2016年，上海贯彻落实党中央、国务院决策部署，在国家科技创新中心建设领导小组的统筹领导以及各有关部委的大力支持下，加快推进科技创新，实施创新驱动发展战略，健全工作推进机制，整合各方创新资源，推动科技创新中心建设在体制机制改革、重大项目布局、人才政策完善、创新环境营造等方面取得积极进展和明显成效，为形成科技创新中心基本框架奠定基础。是年，市政府发布《上海科技创新"十三五"规划》，谋划布局营造创新生态、夯实科技基础、打造发展新动能、应对民生新需求四大领域16个主题58项科技创新任务，并提出重大改革保障举措；发布《上海市制造业转型升级"十三五"规划》，以创新驱动、提质增效为主线，坚持"高端化、智能化、绿色化和服务化"的发展思路，聚焦新一代信息技术、智能制造装备、生物医药与高端医疗器械、高端能源装备、节能环保等九大战略性新兴产业，布局重大任务。是年，闵行区被市委、市政府确定为"上海南部科创中心核心区"，同时是上海市唯一的国家科技成果转移转化示范区。

2017年，上海全面加快建设具有全球影响力的科技创新中心，深化全面创新改革试验，增强科技原创能力，优化创新生态，持续提高创新供给能力和效率，科技创新中心基本框架体系初具形态。10月10日，市政府出台《关于进一步支持外资研发中心参与上海具有全球影响力的科技创新中心建设的若干意见》（简称《若干意见》）。《若干意见》明确：支持外国投资者在沪设立具有独立法人资格的研发中心，支持外资研发中心升级为全球研发中心，支持外商投资设立各种形式的开放式创新平台，构建开放式创新生态系统，加强对外资研发中心建设国家级、市级企业技术中心政策辅导等。10月26日，市政府办公厅印发《关于本市推动新一代人工智能发展的实施意见》（简称《实施意见》）。《实施意见》提出，发挥上海数据资源丰富、应用领域广泛、产业门类齐全的优势，立足国际视野、加强系统布局，全面实施"智能上海（AI@SH）"行动，形成应用驱动、科技引领、产业协同、生态培育、人才集聚的新一代人工智能发展体系。到2020年，基本建成国家人工智能发展高地，成为全国领先的人工智能创新策源地、应用示范地、产业集聚地和人才高地，局部领域达到全球先进水平。到2030年，人工智能总体发展水平进入国际先进行列，初步建成具有全球影响力的人工智能发展高地，为迈向卓越的全球城市奠定坚实基础。

2018年5月17日，市政府办公厅印发《上海市建设闵行国家科技成果转移转化示范区行动方案（2018—2020年）》。聚焦"紫竹创新创业走廊"建设，推动国资国企改革和老工业基地转型升级，导入国内外优质创新资源和服务机构等，加快上海交通大学国家双创示范基地"零号湾"重点项目建设，打造沧源开放式创业社区，形成全球创新创业集聚区；推动华谊集团聚焦新材料领域研发创新与产业孵化，建设创新型科创园区；推动电气集团聚焦成套装备领域的研发和关键零部件制造等，开展产业创新研发、产业孵化与投资；推动上海仪电资产经营管理（集团）有限公司（简称"仪电集团"）改建存量工业厂房为创新创业园区，承载高校师生、校友创业和科技成果转化项目；建设智慧医疗产业基地，打造亚太地区重要的精准医疗数据中心，国家级智慧医疗、精准医疗产业集聚区……推动在环上海交大、华东师大周边区域集聚一批国内外优质的专业化科技服务机构，支持国际知名知识产权服务机构依法开展知识产权服务业务，为企业提供高效、便捷、安全的知识产权服务；在示范区加强知识产权保护，提高知识产权信息利用和服务能力，逐步形成特色鲜明的科技服务业集群；鼓励各类科技服务机构为技术转移提供知识产权、法律咨询、资产评估、技术评价等专业服务。

2019年，上海围绕科技创新中心建设，以增强科技创新策源功能为主线，实现科技创新与体制机制创新"双轮驱动"，坚持面向全球、面向未来，强化顶层设计，提升策源能力，优化营商环境，突破关键技术，激发产业动能，各项任务基本达到预期目标。推进《上海市推进科技创新中心建设条例（草案）》的起草工作，颁布《关于进一步深化科技体制机制改革 增强科技创新中心策源能力的意见》，上海科创板正式开板，建成或培育各类研发与转化功能型平台近20家。

2020年，是"十三五"规划的收官之年，是建设具有全球影响力的科技创新中心形成基本框架体系的"交卷之年"，也是中长期及"十四五"科技规划的谋篇布局之年。上海坚持科技创新与体制机制创新"双轮驱动"，全力强化科技创新策源功能，聚力突破三大重点领域，有力支撑疫情防控，形成战略科技力量、产业高质量发展的科技支撑、充满活力的创新生态、高水平的创新网络、法规政策及制度改革的主体架构。《上海市推进科技创新中心建设条例》正式施行，高水平研究机构加速布局，建成和在建的国家重大科技基础设施14个，建成功能型平台20余家，协同创新取得突破。7月21日，市政府批复同意上海张江高新技术产业开发区空间调整方案。创想600基地，科技成果转化基地剑川路930号、950号、955号，金领谷智能光学产业基地，龙湖智能协作机器人基地均被纳入大张江园区范畴。10月21日，上海市大学科技园高质量发展推进会召开，市科委与市教委会同相关部门、区、高校联合制定的《关于加快推进我市大学科技园高质量发展的指导意见》公布，围绕6个方面，提出21项任务，明确主要目标：力争到2025年，基本形成多层次、开放性的大学科技园体系，全力打造3—5家具有一定影响力和品牌效应的大学科技园示范园，孵化培育1万家有发展潜力的科技型企业。

2021年5月28日，市政府办公厅印发《上海市促进科技成果转移转化行动方案（2021—2023年）》，支持建设各类科技成果转化载体，持续推动上海闵行国家科技成果转移转化示范区发展，加快"大零号湾"创新创业集聚区建设，推进有条件的区打造特色化科技成果转化或创新创业集聚区，建设院士专家成果展示与转化中心等，推进大学科技园成为高校成果转化"首站"和区域创新创业"核心孵化园"。

2022年8月22日，市委副书记、市长龚正主持召开市政府常务会议，强调按照市委部署，着力推进"大零号湾"科技创新策源功能区建设。会议原则同意《推进"大零号湾"科技创新策源功能区建设方案》并指出，依托上海交通大学、华东师范大学、紫竹及周边区域，建设"大零号湾"科技创新功能策源区，就是要与杨浦国家创新型城区、已经具备辐射能力的浦东张江以及正在加快建设的青浦华为基地一起，形成东、西、南、北各具特点的全市创新格局，共同支撑起建设具有全球影响力的科技创新中心这一战略大目标。要聚焦核心关键，构筑独特优势，加快形成一批原创性、引领性成果。要深化创新探索，加快转化落地，切实为更多项目转化和初创企业发展营造良好环境。要放大溢出效应，引领转型升级，充分释放高校和周边科研院所等创新资源，在挖掘应用型研究成果上下更大功夫，加强载体支撑，打造政产学研金服用一体化新模式，塑造科创和产业新地标。11月2日，市政府批复同意《推进"大零号湾"科技创新策源功能区建设方案》。

2023年1月6日，经市政府同意，市科委、市教委、闵行区政府、市发展和改革委、市经济和信息化委、市国资委、上海推进科技创新中心建设办公室联合印发《推进"大零号湾"科技创新策源功能区建设方案》。2月27日，市政府新闻办举行新闻发布会，介绍上海推进"大零号湾"科技创新策源功能区建设有关情况。副市长刘多，中国科学院院士、上海交通大学校长丁奎岭，市教卫工作党委书记沈炜，市科技工作党委书记徐枫，闵行区区长陈华文等出席发布会，共同回答记者提问。

第三节

交大支撑

围绕上海市委"一号课题",上海交通大学与闵行区、上海地产集团于2015年4月签署备忘录,共同建设"零号湾"全球创新创业集聚区。6月18日,"零号湾"启动建设,与学校闵行校区一路之隔,成为师生开展创新创业的首选地。

2016年5月,上海交通大学入选首批国家级双创示范基地,"零号湾"作为一项重点建设项目获得全方位支持,从一栋商务写字楼逐渐蜕变为具有完整创业服务平台和成长培育生态体系的双创园区,吸引和凝聚一批国内外高校在校生、校友以及青年教师落户开展创新创业,成为上海南部科创中心建设中的一张闪亮名片。10月11日,上海交大发布《关于承担"双创示范基地"建设工作方案》,将着力从深入推进高校创新创业教育改革、推动高校科技成果有效转移转化、创建(共建)新型双创服务平台及构建高水平创新创业研究体系四个方面破题。

2017年12月21日,上海交通大学医疗机器人研究院揭牌成立。闵行区政府与上海交大共建医疗机器人研究院是强强联合打造上海"南部科创中心"和上海医疗机器人产业聚集地。2018年1月18日,上海交通大学人工智能研究院成立。闵行区在基地建设、项目落地、人才落户等方面给予政策聚焦和相关支持,共同推进人工智能领域科研成果转化和产业化。

2018年3月22日,市委书记李强调研"零号湾"全球创新创业集聚区,并指示要进一步聚焦发力,围绕实现政务服务"一网通办",从实际出发大胆探索,打造优化营商环境的新亮点,为企业发展提供更好的服务。是年,市科委、闵行区、上海交大三方共同研究"零号湾"及周边区域的建设发展,在充分研究分析相关区域的基础及优势后,达成统一共识,提出以新时期大学科技园高质量建设为契机,在原先"零号湾"的基础上进一步拓展,立足上海南部科创中心"环交大"核心区域,充分发挥"高校院所聚集、科技成果密度高、产业承载能力强"的区位优势。12月21日,首次"大零号湾"建设工作研讨会在上海交大召开,市科委主任张全,闵行区区长倪耀明、上海交大校长林忠钦、副校长王伟明,上海交大校友、教育发展基金会理事杨振宇,以及三方相关部门主要负责人出席会议。与会三方主要领导经过充分研讨,正式提出建设大零号湾的工作设想。

2019年起,原有的工业厂房、老旧建筑逐步成为时尚现代、充满活力的众创空间、智慧园区,"零号湾"到"大零号湾"的历程见证了环交大区域面貌一新、转型升级的全过程。为加快推进"大零号湾"核心区建设,校地企合作共建的上海交大科技园闵行园区于2019年7月揭牌。此后学校高度重视,集中优势力量,确立"大零号湾"发展战略。9月7日,在前期多次会议充分交流研讨基础上，形成了较为系统的大零号湾建设方案文本，市科委、闵行区、上海交大三方主要领导在上海交大召开大零号湾建设专题会议，就大零号湾战略规划布局进行讨论研究。会议决定，建立"大零号湾"全球创新创业集聚区建设联席会议制度，由三方相关人员共同组成联席会议办公室，负责具体工作落实。会议研究了"大零号湾"核心区（"T"形区）规划布局、政策需求等事项。9月9日，学校召开党委常委会，会议明确成立"环交大"科创园（现名"大零号湾"科技创新策源功能区）推进工作领导小组，校长林忠钦任组长，王伟明、毛军发、吴旦、奚立峰任副组长，林立涛、朱新远、罗哲、曹兆敏、张志刚、陈江平、赵旭任组员，下设工作推进办公室，挂靠党政办，由地方合作办分管与闵行校地合作副主任罗金才负责相关协调工作。9月12日，林忠钦主持召开大零号湾推进工作领导小组第一次会议。副校长王伟明汇报工作计划，明确相关工作任务，产研院、零号湾创投公司、科技园就各自建设板块进行汇报，会议就各板块工作进行研讨交流。会议明确下一步工作主要有梳理周边空间资源、研究学校参与运营方案、总结产业集聚方向、梳理成果转化机制及成立企业状况、邀请校友参与工作交流等事项。10月21日，学校召开党委常委会专题研究大零号湾建设推进情况。会议就近期工作回顾，总结最新建设思路，从空间（核心区）布局、目标功能定位、建设运营路径、学校参与方案、推动成立市级统筹协调机制等进行研究。会议决定结合普华永道方案等推动召开联席会议，形成新建设方案，并计划向相关市领导专题汇报建设方案并邀请相关领导进行指导。

2019年12月2日，市委书记李强就高校服务国家战略和城市发展、加快推进"双一流"建设来上海交大调研指导。校长林忠钦专题汇报了建设大零号湾科创示范区的工作设想。李强指出，在国家和城市的发展进程中，大学及其周边科技园发挥了重要作用。大学是城市承载人才的重要蓄水池，未来人才在哪里，新的"硅谷"就在哪里。李强要求，上海交大要为上海强化科技创新策源能力跑好"两个一千米"，即要在基础理论突破上跑出"最先一千米"和在创新成果转化中跑好"最后一千米"。要建强大学科技园，推动科研成果高效转移、高质量转化，将丰富的学术资源转化为充满活力的创新资源、转化为现实产业发展优势。大学不仅要成为人才培养的基地，也要成为集聚高层次人才的高地。要持续释放对全球顶尖人才的"磁吸效应"，把机制搞得更活、氛围搞得更浓，培育更多创新创业人才。12月30日，常务副市长陈寅、副市长吴清召开专题会议，校党委书记姜斯宪，校长林忠钦，副校长奚立峰、王伟明赴市政府进行专题汇报。市领导明确表示，依托区位优势和交大学科优势为上海和国家做贡献，符合上海发展方向，应该积极支持。并对进一步优化建设方案给出指导意见。会议明确在大零号湾建设中进行规划调整，提高开发强度，提升容积率，充分利用土地并降低用地成本。会议指出，大零号湾建设需进一步研究与紫竹高新区的关系定位、开发模式，闵行区参与的积极性与作用发挥以及相关区域的开发次序等问题。

2020年1月16日，上海交大召开2020年校领导班子寒假务虚会，副校长王伟明以"大零号湾建设规划与工作推进思路"为题进行交流汇报。3月9日，上海交大成立"大零号湾"专项办公室，由分管副校长兼任办公室主任，协调校内外部门共同推进工作开展。制定"大零号湾行动计划"，梳理出包括成果转化制度机制、空间整合利用、标志性成果打造、整体运营机制在内的等20余项任务，明确任务目标、工作责任、时间节点等，由相关部门共同参与建设、协同推进落实。3月16日，学校召开校长办公会，副校长王伟明汇报"大零号湾行动计划"相关议题。会议研究决定，原则同意"大零号湾行动计划"，由王伟明牵头，带领大零号湾专项办根据各专项任务的工作目标、工作责任、时间节点，统筹推进日常工作的落实。会议同意补充罗哲、金隼、王秋华作为"大零号湾"推进工作领导小组成员以及相关工作分工建议。4月8日，市委副书记廖国勋调研大零号湾建设，校长林忠钦专题汇报时提出请市领导支持建设高水平研究型医院，并在会后提交专报。廖国勋收到专报后特别批示："上次调研，交大专门谈及此事，既有需求，也有条件，符合医疗资源全市平衡分布，有利于交大创业园区吸引人才。送请宗明副市长研究。"5月28日，副市长宗明召集市政府专题会议，研究学校关于建设上海南部科创中心高水平研究型医院有关工作，王伟明做专题汇报。6月18日，"零号湾"全球创新创业集聚区创立五周年暨上海交通大学"大海洋科研创新平台及产业化基地"落户闵行开发区启动仪式举行，上海交大和闵行开发区签约共建产学研创新合作中心，上海交大、闵行区、地产集团三方签署《深化合作框架协议》。

2020年9月21日，国务院总理李克强考察上海交大，对学校科技成果转化工作提出殷切希望。学校在国家发展改革委支持下，在全国高校中率先开展科技成果转化专项改革试点工作，通过内部的体制机制改革与外部的"大零号湾"建设，双力齐发破解"制约科技成果转移转化的细绳子"问题。同时，学校启动闵行校区北校区建设，将其作为"大零号湾"区域高水平科技创新策源的高地，与领军企业合作形成集聚之势。通过"大零号湾"生态建设，与生物医药、人工智能、智能制造等领域校友企业开展广泛合作，加快集聚领军企业及其产业链上下游企业在"大零号湾"布局，实现产业集群化，构建大中小微企业融通发展生态，推动经济社会发展。

为进一步发挥大学科技园在上海科技创新中心建设中的重要作用，2020年10月21日，上海市在上海交通大学召开大学科技园高质量发展推进会。市委副书记于绍良在会上指出，要对标国际最高标准、最好水平，坚守初心、大胆探索，聚焦长远未来、潜力活力、能级能量，使大学科技园成为高校科技成果转化"首站"和区域创新创业"核心孵化园"。会上还签署了"大零号湾"全球创新创业集聚区共建协议。

2021年4月25日，市委书记李强在上海交大调研时强调，要畅通科技成果转化链条，依托"大零号湾"等平台载体引领创新创业，培育涌现更多创新企业、创新人才，更好发挥对区域发展的带动作用、溢出效应。此后，上海交大与宁德时代在"大零号湾"共建未来技术学院与未来能源研究院"双子楼"，远期建设全球未来能源创新中心，打造未来能源领域生态体系。发挥机器人学科优势，对标国际顶尖机器人研发机构，建设元知机器人研究院，推动建设磁共振高端医学诊疗装备国家工程研究中心，申报国家（微纳）医疗机器人技术创新中心与筹划建设国家级医疗机器人检测中心，培育出精劢医疗、术锐上海科技有限公司（简称"术锐科技"）等一批成果转化企业。此外，上海交大还推进建设一批满足科技成果转化项目小试中试、检测、取证等需求的功能型平台。与中船集团共建上海海洋前瞻技术研究院，与闵行区共建华为5G产业服务平台，与上海电气集团合作建设"壹号埠"工程研发创新服务平台，与天合光能合作推进建设数字能源研究院，与一汽解放共建商用车先进技术与智能制造联合研究中心，打通科技成果转化中的难点和堵点，助力初创企业加速实现从成果向产品的转化。为了更好地吸引集聚人才，上海交大与闵行区等各方持续发力，在留住人才方面下功夫。区校合作共建"环交大闵行校区基础教育生态区"，在提升上海交大附属学校办学水平的同时，启动建设上海交大附属闵行实验学校，完成扩建上海交大附属闵行马桥实验学校，与华东师大紫竹教育园区等共同为区域提供高质量基础教育。学校与闵行区、紫竹高新区、瑞金医院签署协议，开展区域医疗资源整合提升，推动在"大零号湾"区域建设一所高水平医院。学校开放校园西北角围墙，与闵行区共建开放式绿地公园——北鲲园，为周边人员提供可漫步、可停留、可交流的空间。闵行区持续对环境配套与形象开展优化提升工程，主要道路整体绿化改造有序推进，绿地公园开工；横泾港沿线"科创水街"上游滨水空间改造完工；龙湖天街商业综合体运营良好，白金汉爵酒店项目开工建设，区域形象品质明显提升。

从2019年全面启动"大零号湾"建设以来，上海交大与市科委、闵行区紧密联动、协同推进，紧密环绕校区，探索建立政府协调，高校参与推动、企业为主体、市场为导向、政产学研深度融合的科技成果转化与创新创业孵化生态体系，创新促进科技成果转化机制，提升产业基础能力和产业链现代化水平，通过"大零号湾"实现在基础理论突破上跑出"最先一千米"和在创新成果转化中跑好"最后一千米"的发展目标。通过科技成果转化专项改革试点与"大零号湾"专项建设，学校教师开展科技成果转化活力不断激发、总量显著增长。2021年学校直接科技成果转化合同148项、合同金额9.94亿元，比改革前增长近3倍。2021年新增和合规化的创业类项目35个，解除"细绳子"，教师创业企业得到快速发展，当期市场估值合计超过167亿元。大零号湾"交大系"创新创业项目已成集群态势，据不完全统计，"大零号湾"核心区现在有600多家企业，其中，上海交大师生校友创业、技术合作等约550家，融资过千万的42家、过亿的28家、过十亿元的3家，一大批学校师生校友创新创业企业成长迅速，10余家学校科技成果转化科创企业正积极筹备IPO（首次公开募股）。

2021年10月，《上海交通大学"十四五"发展规划纲要》（简称《纲要》）发布。《纲要》明确："统筹加强大学科技园的规划、建设、管理，推动大学科技园成为学校科技成果转化'加油站'和区域创新创业'核心孵化园'。依托科技、人才优势，培育孵化高新技术企业，打造一批具有核心竞争力的创新集群。推动国家双创示范基地建设升级，大力推进'零号湾'全球创新创业聚集区建设,将零号湾打造成为各类创新要素融汇、聚变的大平台,更好地服务区域发展和科技创新。""大零号湾"作为学校"十四五"规划中的一项重要专项,肩负着学校第二个百年发展的助推器的重要使命。

面向未来,"大零号湾"17平方千米的拓展区域内,还将分批推进近千亩土地的转型改建,预计将陆续释放百万平方科创载体,进一步实现承载师生校友等创新创业溢出及成果转化项目落地的功能。

第四节

闵行推进

自2015年以来,闵行区积极贯彻上海建设具有全球影响力的科技创新中心的部署,全力推进上海南部科创中心核心区建设。根据国务院2018年9月《关于推动创新创业高质量发展打造"双创"升级版的意见》,闵行区以环上海交大和华东师大周边区域为重点,全面提升大学科技园能级和核心竞争力,探索高校与区域联动,促进科创成果溢出的新模式、新路径,激发科技成果转化和"硬科技"创业集聚示范效应,全面打造"零号湾"全球创新创业集聚区,进一步提升闵行在上海全球科创中心建设中的集中度和显示度。

2015年,闵行区打造上海南部科技创新中心,出台《闵行区关于建设南部科技创新中心的初步方案》和《关于本区建设"大紫竹众创集聚区"的方案》,努力建设上海南部地区科技创新中心,打造具有全球影响力的科技创新中心功能集聚区。发展目标为:到2020年,争取以五大区域性创新平台为载体打造科技创新中心功能承载区。到2030年,争取形成科技创新中心功能集聚区(研发机构集聚功能区、新兴产业引领功能区、科技成果转化功能区、创新创业功能示范区、科技商务示范区)的核心功能。重点工作为:布局紫竹国家高新区、莘庄工业区、虹桥高科技园、南虹桥科创中心、浦江镇科创中心等五大板块科技创新功能集聚区;建设"大紫竹"众创集聚区,建设科技创新创业综合体;激发以企业为主体的技术创新活力,推进科技成果转化;完善优势产业创新链关键环节;营造科技创新创业的良好环境。

2016年3月,闵行区委、区政府制定出台《关于建设上海南部科技创新中心核心区的框架方案》,分别设定总体目标及2020年、2030年阶段目标,形成"一个核心区,两个着力点,三区融合发展,四大功能定位,五大重点区域"的"1+2+3+4+5"总体思路。具体来说:"一个核心区"是指上海南部科技创新中心核心区;"两个着力点"是指提升科技竞争力和提升产业竞争力;"三区融合发展"是指实现大学校区、高新产业区、城市社区三区融合发展;"四大功能定位"是指发挥研发机构、产业创新、成果转化、创新创业的四大主体功能;"五大重点区域"聚力于大紫竹、莘庄工业区、南虹桥、漕河泾西区、临港浦江国际科技城。

2016年5月31日,闵行区在紫竹高新区召开建设上海南部科技创新中心核心区"1+4"政策("1"即《闵行区关于建设上海南部科技创新中心核心区的框架方案》,"4"即鼓励人才创新创业、发展众创空间、创新创业引导基金、科技创新和成果转化等四个专项配套政策)发布会。区委常委、副区长张国坤,区委常委、宣传部部长沈军,市科委副巡视员刘勤等领导出席会议。市委组织部、市财政局、市人保局,闵行区上海南部科技创新中心核心区建设领导小组,相关镇、街道、高校、科研院所、科技园区、重点企业、投资机构等单位领导和代表，以及市、区有关新闻媒体共200余人参加发布会。

2016年7月6日，滨江管委会按照区委、区政府《闵行滨江地区统筹发展管理体制方案》，为实现闵行滨江地区区域发展资源统筹，推进滨江地区区域性整体开发，制定《闵行区滨江地区统筹发展三年行动计划（2017—2019年）》。1.总体目标：根据闵行区"十三五"规划，围绕打造"具有全球影响力的科技创新区、上海未来的时尚创意展示区及黄浦江上游的生态休闲宜居区"目标，积极谋划闵行区滨江地区统筹发展，通过编制三年行动计划，深化地区功能定位和规划研究，明确地区未来三年经济社会发展主要任务，进一步加强区域统筹，加快推进地区转型发展。2.主要任务：地铁23号线和5号线交会点中心区块。3.具体范围：北至铁路闵行支线，东到沧源路，南至江川路，西至安宁路。面积约2.75平方千米。4.主要研究：紫竹创新创业走廊区域城市公共服务中心配置要素和功能安排，对可做城市更新地块进行梳理，按远近结合要求做好未来开发地块与沧源科创片区（包括剑川商务区）功能布局的衔接。紫竹产研院、国际教育和常青工业园片区。具体范围：东到莲花路，南到闵吴支线，北至放鹤路，西至S4，面积约2.06平方千米。主要研究：一是结合紫竹创新创业走廊北片区功能深化，进一步完善区域基础设施配套；二是常青工业区转型升级研究。进一步明确国际教育园区、紫竹产研院片区功能性开发内容和使用安排。紫竹创新创业走廊沧源片区。范围包括沧源科技园、仪电集团、黄二村等，占地面积约0.45平方千米。按照建设紫竹创新创业走廊的要求，结合地块内企业转型升级，整合区域内现有资源，科学规划营造创新创业环境和氛围，编制空间及环境设计。

2016年，闵行区成功入选第四批国家知识产权示范城市，是上海唯一获得"国家知识产权示范城区"称号的区。2016年以来，闵行区相继制定出台创新创业人才、众创空间、成果转化、引导资金、先进制造业、现代服务业、生物医药、金融产业、文创产业、企业对接多层次资本市场等10个专项政策，在政策上"服务"零号湾。此外，闵行区科技服务中心入驻零号湾区域，零距离开展科创服务；闵行南部科创公共服务中心建成，通过改造剑川路940号，新增2万平方米空间，统筹行政服务、人才服务、金融服务等各类功能入驻。

2017年，闵行区作为上海南部科技创新中心核心区，积极推进园区、校区、街区融合，与上海交通大学、华东师范大学、紫竹高新区、地产集团等区域内的大校、大院、大企达成"六方"合作，聚焦打造紫竹创新创业走廊，共同推进科技创新中心建设。走廊内各产业园区、高校院所、龙头企业的资源有效整合，各合作单位围绕产业链部署创新链，共同构建一个"科创引导、产业协同、联动发展、互利共赢"的政、产、学、研、资新体系，打通从研发、应用到产业化的科技创新链，增强区域创新能力、创业活力和产业竞争力。

2018年，市区联动制定国家科技成果转移转化示范区行动方案；筹建上海闵行国家科技成果转化专项基金；建设上海南部科技创新中心核心区，推进紫竹创新创业走廊、南部科创服务中心、上海交通大学医疗机器人研究院、上海人工智能研究院等建设。

2019年底，闵行区确立"一南一北"两大发展战略，进一步收缩战线，聚力发展，明确闵行南部将围绕上海南部科创中心核心区建设发展，全力推进上海交大科技园和华东师大科技园建设，推动高校院所科技资源共享，共同建立科技信息资源服务站、实验支撑服务和网络互联系统服务等平台。丰富上海南部科技创新中心核心区功能内涵，推动国家科技成果转移转化示范区、"大零号湾"全球创新创业集聚区建设，以重点突破带动上海南部科技创新中心核心区功能提升，环高校的创新创业集聚区建设初显成效。

2020年5月11日，闵行区围绕推进上海南部科技创新中心核心区和南上海高新智造带建设任务，聚焦"4+4"重点制造业和传统优势产业转型升级，制定《闵行区关于推进先进制造业高质量发展的若干产业政策意见》。依托南部闵行动力机械装备、航天、航空等优势产业，重点推进建设高端装备、人工智能、新一代信息技术、生物医药等新兴产业集群。并以上海交大、华东师大的学科优势，在大零号湾17平方千米区域重点打造医学创新及医疗机器人、人工智能、新材料和生物医药产业。

2020年，闵行区与上海交通大学、华东师范大学2所高校，华谊集团、电气集团等8家大型国企签署合作协议，推动"大零号湾"全球创新创业集聚区建设；加快建设华谊科创综合体等重点项目；人工智能研究院引入商汤智能科技有限公司，交大医疗机器人研究院建成4家研究实验室、3家研究中心和7家临床联合研究中心。

2021年6月29日，《闵行区关于加快推进大学科技园高质量发展，打造"环高校科创带"的实施方案》发布。规划以"大零号湾"全球创新创业集聚区为核心，以上海交大、华东师大两所高校的大学科技园为引领，做强大学科技园服务高校师生创业孵化、科技成果转化的功能，建设高校科技成果转移转化的首先承载地、区域创新创业集聚区的核心孵化器，高校创新资源有效服务并辐射周边的紫竹高新区、闵行开发区、常青工业园区等区块，打造升级的"三区联动"模式。依托大学科技园，积极瞄准全球科技前沿，主动对接国家战略需求，依托上海交大、华东师大等高校资源，聚焦人工智能、医疗机器人等主导产业，瞄准量子科技、脑科学、空天科技、深地深海等前沿领域，重点围绕精密装备、关键材料、核心算法等高精尖基础产业，突破一批关键核心技术、重点培育头部领军企业，打造形成具有核心竞争力的产业集群，以源头突破引领产业变革。

第二章

管理机构

第一节　综合管理机构
第二节　开发管理机构

第一节
综合管理机构

"大零号湾"科技创新策源功能区创建工作由上海市科委、上海交通大学、闵行区三个层面协调推进。

上海市科委是主管全市科技工作的市政府组成部门，负责牵头协调大零号湾建设中的重大问题。前后两任上海市科委主任——寿子琪、张全高度重视闵行区和上海交大等共建大零号湾科技创新策源功能区，多次组织协调推进会，并就重要建设方案给予牵头协调；时任总工程师、副主任陆敏及市科委创新服务处日常负责大零号湾的协调组织工作，并代表市级机构牵头组织大零号湾建设工作例会。

2016年，上海交通大学国家双创示范基地建设工作领导小组组长为校长张杰，副组长为常务副校长林忠钦，校党委副书记朱健等任成员。2017年2月，林忠钦担任上海交通大学校长。前后两任校党委书记姜斯宪、杨振斌与校长林忠钦高度重视环交大周边校区、社区、园区三区联动，其间，学校出台一系列支持科技成果转化的政策，举办一系列活动，与闵行区共同推进学校周边区域双创建设，积极促进上海的创新活力。2019年9月9日，上海交通大学召开党委常委会，会议决定成立"环交大"科创园（现名"大零号湾"科技创新策源功能区）推进工作领导小组，校长林忠钦任组长，王伟明、毛军发、吴旦、奚立峰任副组长，林立涛、朱新远、罗哲、曹兆敏、张志刚、陈江平、赵旭任组员，下设工作推进办公室，挂靠党政办，由地方合作办分管与闵行校地合作副主任罗金才负责相关协调工作。2020年3月9日，上海交通大学成立上海交通大学大零号湾专项办公室，与党政办公室合署办公。副校长王伟明兼任上海交通大学大零号湾专项办公室主任；罗金才兼任上海交通大学大零号湾专项办公室副主任。2021年3月1日，陈江平兼任上海交通大学大零号湾专项办公室主任。

自2015年起，闵行区打造上海南部科技创新中心，出台《闵行区关于建设南部科技创新中心的初步方案》和《关于本区建设"大紫竹众创集聚区"的方案》等，持续聚焦南部科创中心建设，区委、区政府主要领导赵奇、倪耀明、陈宇剑、陈华文部署指导，分管领导张国坤、管小军、赵亮等负责组织协调工作，区科委负责日常推进工作。2016年3月8日，为争取市区联动，统筹规划上海南部科技创新中心核心区建设，闵行区成立上海南部科技创新中心核心区建设领导小组。组长为区委书记赵奇，副组长为区委常委、副区长张国坤，区委常委、组织部长王观宝，区委常委、副区长于勇，副区长杨德妹、周艳，成员为区经委主任林艺、区科委主任李丽、吴泾镇党委书记杨其景、江川路街道党工委书记倪学斌、上海蓝天白云环境建设有限公司总经理任巍等。2018年6月8日，为进一步推进上海闵行国家科技成果转移转化示范区建设工作，加强组织领导，闵行区委成立上海闵行国家科技成果转移转化示范区建设领导小组暨上海南部科技创新中心核心区建设领导小组。组长为区委书记，第一副组长为区委副书记、区长倪耀明，副组长为区委常委、副区长曹扶生，区委常委、组织部部长王观宝，区委常委、副区长沈军，副区长杨德妹。成员由区经委主任林艺、区科委主任李丽等区相关职能部门和吴泾镇党委书记杨其景、颛桥镇党委书记陈皋、江川路街道党工委书记王文辉等街镇主要领导以及南滨江公司董事长余建源担任。领导小组下设协调推进办公室，办公室主任由闵行区分管副区长兼任，区科委主任李丽任办公室副主任。区科委作为牵头单位，负责联系落实领导小组工作决议和推进事项，重点跟进服务和推进支撑项目，并及时上报推进工作情况；负责牵头推进闵行区科技创新中心建设和科技成果转移转化，统筹科技创新体系建设；负责科技创新主体的培育和服务；负责大零号湾与市科委对接及相关统筹协调工作。时任区科委副主任为顾建平、徐亚云等。

第二节
开发管理机构

2014年4月28日，为加强闵行滨江地区的开发建设管理，明确区域单位管理界面和各自分工，根据法律、法规以及国家有关政策，依据《上海市黄浦江两岸开发建设管理办法》，结合闵行区实际，制定《闵行区滨江开发管理区域管理办法（试行）》。闵行滨江地区的规划范围：闵行区内与黄浦江两岸开发关系紧密、受两岸开发直接影响、承接两岸开发功能辐射的地区，东到浦星公路，西到虹梅南路、申嘉湖高速、松江区界，南到奉贤区界，北到徐汇、浦东新区界围合区域，涉及闵行区浦江镇、梅陇镇、吴泾镇、颛桥镇、马桥镇、江川路街道等。开发管理区域范围：东到浦锦路，西至虹梅南路—放鹤路—龙吴路—江川路—松江区界，南到奉贤区界，北到徐汇区界、浦东新区界围合区域。为了闵行滨江地区开发建设管理，建立闵行滨江开发建设领导小组工作会议制度和闵行滨江开发建设联席会议制度等工作机制。闵行滨江地区开发建设领导小组下设办公室（简称"区滨江办"），受区政府委托，具体负责滨江地区开发建设管理有关协调推进、组织实施、监督考核工作。

2015年5月4日，根据工作需要和机构设置要求，闵行区委调整原闵行滨江地区开发建设领导小组人员组成，区委书记赵奇任顾问，区委副书记、区长赵祝平任组长，区委常委、副区长张国坤，区委常委、副区长于勇任副组长，成员由区发展和改革委党委书记余建源、上海蓝天白云环境建设有限公司（滨江开发建设平台公司，简称"蓝天白云公司"）总经理任巍等担任。区滨江办设在区发展和改革委，负责推进滨江地区开发建设，与蓝天白云公司合署办公。办公室主任为区委常委、副区长张国坤，常务副主任为区发展和改革委党委书记余建源，副主任为蓝天白云公司总经理任巍、蓝天白云公司副总经理高雪峰等。

2016年4月19日，闵行区委、区政府印发《闵行滨江地区统筹发展管理体制方案》，闵行滨江地区实行"领导小组＋管委会＋平台公司"的统筹发展管理模式。第一，保留闵行滨江地区开发建设领导小组架构。第二，成立上海市闵行区滨江地区综合开发管理委员会。滨江管委会为非常设机构，负责推进闵行滨江地区统筹发展和综合开发工作。市推进吴泾工业区环境综合整治联席会议办公室、闵行滨江地区开发建设联席会议办公室、区老工业基地搬迁改造领导小组办公室并入滨江管委会。滨江管委会主任由分管副区长兼任，设常务副主任一名，副主任由相关镇、街道行政主要领导和平台公司主要领导兼任，成员由相关委办局、镇、街道分管领导兼任。第三，成立上海南滨江投资发展有限公司（简称"南滨江公司"）。南滨江公司作为滨江地区综合开发平台公司，是由区国资委出资的国有独资公司，业务上受滨江管委会领导。

2016年5月23日，闵行滨江地区开发建设领导小组组成成员调整，区委副书记、区长任组长，区委常委、副区长张国坤，区委常委、副区长于勇任副组长，成员由区发展和改革委党委书记余建源、蓝天白云公司总经理任巍等担任。同日，上海市闵行区滨江地区综合开发管理委员会成立，负责闵行滨江地区开发建设领导小组日常工作。滨江管委会主任为区委常委、副区长张国坤，常务副主任为区发展和改革委党委书记余建源，副主任由蓝天白云公司总经理任巍等担任，成员包括区发展和改革委、区经委、区科委、区建设管理委、区交通委、区国资委、区财政局、区规划土地局、区住房保障房屋管理局、区绿化市容局、区环保局、区水务局、区房屋土地征收中心、浦江镇、吴泾镇、颛桥镇、马桥镇、梅陇镇、江川路街道、浦锦街道、蓝天白云公司等相关分管领导。滨江管委会下设办公室，办公室设在南滨江公司（2016年8月正式成立），办公室主任为区发展和改革委党委书记余建源，常务副主任为蓝天白云公司总经理任巍，副主任为区建设管理委党委委员俞文扬、蓝天白云公司副总经理高雪峰。

2020年3月27日，闵行区滨江地区综合开发管理委员会2020年第一次会议召开，区领导倪耀明、陈宇剑出席。会议同意闵行滨江地区开发建设领导小组和闵行区滨江地区综合开发管理委员会职能合并，成立新的闵行区滨江地区综合开发管理委员会，区委副书记、区长陈宇剑任滨江管委会主任。滨江管委会办公室与南滨江公司合署办公，办公室主任由余建源兼任。理顺滨江管委会机制，调整闵行区滨江地区综合开发管理委员会职能和组成成员，由区长担任管委会主任，分管和协管副区长分别担任常务副主任和副主任，平台公司和相关街镇主要领导分别担任滨江管委会办公室主任和副主任，整合街镇和相关职能部门形成工作合力，进一步优化滨江统筹区域管理和协调发展。

2020年6月22日，经区政府研究决定，原闵行滨江地区开发建设领导小组和闵行区滨江地区综合开发管理委员会职能合并，成立新的闵行区滨江地区综合开发管理委员会。调整后的闵行区滨江地区综合开发管理委员会，区委副书记、区长陈宇剑任管委会主任。管委会下设办公室，与南滨江公司合署办公，办公室主任由余建源兼任。

2022年6月9日，为进一步适应大零号湾地区综合开发工作需要，经闵行区委研究，决定成立大零号湾科技创新策源功能区管理委员会，原闵行区滨江地区综合开发管理委员会撤销，其职能由大零号湾科技创新策源功能区管理委员会承担。

第三章

工作推进

第一节　重要会议
第二节　领导调研
第三节　重要活动

第一节
重要会议

一、联席会议

2013年,建立由市浦江办、闵行区、上海交大、华东师大、电气集团、地产集团、华谊集团、纺织集团、国际港务、上海城建、百联集团、上海国盛(集团)有限公司(简称"国盛集团")、交运集团、电力股份、紫竹高新区、城投开发等重点单位组成的滨江开发建设联席会议制度。联席会议办公室设在区滨江办。2014年4月28日,闵行区政府印发《闵行区滨江开发管理区域管理办法(试行)》,明确闵行滨江开发建设联席会议制度为闵行滨江地区开发建设管理的重要工作机制之一。联席会议由领导小组组织召开,市相关部门和区域内相关重点企业(集团)参加,沟通滨江开发情况,建立合作机制,共同配合推进闵行滨江地区开发建设。2015年起,闵行滨江开发建设联席会议制度常态化运作。通过联席会议这个平台,与区域内各大企业建立了良好的沟通机制。至2016年,分别召开2次全体会议和3次联络员会议。通过联席会议机制,闵行区先后与纺织集团和电力股份签订战略合作协议。

2015年5月21日,"零号湾"全球创新创业集聚区战略咨询委员会第一次会议在闵行区机关会议中心举行。区委常委、副区长张国坤,上海交大党委副书记朱健,地产闵虹总经理冯晓明,区府办、区发改委、区经委、区科委、区国资委、区规土局、区新闻办相关负责人,江川街道党政负责人,上海交大创业学院常务副院长赵旭、产研院副院长刘群彦,紫竹高新区投资服务中心总监刘宇锋,第一财经总经理陆天旗,海航集团投资部首席执行官杨斌,上海市大学生科创基金会秘书长张德旺,腾讯集团上海创业基地总经理胡冬等委员会委员出席会议。会议由朱健主持。会议审议通过"零号湾"战略咨询委员会规程。规程阐述了"零号湾"全球创新创业集聚区战略咨询委员会成立的背景和目的,明确了组织机构、工作方式和具体职责。参加本次会议的各位委员各抒己见,对"零号湾"全球创新创业集聚区发表了感想和建议。陆天旗表示,通过战略咨询委员会第一次会议,对"零号湾"有了更多新的认识,希望区政府、区职能部门、江川街道、上海交通大学等几家单位联合起来,为创新创业企业提供更好的政策支持和基层服务。现在的状态,让"零号湾"有更好的条件以不同的模式探索创新创业集聚区的建设模式。陆天旗代表媒体单位表示,会充分利用媒体的优势,为"零号湾"导入更多资源。杨斌指出,"零号湾"可以通过借鉴北京、深圳已有的创新创业经验,找出更适合本地发展的上海模式。海航集团作为企业参与"零号湾"的建设,可以从落实资金方面入手,解决企业在聚集区建设中的定位难题，通过设立基金等方式，更实际地推动"零号湾"工作的开展。胡冬介绍腾讯集团的投资模式，他认为"零号湾"的建设可以借鉴已有的成功案例，这些企业投资创新创业企业的经验可以为"零号湾"建设所用，期待"零号湾"的发展能将创业风尚树立起来，从根本上带动上海的创新创业发展。张国坤指出，未来闵行区的发展将更紧密地结合先进制造业发展，创新驱动将是闵行区未来发展的必经之路。通过建设"零号湾"的契机可以探索闵行区发展进程中的管理和服务的边际问题，更可以用这个项目来寻求一个有生命力的、符合市场规律的通路，以形成可实施、可落实、可聚集的建设机制。闵行区和上海交大通过"零号湾"的合作是体制机制上的突破，这种模式一定会成为具有可持续发展的、可良性循环的合作模式。上海交大的团队对"零号湾"的设计和实施给予了巨大的支持，闵行区区政府也将从政策、服务和资源配置入手，全力以赴，凝聚资源，要以"零号湾"为圆心，为南闵行画出一个创新创业的圈。

2015年12月5日，零号湾联组学习会在上海交大闵行校区图书馆主馆召开。市科技创业中心党委书记周敬、市科技创业中心王伟，区科委主任李丽，上海交通大学党委副书记朱健，地产闵虹总经理冯晓明，江川路街道党工委书记倪学斌，来自上海交通大学创业学院、地产闵虹、江川路街道的相关成员以及来自"零号湾"全球创新创业集聚区的相关负责人、创业孵化器代表和创业团队等参加会议。会议由江川路街道主任王文辉主持。周敬简要介绍了上海市众创空间的发展概况、发展模式与趋势，并对上海市科创政策作了相关解读。周敬强调，上海要以营造良好创业生态环境为目标，以激发全社会创新创业活力为主线，以制度创新、组织创新和模式创新为动力，形成众创空间投资主体多元化、运行机制多样化、组织体系网络化、创业服务专业化、服务体系规范化、服务内容标准化、资源共享国际化的发展局面。他同时指出，上海市政府在研究制定众创空间政策时，要做到坚持市场导向、坚持服务导向、坚持问题导向，更广泛地调动社会力量参与众创空间载体建设，优化创新创业服务、深化体制机制改革、完善创新创业金融支持。李丽围绕闵行区关于推进创新创业的若干具体政策作了相关说明。李丽指出，未来闵行区将实现四大集聚功能，即研发机构的集聚功能、产业创新的引领功能、成果转化的承载功能和创新创业的示范功能。同时，围绕建设上海南部科创中心的定位，未来闵行区将实现四个方面的进一步转变，即从数量向质量转变、从单纯孵化向"投资+孵化"转变、从综合性孵化向专业孵化转变以及从单一服务向企业全生命周期服务转变。随后，李丽就加快众创空间载体建设，构建创新创业服务体系，支持创客、创业团队发展和加强创新创业融资服务等方面对具体政策作了详细说明。学习会中，创业孵化器代表们围绕吸引境外投资话题开展询问，各方展开了热烈的讨论交流。会议最后，朱健对两位嘉宾的解读表示感谢，表示今后将做好上海市和闵行区各类创业扶持政策的宣传工作，并在对接中更深入掌握创业团队的需要，提供周到服务，鼓励和引导更多青年在闵行南部放飞梦想。

2018年3月2日，零号湾工作例会在零号湾国家双创示范基地举行。闵行区分管副区长、上海交大副校长奚立峰、地产闵虹执行董事冯晓明出席会议，区府办、区科委、区经委、区人社局、区财政局、区市场监督局、江川路街道、南滨江公司、零号湾、益源公司相关领导参加会议。零号湾创业投资有限公司总经理张志刚、上海交大产研院院长刘燕刚分别介绍了零号湾双创孵化平台、零号湾国家双创示范基地建设情况。与会各方围绕零号湾双创载体空间挖掘、示范基地重点项目推进、"零号湾"品牌效应打造、双创氛围营造等方面提出了相关建议。冯晓明表示闵行开发区将从载体空间、资金提供、专职人员配备、租金优惠等相关方面给予零号湾支持，给予高质量项目引进、孵化、加速及成果转化的配套支持。奚立峰希望各方进一步加强合作，全力推进零号湾国家双创示范基地项目建设，打造更多的双创平台，推动高校科技成果转移转化，实现发展共赢。闵行区分管副区长肯定了零号湾的建设成效，希望零号湾进一步提升入驻项目质量、产业化延伸力，积极拓展资源，扩大品牌效应、国际化影响力，加强推进协同性。对下一步工作，南滨江公司董事长余建源提出，应环绕上海交大、华东师大，在更大的区域范围谋划创新创业基地。闵行区分管副区长提出七个要求：在"快"字上作文章，在"活"字上下功夫，在"整"字上动脑筋，在"合"字上求共赢，在"宣"字上出形象，在"招"字上显实力，在服务上显温度。

2018年12月7日，零号湾工作例会在地产闵虹举行。闵行区分管副区长、上海交大副校长王伟明、地产闵虹执行董事冯晓明出席会议，上海交大产研院、学生创新中心、校团委、创业学院、党政办、地方合作办相关负责领导，区科委、江川路街道、南滨江公司主要领导，区府办、区发改委、区经委、区财政局、区人社局、区市场监督局分管领导，零号湾、益源公司相关领导参加会议。上海零号湾创业投资有限公司总经理张志刚介绍零号湾创业投资有限公司总体运行情况介绍及下一步工作计划；南滨江公司董事长余建源介绍大零号湾区域项目进展情况、总体规划及下一步工作计划、交大霍英东体育馆围墙打开街区绿地景观提升项目方案。与会各方围绕打响"零号湾"品牌、明确新一轮的发展方向、加强规划布局、做好对接服务等方面提出了相关建议。冯晓明表示要充分认识到零号湾发展存在的短板和不足，建议加强今后3年的功能定位、发展目标、重点任务和实施路径。王伟明表示将汇聚各方资源，将零号湾打造成为上海最重要的创新创业增长极，建议进一步细化零号湾下一步发展的定位、内涵、细化互动机制，形成横向的比较优势。闵行区分管副区长肯定了零号湾的建设成效，希望各方重新认识零号湾的发展定位，对下一步工作，他提出"七个度"的工作要求：一是提高"高度"，发挥零号湾国家双创示范基地的作用，按国家级要求提高建设的高度；二是扩大"宽度"，拓展发展区域，将"零号湾"品牌扩展到沧源片区的整个区域，打造品牌高地；三是拉长"长度"，更加关注产业链上下游的发展，系统考虑产业定位，围绕承接交大成果转化项目，做好与周边产业区块的对接，拉长产业链长度；四是提升"广度"，以开放、包容、合作的态度，与国内外高校、优秀的创新创业机构、团队进行合作，形成各类运营机构、企业的集聚地；五是增加"黏度"，零号湾创投公司加强与区级各相关部门、街镇的长期互动，共同完善发展思路，找准布局定位，统筹各方资源，做大做强"零号湾"品牌；六是提高"精度"，顺应产业发展大趋势、聚焦人工智能等新兴产业领域，提高产业的集聚度；七是扩大"知晓度"，加强集中宣传，完善政策配套体系，迅速打响"零号湾"品牌。闵行区分管副区长还就优化整体规划、加快空间腾挪、加强配套保障、加强科技金融支持、加大招商力度、做好长期规划等工作作了强调。

2018年12月21日，首次大零号湾建设工作研讨会在上海交大召开，市科委主任张全，区长倪耀明，上海交大校长林忠钦、副校长王伟明，上海交大校友、教育发展基金会理事杨振宇，以及三方相关部门主要负责人出席会议。与会三方主要领导经过充分研讨，正式提出建设大零号湾的工作设想。会议决定，成立由三方共同参与的工作小组，研究制订专门方案，经过三方会议研讨后，择时向市领导作专题汇报。

2019年4月9日，零号湾工作例会在上海交通大学闵行校区召开。市科委总工程师陆敏、上海交大副校长毛军发、地产闵虹执行董事冯晓明出席会议，市科委相关处室负责人，上海交大党政办、产研院、学生创新中心、校团委、交大科技园相关负责领导，闵行区经委、区科委、区人社局、江川路街道、区滨江办主要领导，区府办、区发改委、区财政局、区市场监督局、区规划和资源局分管领导，地产闵虹、零号湾创投公司、市科学学所相关负责人参加会议。区滨江办和市科学学所从基础条件和重要意义、建设目标与原则、重点任务、保障措施等方面汇报了南滨江科创城建设方案的主要内容，介绍了下一步工作建议和初步安排。与会各方围绕打响"零号湾"品牌、做好对接服务等方面提出了方案现存问题、相关建议意见，为进一步完善方案指明了方向。冯晓明表示要充分认识到零号湾发展存在的短板和不足，明确规划定位、目标任务，汇聚各方资源要素，进一步完善科创城方案。毛军发表示，要明晰区域的规划定位，完善运营管理模式，发挥闵行的政策优势，助推更多教授团队的科技成果转移转化，吸引更多优质高科技企业、人才入驻闵行区，营造良好的创新创业气氛。区领导指出，要在名称概念、区域范围及定位、运营管理机制等方面深化完善科创城方案。对下一步工作，提出七个要求：一是全球定位、领先至上，融入更多国际化元素，打造全球领先的科创城；二是政府引导、市场主导，政府做好协调保障工作，积极发挥市场的主导作用；三是上下联动、左右联手，市科委牵头，上海交大、闵行区各部门形成合力，共同推进科创中心建设；四是环境先行、招商跟进，着力提升科创中心建设的集中度和显示度，营造良好创新创业生态体系；五是全面推进、突出重点，聚焦剑川路"T"字形区域1.2平方千米区域，对接高校科研院所的科技成果，承载园区的产业资源，建立完整的创新创业体系；六是产业为本、链条为标，助推高校科研院所研发技术走向产业化，完善整个区域配套服务，构建较为完整的产业链；七是锁定范围、政策保障，在"大零号湾"集聚市、区所有科技政策资源，针对个别区域予以制定新政策，形成竞争优势和高地。陆敏表示，将积极支持科创城建设工作，并要求，一是要明晰科创城的定位，在零号湾现有基础上，发挥品牌效应，利用上海交大、华东师大等高校的资源优势，让更多科技成果在闵行转移转化；二是要一次规划、分步实施，稳步推进，确定更精细化的指标；三是政府协调引导，市场主导，进一步研究零号湾区域的科创政策，积极协调对接市级层面的相关政策；四是希望课题组根据各方所提意见与建议，进一步优化完善方案。

2019年8月1日，闵行区分管副区长主持召开会议，与市科委、上海交大等专题研讨《"零号湾"全球创新创业集聚区建设方案》（以下简称《建设方案》）。《建设方案》由南滨江公司会同区科委、市科学学所起草。会前，由南滨江公司董事长余建源、区科委主任李丽主持召开了多轮《建设方案》意见征集，并对《建设方案》进行了修改完善。此次专题研讨会，上海交大副校长王伟明、航空工业615所副所长李锋、中船重工711所副所长陈瑾、上海电机学院副校长王志恒等出席，华东师大、航天八院、地产闵虹、紫竹高新区等高校、院所、园区、平台公司，以及区相关部门、街道等参加。南滨江公司和市科学学所对《建设方案》总体目标、规划布局及"零号湾"全球创新创业集聚区功能定位等进行了具体阐述。上海人工智能研究院公司蔡文沁董事、航空工业615所李锋副所长、中船重工711所陈瑾副所长、上海电机学院王志恒副校长等先后发言，上海交大科研院等部门、华东师大、航天八院、中船重工726所、地产闵虹、交大科技园、零号湾创投公司等相关单位负责人相继做了交流发言。王伟明表示上海交大高度重视"大零号湾"建设工作，希望"大零号湾"在规划布局要有突破性设计、跨越式发展，突破物理意义上的集聚，深度发掘和剖析科技成果转化各环节内在联系，有效利用现有各要素资源，理顺机制，发挥作用；同时积极对接区域内高校教授、科研团队及创新创业者的需求，以需求点定位区域布局，以完善配套保障留住人才。闵行区分管副区长总结了会议交流讨论情况，肯定了《建设方案》在资源整理和框架设计等方面内容，并提出"大零号湾"建设规划要提高站位，对标国际最高水准科创集聚区，叠加优势，充分发挥区域高校院所资源作用，以人工智能和生物医药产业为主导，精准布局各产业链上中下游，同时注重发挥区域军民两用技术优势，找准抓手，突出特色，形成品牌。在政策支持方面，他表示，"大零号湾"方案落地后，将会同市区两级相关部门制定政策，力争以突破性支持形成政策洼地，吸引更多科创资源在"大零号湾"落地生根。

2019年9月7日，在前期多次会议充分交流研讨基础上，形成了较为系统的大零号湾建设方案文本，市科委、闵行区、上海交大三方主要领导在上海交大召开大零号湾建设专题会议，就大零号湾战略规划布局进行讨论研究。会议决定，建立"大零号湾"全球创新创业集聚区建设联席会议制度，由三方相关人员共同组成联席会议办公室，负责具体工作落实。会议研究了大零号湾核心区（"T"形区）规划布局、政策需求等事项，计划近期形成新的方案再次进行专题研究。

2019年9月27日，市科委、上海交大、闵行区等专题研讨《建设方案》。市科委主任张全、总工程师陆敏，区长倪耀明，上海交通大学校长林忠钦、副校长王伟明，以及市科委创新服务处、战略规划处、区府办、区经委、区科委、南滨江公司、市科学学所、上海交通大学科研院、产研院、地方办、大学科技园、零号湾创投公司相关负责人等出席会议。南滨江公司董事长余建源汇报《建设方案》总体目标、规划布局及重点任务。陆敏、王伟明等先后发言。倪耀明指出"大零号湾"建设规划要全球定位、领先至上，融入更多国际化元素，打造全球领先的科创城。规划布局聚焦但不局限于核心区域，充分结合交大优势和区内优势，大力吸引社会机构参与"大零号湾"建设。在政策支持方面，闵行区将会同市区两级相关部门制定政策，力争以突破性支持形成政策洼地，吸引更多科创资源在"大零号湾"落地生根。张全表示，将积极支持"大零号湾"建设工作，并要求，一是要明晰"大零号湾"的定位，《建设方案》要有针对性、方向性、特色性，突出现阶段需市级政策解决的重点问题。二是要明确重点聚焦产业方向和主体核心功能，形成品牌效应，吸引科创企业落地。三是希望课题组根据各方所提意见建议，进一步优化完善方案。林忠钦总结了会议交流讨论情况，肯定了《建设方案》在资源整理和框架设计等方面内容，明确了交大科技园总部搬迁闵行事宜，并提出交大要利用高校的资源优势，发挥专业特色优势，筛选一批代表水平、代表高度的优质项目在"大零号湾"落地转化。下一步，交大将会同市区两级相关部门，力争把"大零号湾"建设成高密度、高集聚、高知识的国际化科创城，早日把蓝图变成美好的现实。

2019年11月23日，上海交大、市科委、闵行区政府在上海交大专题研究《"零号湾"全球创新创业集聚区建设方案》，上海交大领导林忠钦、王伟明及老领导马德秀等，市科委领导张全、陆敏，闵行区领导倪耀明等参加专题研究。会上，三方就零号湾区域产业定位、政策保障措施等提出了建议，并就下一步工作做了安排和部署，明确由市科委牵头尽快完善方案。

2020年1月5日，市科委、闵行区、上海交大三方在交大召开大零号湾建设联席会议，市科委张全主任、陆敏总工程师，闵行区倪耀明书记、陈宇剑代区长，林忠钦校长、王伟明副校长及三方相关部门负责人出席会议，就市政府专题会议情况、当前建设情况分析以及吴清副市长调研方案进行专题研讨。

2021年1月5日，市科委、上海交大与闵行区三方召开"大零号湾"专题对接会议。市科委副主任陆敏、区政府党组成员宋延辉，上海交大党委副书记、副校长王伟明等出席会议，市科委创新服务处，上海交大大零号湾专项办、产研院、医疗机器人研究院、交大科技园，区发改委、区科委、区卫健委、颛桥镇、吴泾镇、南滨江公司相关负责同志参加会议。会议研究了交大科技园、医疗机器人研究院等重点事项的推进情况，讨论了在"大零号湾"推进过程中需要争取市级层面支持的具体事项内容，研究了大零号湾建设方案。各方商定抓紧梳理有关问题和建议，对确定的事项抓紧推进并加强信息沟通，三方合力加快推进"大零号湾"建设出成效。

2021年8月28日，市科委、闵行区与上海交大三方召开"大零号湾"建设专题会议。市科委主任张全、副主任陆敏，闵行区委书记倪耀明，区委副书记、区长陈宇剑，区委常委、副区长管小军，上海交大校长、中国工程院院士林忠钦，副校长奚立峰，党委副书记、副校长王伟明，副校长朱新远、校务委员会专职副主任吴旦出席会议，市科委高新处、创新服务处，上海交大大零号湾专项办、产研院、医疗机器人研究院、交大科技园公司、零号湾创投公司等相关负责人，区委办、区府办、区科委、区卫健委、南滨江公司主要领导参加会议。王伟明代表三方介绍了近阶段大零号湾建设总体情况，在市科委、闵行区、上海交大的共同努力下，大零号湾建设取得阶段性成效。一是科技成果转化改革试点深入推进，上海交大贯彻落实李克强总理的指示，开展科技成果转化专项改革试点，制定发布了成果转化系列政策文件并开展宣传，予以贯彻，学校2021年上半年转化合同数量和金额同比大幅增长。二是大企业创新中心落地，宁德时代未来能源研究院落地闵行，上海交通大学未来技术学院正式揭牌，另有5G产业服务平台等项目正在推进。三是"环高校科创带"初步形成，交大科技园在闵行培育引进企业189家，申请知识产权986项，金领谷智能光学产业基地以霖鼎光学为核心打造光学产业基地；龙湖淡水河畔科创园正开园，节卡机器人等一批成果转化项目入驻。"大零号湾"核心区现有500多家交大师生校友创业企业，融资过千万元的超过40家。四是科创环境逐步优化，大零号湾科创大厦正式建成启用，区行政服务中心大零号湾分中心、区科创服务中心、区高端人才服务中心整体入驻，为科创企业提供行政办事受理、科创、人才服务。"中国大学科技园新时期高质量发展研讨会"、科技成果转化金融论坛、TECOM2021上海创业者大会等大型科创活动相继举办，吸引全国70多家大学科技园、来自全国的科技创业者参加，进一步提升了"大零号湾"的影响力。与会人员就交大科技园在"大零号湾"区域的进一步发展、区域医疗资源整合建设高水平医院、医疗机器人创新中心建设等具体事项进行了逐项讨论和充分沟通。三方通过专题会议达成共识，前期"大零号湾"建设取得的成效得益于三方合力推进，下一步要建立常态化工作机制，加快推进速度，提升"大零号湾"建设能级。一是支持交大科技园在闵行发展壮大，加快科创载体的建设进度，提升大学科技园承接成果转化的核心功能，推进大学科技园高质量发展，打造"环高校科创带"；二是进一步整合高校资源，吸引上海交大校友龙头企业创新中心业入驻，促进大中小企业融合发展；三是加快成果溢出，发挥医疗机器人研究院等平台作用，培育医疗机器人等新兴产业集聚发展，引领带动"大零号湾"区域产业高质量发展。倪耀明书记在讲话中强调要优化科创生态环境，加强区校联动，大学发挥创新策源功能，政府加强公共服务，吸引社会力量投入，充分激发"大零号湾"区域的创造能力。张全主任表示大学科技园要坚守初心，服务成果转化、培育和孵化科创企业，市科委将继续在平台建设、人才服务、重大任务等方面支持"大零号湾"建设。林忠钦校长表示，三方要进一步加强紧密合作，梳理推进过程中存在的问题，争取市级层面对成果转化基金投入、推进成果转化改革等方面的支持，合力打造科技创新策源高地。

2021年11月5日上午，市科委、上海交大与闵行区三方召开"大零号湾"专题对接会议。市科委副主任陆敏，闵行区政府党组成员宋延辉，上海交大党委副书记、副校长王伟明出席会议，市科委创新服务处，上海交大大零号湾专项办、产研院、医疗机器人研究院、交大科技园，区发改委、区科委、区卫健委、颛桥镇、吴泾镇、南滨江公司相关负责同志参加会议。会议研究了交大科技园、医疗机器人研究院等重点事项的推进情况，讨论了在"大零号湾"推进过程中需要争取市级层面支持的具体事项内容，研究了大零号湾建设方案。各方商定抓紧梳理有关问题和建议，对确定的事项抓紧推进并加强信息沟通，三方合力加快推进"大零号湾"建设出成效。

二、市级会议

2019年12月30日，常务副市长陈寅、副市长吴清召开专题会议，上海交大姜斯宪书记、林忠钦校长、奚立峰副校长、王伟明副校长赴市政府进行专题汇报，市科委张全主任，市发改委裘文进副主任及市经信委、市教委、市财政局、市规划资源局、市长兴岛开发办等单位负责人出席会议，林忠钦校长作专题汇报。市领导明确表示，依托区位优势和交大学科优势为上海和国家做贡献符合上海发展方向，应该积极支持，并对进一步优化建设方案给出指导意见。会议明确在大零号湾建设中进行规划调整，提高开发强度，提升容积率，充分利用土地并降低用地成本。会议指出大零号湾建设需进一步研究与紫竹高新区的关系定位，开发模式，闵行区参与的积极性与作用发挥，相关区域的开发次序等问题。

2020年5月28日，宗明副市长召集市政府专题会议，研究学校关于建设上海南部科创中心高水平研究型医院有关工作，王伟明副校长作专题汇报。宗明副市长总结时指出，上海需要规划、布局研究型医院，请发改委、卫健委共同进行专项论证、深化研究，制定出可提交决策的方案，并适时推进工作。（是年4月8日，廖国勋副书记调研大零号湾建设，林忠钦校长专题汇报时提出请市领导支持建设高水平研究型医院，并在会后提交专报。廖国勋副书记收到专报后特别批示："上次调研，交大专门谈及此事，既有需求，也有条件，符合医疗资源全市平衡分布，有利于交大创业园区吸引人才。送请宗明副市长研究。"）

2020年10月21日，上海市大学科技园高质量发展推进会在上海交通大学召开，上海市委副书记于绍良，市委常委、副市长吴清，副市长陈群，副秘书长燕爽、虞丽娟、陈鸣波，市委、市政府及市科技工作党委等委办局有关领导、闵行区委书记倪耀明、区委副书记、区长陈宇剑等各区主要领导，上海交通大学、复旦大学等高校主要领导和大学科技园负责同志、部分重点企业主要领导出席了会议，并考察调研"零号湾"全球创新创业集聚区。陈群与创业代表一同为上海交通大学国家大学科技园"创想600基地"启用揭牌。各位领导实地听取了关于零号湾创新创业生态体系及集聚区建设情况、零号湾"三方合作"背景、上海交通大学科技成果转移转化的举措、闵行区人民政府的优质创业政策、上海地产集团城市更新的重要职能等方面的介绍，了解了零号湾承载交大科技成果转化的职能、科创项目孵化体系建设、在上海南部科创中心核心区建设以及国际化创业枢纽建设中所起到的重要作用以及未来发展定位，并参观了明星孵化项目。在随后召开的上海市大学科技园高质量发展推进会上，于绍良指出，要对标国际最高标准、最好水平，聚焦长远未来、潜力活力、能级能量，使大学科技园成为高校科技成果转化"首站"和区域创新创业"核心孵化园"。要深化校区园区社区联动融合，营造更加宜创宜业宜居的环境。强化大学科技园"成果转化、创业孵化、人才培养、集聚辐射带动"等四大核心功能。优化大学科技园区域布局，因地制宜，在重点区域合理布局建设大学科技园；因情施策，探索"多校一园""区校合建"等建设模式。推进示范性大学科技园建设，紧贴高校主校区，围绕重点领域打造一批大学科技园示范园，推动科技成果转化和孵化；支持已建大学科技园升级建设国家级大学科技园。同时积极发挥高校的主体支撑作用，推动高校创新资源开放共享；提升高校技术转移服务功能；支持和鼓励科研人员、高校师生创新创业。加强大学科技园能力建设,增强区域创新服务和承载能力,完善服务体系,形成集聚效应。在大会上启用揭牌的"创想600基地",位于剑川路600号,是上海闵行房地(集团)有限公司开发建设,与上海交大、吴泾镇人民政府、上海交大科技园有限公司、上海南滨江投资发展有限公司等合作打造的创新产业合作平台,助力大零号湾和环交大创新创业集聚区建设"科技创新策源地"、"高端产业引领地"。

三、校级会议

2019年9月9日,上海交通大学召开党委常委会,会议决定成立"环交大"科创园(现名"大零号湾科技创新策源功能区")推进工作领导小组,林忠钦校长任组长,王伟明、毛军发、吴旦、奚立峰任副组长,林立涛、朱新远、罗哲、曹兆敏、张志刚、陈江平、赵旭任组员,下设工作推进办公室,挂靠党政办,由地方合作办分管与闵行校地合作副主任罗金才负责相关协调工作。会议明确下一阶段工作建议及计划,主要包括进一步梳理校内产学研体系和科技成果转化政策制度体系;梳理待转化科技创新成果、所需条件和空间需求清单;深入研究"T"形区域有效可利用空间;研究学校参与核心区运行主体组建的方案;研究决定进驻TA3、TA4空间的布局等。

2019年9月12日,上海交通大学校长林忠钦主持召开大零号湾推进工作领导小组会议。王伟明副校长汇报工作计划,明确相关工作任务,产研院、零号湾创投公司、科技园就各自建设板块进行汇报,会议就各板块工作进行研讨交流。会议明确下一步工作主要有梳理周边空间资源、研究学校参与运营方案、总结产业集聚方向、梳理成果转化机制及成立企业状况、邀请校友参与工作交流等事项。

2019年10月21日,上海交通大学召开党委常委会专题研究大零号湾建设推进情况。会议就近期工作进行回顾,总结最新建设思路,从空间(核心区)布局、目标功能定位、建设运营路径、学校参与方案、推动成立市级统筹协调机制等方面进行研究。会议决定结合普华永道方案等推动召开联席会议,形成新建设方案,并计划向相关市领导专题汇报建设方案并邀请相关领导进行指导。

2020年1月15日,上海交通大学校长林忠钦主持召开"大零号湾"全球创新创业集聚区推进工作领导小组2020年会议。会议就大零号湾整体推进情况、周边空间利用建议方案、科技成果转化制度机制体系、医疗机器人产业园和人工智能研究院相关工作等进行专题研究。

2020年1月16日,上海交通大学召开2020年校领导班子寒假务虚会,王伟明副校长以"大零号湾建设规划与工作推进思路"为题进行交流汇报,从"校内如何形成高效的工作推进机制""T形区内如何形成有效的空间利用机制和运行模式""如何引入政府和市场混合支持的机制""如何理顺学校科技成果转化体系与机制""如何推进医疗机器人产业园、人工智能研究院形成示范引领效应""如何与闵行区良好互动与协作、争取市级支持"共六个方面进行交流研讨。

2020年3月16日,上海交通大学召开校长办公会,王伟明副校长汇报"大零号湾行动计划"相关议题。会议研究决定,原则同意"大零号湾行动计划",由王伟明副校长牵头,带领大零号湾专项办根据各专项任务的工作目标、工作责任、时间节点，统筹推进日常工作的落实。会议同意补充罗哲、金隼、王秋华作为"大零号湾"推进工作领导小组成员以及相关工作分工建议。

2020年3月31日，"大零号湾"全球创新创业集聚区推进工作领导小组会议专题研究"大零号湾行动计划"，12项任务的牵头部门负责人就当前推进情况和工作计划进行汇报。会议明确行动计划的战略定位是以"促进更多学校代表性成果在环交大转化集聚，并提升环交大区域形态"为目标，根据会议讨论情况进一步完善行动计划和推进时间表。会议强调，行动计划是学校发展的重要战略，是复杂的系统工程，需要各部门加强重视，加大工作投入，根据目标分类加快推进。

四、区级会议

2016年3月1日上午，闵行区召开建设上海南部科技创新中心核心区推进大会。闵行区委书记赵奇，区人大常委会主任张路加，区人大常委会副主任张国荣，闵行区分管副区长，区政协副主席潘金平出席会议，并邀请上海市科委主任寿子琪，以及上海交大、华东师大、航天八院等高校、科研院所的分管领导和国有大企业负责人，区政府科技顾问团成员出席会议。闵行区分管副区长作《闵行区建设上海南部科技创新中心核心区的报告》，区经委主任林艺作《加快推进紫竹创新创业走廊建设的工作汇报》，寿子琪在讲话中对闵行区建设上海南部科技创新中心核心区的框架方案表示充分肯定，并表示建设上海南部科技创新中心已列入市科委2016年重点事项。赵奇提出三点要求：一是全力推进科创中心建设，支撑区域经济转型升级。要突破资源和发展理念的瓶颈，将上海南部科创中心建设与统筹区域经济发展对接，推动大众创新创业、服务实体经济发展、带动产业转型升级。二是加快集聚优质创新资源，将科技成果转化为现实生产力。加快"紫竹创新创业走廊"建设。吸引和集聚创新创业人才，鼓励和引导社会资本投入，聚焦南部"大紫竹"地区，加快探索形成良好的创新要素集聚与优化配置机制，最大限度地集聚包括资源、资金、技术和人才等国内外优质高端的创新要素，最大限度地激发现有创新要素的活力，形成科技、产业融合发展的新高地。三是打造智慧宜居生态闵行，营造创新创业生态环境。落实科创配套政策，拉长政府服务链条，加强配套设施建设，发挥闵行的优势，围绕人的全面发展建设生态、宜居闵行，培育有利于创新转化为生产力的创新生态环境。

2016年5月12日，区政府召开专题工作会议，研究讨论2016年"紫竹创新创业走廊"建设工作方案并部署相关推进工作。区府办、区经委、区发改委、区科委、区交通委、区财政局、区规土局、江川路街道及区滨江办等主要负责人参加会议。前期，区滨江办会同区经委、区科委、江川路街道就"紫竹创新创业走廊"建设工作方案进行了多次研究和论证。会上，区经委主任林艺汇报了"紫竹创新创业走廊"整体建设的工作方案、2016年的重点工作以及近期走廊主要的工作进展情况。区领导详细了解走廊建设的工作情况，同与会各委、办、局就走廊建设的各项具体工作展开讨论与交流，并就具体任务进行了部署：由交通委牵头走廊内外的区域交通改善工作，制订具体方案并尽快实施；由区经委落实沧源科技园总体布局及产业规划；由区科委牵头落实上海高校知识产权运营中心及华东师大科技园建设相关工作；由紫竹高新区继续落实紫竹产研院的建设，进一步推进学研产用融合发展。区领导同时指出，要将上海闵行经济技术开发区（闵开发）西区纳入"紫竹创新创业走廊"的产业生产基地，朝着建设成为"紫竹创新创业走廊"产业承载空间的方向推进。"紫竹创新创业走廊"的建设是闵行区建设上海南部科创中心的重点工作，要真正实现产学研深度融合一体化的建设目标。区各相关委办局、区滨江办、镇、街道层面要统一思想、各司其职，从小处着手，立足于自身责任职能，互相协作，共同推进走廊建设。

2016年7月28日，闵行区召开"南滨江地区统筹发展三年行动计划"专题会议，区领导赵奇、张路加、祝学军、张国坤、于勇等出席。区委办、区府办、区委政研室、区发改委、区经委、区科委、区国资委、区财政局、区规土局等有关委、办、局行政主要领导，吴泾镇、梅陇镇、江川路街道和区滨江办主要领导参加会议。会上，区滨江办主任余建源汇报了《闵行滨江地区统筹发展三年行动计划（2017—2019年）》，各相关单位就报告内容进行交流讨论。赵奇充分肯定了滨江三年行动计划成果，他要求滨江地区发展原则要注重规划和开发时序，做到远近结合。区滨江办作为区域统筹平台，要从更高层面发挥统筹职能，协调、统筹相关街镇，协同作战，确保滨江区域发展目标定位的实现。区领导要求，一是做好滨江区域统筹规划。相关街镇的规划要以大统筹规划为原则，进一步理顺委、办、局和街镇的职责。二是重点推进"紫竹创新创业走廊"建设、沧源科技园区转型和轨交15号线元江路地铁上盖工程，加快推进滨江启动区建设、MH0307单元控规调整和曹行大居工程。三是虹梅南路两侧非集建区建议以特色小镇、都市生态农业为定位，抓紧开展研究。四是S4以西靠滨江区域、沧源科技园以西区域、浦东滨江区域以前期研究规划为主抓紧推进。

2016年8月25日，闵行区政府召开"紫竹创新创业走廊"沧源片区城市设计方案专题会，闵行区分管副区长出席会议，区府办、区经委、区科委、区规土局、区滨江办、江川路街道分管领导，零号湾公司、上海现代环境设计研究院相关人员参加了会议。会议首先由上海现代环境设计研究院进行了方案介绍，通过旧厂房装修改造、功能置换等方式进行二次开发，首期开发体量达12万平方米，终期开发体量达47.5万平方米，方案设计以近期为重点，强调可操作性，力争尽早出形象、出功能。参会部门对该方案进行了研究讨论，并提出了进一步完善的意见与建议。闵行区分管副区长原则同意该方案的设计，要求滨江办和设计建设单位在区域功能定位、公共空间开发利用、智能化交通系统、动态和静态交通体系、外部形象和地标设计、公共资源统筹和区域联动等方面继续深化细化研究，待方案按照相关意见进一步修改完善后，再次专题讨论研究。

2016年9月14日，闵行区分管副区长召开会议听取沧源片区城市设计方案修改完善情况，并提出进一步修改意见和要求。会上，上海现代设计研究院详细汇报了沧源片区城市设计初步方案修改情况；区滨江办主任余建源补充汇报了设计方案修改后的主要思路；区府办、区经委、区科委、江川路街道、仪电集团、佳通集团等各与会单位同志针对方案内容分别提出意见和建议。闵行区分管副区长认为修改后的设计方案从设计形态和功能布局上有了较大改进，功能布局已逐渐清晰，接下来要从以下几个方面进一步研究完善：一是规划方面要守住底线，不可行的要果断放弃，可突破的要坚决争取；二是进一步理清和简化功能布局，明确产业功能、平台建设和配套服务三个板块布局，再进行细化分解，可听取专业运营团队的意见；三是设计方案要凸显核心区域和亮点，加强地区标志性建筑的研究设计，形成人流、物流、信息流集聚地；四是加强与上海交大的沟通联系，深入研究与交大的合作关系，争取打开交大围墙，吸引优秀教师和学生创新创业团队入驻，做好与交大互通互动这篇文章。他要求，一是对区域内的重要节点分别细化方案，形成具体个案；二是年底前重点整治绿化生态环境，完善交通体系，以零号湾为先期启动区域，做好外立面包装和产业布局的完善；三是进一步深化完善整个沧源片区设计方案，听取市、区各相关单位和各专业团队的意见，组织头脑风暴，对方案进行深入研讨，形成最终方案向区委区政府主要领导汇报；四是南部科创中心建设是全区一件大事，各单位要有大局观，要站在全市乃至全国的层面来共同推进，要作为自己的分内事大力支持。

2016年10月21日，闵行区召开闵行滨江地区开发建设领导小组会议，区领导出席，各领导小组成员单位参加会议。会上，区滨江办主任余建源对滨江地区统筹发展工作推进情况和滨江地区三年行动计划实施意见作了汇报，并通报了领导小组和滨江管委会组成人员名单。与会人员进行了交流发言。区领导对近年来的滨江开发工作给予了充分肯定，并原则同意区滨江办对滨江地区统筹发展三年行动计划实施意见的工作建议，提出了四点要求：一是希望各部门对统筹发展工作给予更多的关注，从思想上、认识上、行动上、作风上保持良好状态；二是区滨江办要根据会议要求，进一步完善实施意见，各相关职能部门要积极落实三年行动计划；三是进一步完善南滨江公司的体系架构，加强公司自身建设；四是各职能部门按照各自职责，抓紧推进区域内基础设施建设等工作。同时，他强调近期需重点开展以下工作：一是加快滨江启动区的控规调整；二是加快推进沧源开放式街区的建设；三是抓紧完成吴泾工业区环境综合整治剩余工作；四是研究落实特色小镇建设工作；五是对国际教育园区和紫竹产研院未来的发展提出方案和建议；六是继续推进轨交15号线元江路上盖项目。区领导表示区滨江办前期工作较为扎实，各项工作都在稳步推进，希望大家统一思想、形成合力、加快推进、早做形象，把滨江地区规划好、建设好、发展好。同时，提出了下一步工作要求：一是思想上要高度重视；二是操作上要突出重点；三是机制上要上下联动；四是推进中要贯彻目标和问题导向；五是制度上要形成保障。

2016年11月2日，闵行区召开滨江地区开发设计方案汇报专题会，区领导赵奇等出席，区委办、区府办、区委政研室、区经委、区科委、区规土局、区滨江办、吴泾镇、梅陇镇、江川路街道等单位参加会议。会上，宝麦蓝（上海）建筑设计公司和上海现代设计院分别汇报了滨江启动区和沧源片区城市设计方案，区滨江办作了补充汇报。赵奇原则同意两家单位的设计成果，认为设计方案基本符合地区发展功能要求，他指出，一是进一步修改完善滨江启动区城市设计方案，并尽快与徐汇区对接合作事宜；二是沧源片区城市设计方案已具备可操作性，下一阶段应重点拓展科技创新功能，开放高校公共空间，形成社区与校区的有机连接。同时进一步研究交通、环境等配套功能，更加注重整体环境的提升，打造亲近、温馨的开放式街区。区领导在充分肯定设计方案的同时强调，一是滨江启动区设计方案要进一步细化，下一阶段工作中要深入研究规划用地指标、交通系统、滨江公园开放等事宜，同时对开发建设要早做准备；二是扩大沧源片区研究范围，将思购用地纳入改造范围同步建设，同时加强与上海交大对接；三是继续深化沧源片区交通体系研究，尽快打通片区内的断头路，同时通过土地收储加大地下空间开发力度。

  2017年4月7日，闵行区分管副区长主持召开紫竹创新创业走廊中心绿地工程（简称"中心绿地"）专题协调推进会。会议听取南滨江公司关于紫竹创新创业走廊中心绿地工程推进工作汇报，听取咨询设计单位关于工程设计方案的汇报，各部门对项目推进工作及方案设计提出了意见和建议。会议明确，按照市委、市政府关于加快建设具有全球影响力的科创中心的总体部署，要将紫竹创新创业走廊打造成为上海南部科创中心的重要承载区、中国高端制造业的重要集聚区、具有全球影响力的创新示范区。区委、区政府要求沧源片区改造升级工作全面加快启动，早出功能，早出形象。原则同意南滨江公司汇报的总体工作推进方案及中心绿地设计方案，原则同意南滨江公司提出的项目按照城市维护类项目列支建设资金及办理立项审批的意见。由区发改委于4月28日前批复项目工可报告，由区绿容局指导南滨江公司加快办理工程报建、报监、施工许可等各项手续，由区财政局指导南滨江公司加快办理造价咨询（审核）机构的委托工作，由区水务局加快办理人行景观河桥跨越横泾港河道蓝线划示手续、区交通委加快办理横泾港航道意见征询工作，由区公安分局（交警支队）支持加快办理项目涉及交通影响的审查工作，由区建管委、发改委加快完成项目初步设计及概算审批工作。

  2017年5月2日，闵行区分管副区长主持召开闵行区滨江地区综合开发管理委员会专题推进会。区领导张路加，上海交通大学党委副书记朱健等参加会议。会议由区滨江办主任余建源汇报沧源片区企业厂房与用地回租、回购工作情况及沧源科技园景观提升工程推进工作计划，交通大学汇报"创新设计国际服务中心"和"生物医学工程创新转化中心"进驻"零号湾"工作情况，闵虹集团汇报了宝龙机械研究所建筑使用方案和招商设想，各部门就沧源片区提升改造推进工作展开讨论。会议明确，建设"紫竹创新创业走廊"是区滨江管委会的核心工作之一，作为"紫竹创新创业走廊"的重要承载区，沧源片区的提升改造是当前工作的重中之重，各部门要聚集闵行各方优势，全力支持，加快推进各项目建设。

  2017年10月23日，区长倪耀明主持召开区政府第21次常务会议。会议听取并同意南滨江公司副总经理叶隆关于与上海交通大学合作共建医疗机器人研究院和产业化平台的情况汇报。会议指出，闵行区与上海交通大学合作共建医疗机器人研究院和产业化平台，是双方下一步深化战略合作的重点项目之一。通过区校合作，有利于发挥双方各自优势，加速医疗机器人产业在闵行的培育和集聚，形成科研成果快速转化机制，从而打造闵行"智慧医疗"特色产业。会议要求：区滨江办（南滨江公司）发挥牵头作用，在成立平台公司和后续经营过程中，积极探索多渠道合作模式，通过引入社会资本和专业化团队，全力推进医疗机器人产业在闵行的发展壮大。区经委、区科委、区财政局等相关部门要加强沟通对接，形成工作合力，争取医疗机器人项目早日落户闵行并实现产业化。会议听取并同意区科委主任李丽关于深化"零号湾"全球创新创业集聚区合作共建备忘录的情况汇报。会议指出，"零号湾"全球创新创业集聚区在闵行区、上海交通大学和上海地产集团三方共同推动下，已成为闵行区打造上海南部科创中心的重要组成部分，深化"零号湾"全球创新创业集聚区建设，有利于汇聚三方各自领域资源优势，打造一流的创业孵化基地和科技成果转化平台，进一步助推该区域企业转型和产业升级，推动大众创业、万众创新。会议要求区科委、区经委、区人社局、南滨江公司等相关单位根据职责分工，紧紧围绕建设目标，采取各项措施，加强服务保障，全力推进"零号湾"全球创新创业集聚区建设各项工作任务。

2017年12月19日，闵行区召开紫竹创新创业走廊沧源片区推进专题会。区领导倪耀明等出席。区府办、区发改委、区经委、区科委、区建管委、区交通委、区国资委、区财政局、区规土局、区绿容局、区行政服务中心、区房屋土地征收中心、颛桥镇、江川路街道、区滨江办（南滨江公司）参加会议。区滨江办主任余建源汇报紫竹创新创业走廊沧源片区实施改造计划。与会单位针对改造方案进行讨论，聚焦地块转型、审批路径、市场化运作等核心问题。闵行区分管副区长指出，沧源片区是闵行区引领推动上海南部科创中心高品质、影响力的重要载体。他提出，一是改造实施方案前期工作量大，要以零号湾为原点，周边地块改造需要远近结合，快慢结合。二是该区域需要进一步规划产业体系，聚焦产业要素，加强和上海交大创新创业产业对接，吸引高品质、好项目落地。三是需要聚焦规划研究，在改造方案中大胆创新，有所突破。以规划为引领，打造科创核心区高端品质。倪耀明区长指出，沧源片区是上海南部科创中心继紫竹高新区以后的第二块核心区域。在实施阶段上，他提出要求，一是有关部门要研究透彻国家及市政府出台的相关政策，进一步支持地区转型发展。二是区域总体开发以市场化操作为主，引进更多高品质开发主体。三是要加快推进区域内功能和产业布局，聚焦双创空间建设，加快推进剑川路940号公共服务中心功能建设。倪耀明区长对紫竹创新创业走廊沧源片区实施方案充分肯定，要求区滨江办（南滨江公司）在区有关部门支持配合下，加快各地块转型改造，

图3-1-1 2018年10月31日，闵行区召开南滨江地区工作推进专题会议

推进项目落地，使上海南部科创中心核心区早见成果，早出形象。

2018年10月31日，倪耀明区长主持召开南滨江地区工作推进专题会议。区领导张路加等参加会议。会上，由区滨江办主任余建源汇报了沧源片区转型和智能医疗创新示范基地建设工作推进情况和目前存在问题。会议要求，南滨江地区是南部科创中心核心区建设的重要承载地，全区上下、各个条线、相关街镇要齐心协力、全力以赴、形成合力，加快项目建设进度。沧源片区和智能医疗创新示范基地是核心区建设的标志区域，在推进过程中，要以"总体规划—行动计划—稳步实施"为准则，以提升区域科创显示度、集聚度和贡献度为主要目标，加快引进优质市场开发主体参与地区开发，撬动市场资金，强化地区招商和产业功能集聚。区滨江办作为区政府派出工作机构，要加大地区统筹协调工作力度，职能部门负责过程指导和把关，与街镇和企业形成联动，做到上下有机衔接，保障南部科创中心核心区建设、沧源片区转型和开放式街区建设、智能医疗创新示范基地建设工作顺利推进。

2019年1月10日，闵行区召开滨江地区开发建设领导小组会议，区领导倪耀明、张路加、沈军等出席。会上，区滨江办主任余建源对闵行滨江地区开发建设工作推进情况及下一步工作打算作了详细汇报，与会单位进行了补充发言。区领导对推进闵行滨江地区开发建设工作提出要求。一是坚持工作机制。闵行滨江地区开发要坚持区委、区政府制定的管理与工作机制，深化领导小组、管委会、联席会议制度。定期召开工作例会，保持定期沟通和工作联动。二是明晰工作方向。闵行滨江地区开发建设工作的方向始终不变。要坚持加快南部科创中心核心区建设，黄浦江两岸开发，吴泾地区与江川街道老工业基地转型和城市功能的提升与完善。要高度重视区域规划和研究，进一步指导区域定位与发展。三是明确工作任务。滨江地区各项重点开发任务已明确，要尽早明确责任分工与时间节点，细化任务、见诸行动，狠抓工作落实，各职

图3-1-2 2019年1月10日，闵行区召开滨江地区开发建设领导小组会议

图3-1-3　2019年3月26日，闵行区召开滨江地区综合开发管理委员会会议

能部门与相关街、镇要全力保障工作开展。倪耀明区长表示，充分肯定闵行滨江地区开发建设过去一年的工作成绩，对新的一年工作提出要求。一是紧盯目标，有序推进。明确的目标任务，要狠抓工作落实，抓协调，抓推进。二是完善功能，提升竞争力。明确的区域规划功能要加快推进，促进智造产业集聚，提升区域发展核心竞争力。三是强化招商，提质增效。要紧紧围绕"4+4"产业布局，区经委、区科委作支撑，南滨江公司与街、镇牵头，与两大开发区积极合作，打好对外招商组合拳，招商引资过程要重视产业与行业集聚。四是加强合作，全力推进。领导小组成员要加强合作，充分发挥作用，实现优势互补，紧密协作形成工作合力。会上，闵行区分管副区长对闵行滨江地区开发建设统筹机制、招商体系、政策资金等问题分别提出了工作建议。他指出下一步工作中要坚持规划引领，各方形成合力，轻重缓急实施，新的一年要尽快体现南部科创中心的显示度、集聚度和贡献度。

2019年3月26日，闵行区召开滨江地区综合开发管理委员会会议。闵行区分管副区长出席，滨江管委会成员单位和闵开发管委会、紫竹高新区管委会相关领导参加会议。会上，区滨江办对滨江地区2019年重点工作任务计划分解表和滨江地区招商工作方案作了详细汇报。与会单位进行了交流讨论。闵行区分管副区长强调，加快研究"大零号湾"核心区招商政策体系，要参照既有经验也要有创新摸索，不断优化核心区科技创新环境。拓展区按照既有政策实施，重点项目可采取一事一议。完善地区招商体系，要加强与上海交大、华东师大、大型国企的沟通协调，强化招商对接，提高各单位积极性，加快纳入滨江地区一体化招商体系，有效承接各方科技成果转化产业溢出。

2019年8月1日，闵行区分管副区长主持召开《"零号湾"全球创新创业集聚区建设方案》专题研讨会，市科委、上海交通大学、华东师范大学、上海电机学院、航天八院、航空615所、中船重工711所、中船重工726所、闵虹集团、紫竹高新区、区相关部门、街道等单位参加研讨会。闵行区分管副区长要求，一是"大零号湾"建设规划要提高站位，对标国际最高水准科创集聚区，充分发挥区域高校院所资源作用；二是要以人工智能和生物医药产业为主导，精准布局各产业链上中下游，同时注重发挥区域军民两用技术优势，找准抓手，突出特色，形成品牌；三是方案落地后，要会同市区两级相关部门制定政策，力争以突破性支持形成政策洼地，吸引更多科创资源在"大零号湾"落地生根。

2020年3月27日，闵行区滨江地区综合开发管理委员会召开会议。区领导倪耀明、陈宇剑参加。区滨江办主任余建源汇报滨江地区统筹发展工作推进情况和下一阶段工作打算，与会单位进行了交流发言。倪耀明书记指出，在过去的一年里，滨江区域综合开发成效显著，重点板块特色和显示度初步显现，南科创核心区雏形基本形成，吴泾地区转型进入实质性阶段，一批好的项目和研发机构落户滨江。倪耀明书记对2020年工作提出三点要求：一是以目标为导向推进年度工作。要坚持打造先进制造业产业集群、聚焦"4+4"产业的战略目标，围绕这一目标确定年度工作任务，并细化责任分工、时间节点、实施路径和考核指标，扎实推进全年工作。二是在载体开发上下功夫。通过与企业的合作，加快地块转型开发；加强对区域内物业运营方的宣传引导，确保符合产业政策的项目落地；通过招商引资，鼓励有实力的优质企业参与载体开发建设。三是进一步营造优良环境。高质量做好空间、产业等规划，坚持一张蓝图干到底；科学合理制定政策，促进区域经济社会发展；吸引具有行业影响力的研发中心、总部和具有专业引领性的先进制造业项目落地；加强科创成果对接，做大做强科技成果交易平台；管委会要体现政府服务水准，发挥好统筹协调作用。陈宇剑区长指出，要全面贯彻落实区委《闵行区关于聚焦上海南部科创中心核心区进一步推进制造业高质量发展的实施意见》，增强政治责任感和历史使命感，在推进各类创新主体的融合聚变上下更大的功夫，在构建多层次的创新生态和强有力的产业集群上下更大的功夫，在完善城市设施和功能、提升城市内涵和品质上下更大

图3-1-4　2020年3月27日，闵行区滨江地区综合开发管理委员会召开会议

的功夫，在加强企业服务和优化营商环境上下更大的功夫，努力在2020年掀起滨江地区开发、建设、发展的新高潮。区领导要求，聚焦重点做好管委会各项工作，明确产业定位、促进产业集聚，理顺机制做好招商统筹，夯实主体加强队伍建设，进一步细化压实年度工作任务。

2021年2月26日上午，闵行区召开大零号湾专题会议。区领导倪耀明、陈宇剑出席，区委办、区府办、区发改委、区经委、区科委、区国资委、区建管委、区交通委、区财政局、区规划资源局、区绿容局、区水务局、区征收中心、区投促中心、区滨江管委办（南滨江公司）、吴泾镇、颛桥镇、江川路街道相关领导参加会议。会上，区滨江管委办（南滨江公司）主任余建源汇报大零号湾建设推进情况及下一步工作打算，区科委主任李丽补充汇报大学科技园建设推进情况，与会单位进行交流发言。倪耀明书记充分肯定大零号湾和大学科技园建设的工作成果，他强调，市委、市政府高度重视大零号湾及周边区域建设与发展，各单位要进一步认清大零号湾打造南部科创中心创新策源高地在全市战略发展中的地位，深刻认识科技创新工作对推动区经济社会发展的重要性、必要性和紧迫性。要以区委"一南一北"战略为引领，加快推动"大零号湾"出形象、出功能、出人气、出效益，推进区域机制更加高效，资源整合更加有力，体系建设更加完善。倪耀明对下一步工作提出要求：一是聚焦大零号湾，全力推动区域建设。要聚焦重点区域产业规划，加速吸引大企业创新中心项目落地，把握历史机遇，凝聚各方力量，紧抓区域统筹，加快建设进度。二是探索行政创新，加大支持力度。区滨江管委办（南滨江公司）作为代表区委、区政府推进"大零号湾"区域发展的主体部门，区职能部门和相关街镇要竭力支持，积极探索机制流程和行政服务创新，共同合力推动"大零号湾"做强做大做优。三是"能快则快"，尽快出形象、出功能。加大开放式科创街区成片开发力度，加快高质量建成南部科创公共服务中心，进一步优化完善科创服务体系，推动大零号湾区域尽快出形象、出功能，助力南部科创中心建设，为"十四五"规划开好局、起好步。会上，陈宇剑区长等对大零号湾体制机制建设、区域规划、土地储备和动迁、区域交通体系等问题分别提出了工作建议。

第二节
领导调研

一、市领导调研

2015年12月14日，市人大常委会主任殷一璀，副主任钟燕群、姜斯宪就编制和完善上海"十三五"规划、推进科创中心建设等赴上海交通大学闵行校区开展调研。殷一璀等先后视察高新船舶与深海开发装备协同创新中心、智慧城市联合创新中心和"零号湾"创新创业集聚区，察看中国首个海洋深水试验池运转情况，了解智慧城市建设构想和创新创业服务平台建设情况，并听取上海交通大学校长张杰等所作的有关情况介绍。殷一璀指出，建设具有全球影响力的科技创新中心是上海最重要的任务。高校是加快推进科创中心建设的重要一极，在基础理论研究、科创成果转化、创业机制多样化等方面发挥着独特作用。市人大常委会要认真吸纳调研成果，在2016年推进科技创新相关法规的立法工作中，及时回应社会、高校对于科技创新法制保障的需求。

2016年2月18日，副市长周波率市相关部门到上海交通大学、紫竹园区和"零号湾"创新创业集聚区，就创新创业工作情况进行调研，并与大家座谈交流。市政府副秘书长金兴明，市经信委副书记陈鸣波、副主任徐子瑛，市发改委副主任张素心，市教委副主任袁雯，市科委秘书长林旭伟，市国资委负责同志，闵行区分管副区长，上海交通大学校长张杰、副校长吴旦、党委副书记朱健、副校长梅宏及交大有关职能部门、院系负责人，华东师范大学校长陈群，副校长任友群、孙真荣，上海地产集团副总裁薛宏，闵虹集团总经理冯晓明、党委书记汤伟军，紫竹高新区董事长沈雯、常务副总经理夏光、副总经理骆山鹰等参加调研及座谈。闵行区政府与上海市经信委、上海交大、华东师大、地产闵虹及紫竹高新区进行了合作签约，标志着"紫竹创新创业走廊"建设正式启动。根据市委、市政府关于加快建设具有全球影响力的科技创新中心的总体部署，以及闵行建设成为上海南部科技创新中心的要求，经六方多次商议，计划通过市、区、校、企全面合作，共同打造"紫竹创新创业走廊"。走廊北到申嘉湖高速公路，西至区界，东、南均至黄浦江的围合区域，内部以剑川路、东川路、江川路等三条主干路打造东西向发展的廊道，总计占地面积约70平方千米，其中产业用地25平方千米。该区域内集聚了紫竹高新区、闵行开发区等国家级重点园区；中航商发、上海电气、仪电集团等大型国有企业集团，以及微软、英特尔、通用电器、可口可乐等世界500强公司研发中心和地区总部；上海交通大学、华东师范大学两所985高校，东海学院、上海电机学院两所专业技术院校，中航商飞发动机、上海发电设备成套设计研究院等20余所国家战略研究院所和地方研究机构；各类专家、院士、专业技术人才等，发展潜力巨大。通过此次各方通力合作，产业园区的综合资源、高校院所的科研资源、龙头企业的产业资源以及政府力推的孵化资源、政策和服务资源能够进行有效整合，围绕产业链部署创新链，以实现创新链产业链融合和产城融合为发展方向，以"众创空间"和产业功能平台为载体，构建"科创引导、产业协同、联动发展、互利共赢"的政、产、学、研、资新体系，打通从研发、应用到产业化的科技创新链，推动创新要素向特色优势产业集聚，培育区域转型升级的动力引擎，切实增强区域创新能力、创业活力和产业竞争力，从而将"紫竹创新创业走廊"打造成为上海南部科技创新中心的主要核心区、中国高端制造产业的重要集聚区、具有全球影响力的创新示范区。此次签约明确了走廊的发展目标、基本原则、近期重点项目、合作各方职责等内容，同时也提出了建立高层会晤、联席会议、战略咨询等工作制度。合作各方纷纷表示将积极发挥各自作用，集聚资源，创新机制，使走廊成为上海科创中心建设的重要载体。周波一行对"紫竹创新创业走廊"中的"零号湾"创新创业集聚区、上海交通大学海洋工程国家重点实验室和中国（上海）网络视听产业基地等核心项目进行了调研，并主持召开了专题座谈会，听取了"紫竹创新创业走廊"的推进情况。周波对"紫竹创新创业走廊"的规划和六方合作、协力推进的做法表示赞同和支持，他指出，"紫竹创新创业走廊"内工业基础雄厚、研发机构集聚、人才储备丰富，具备得天独厚的条件，如何将这些优势资源有效整合，还必须苦下功夫，明晰国际科技创新中心的共性特征，不断思考南部科创中心建设的思路，探索市、区、校、企全面合作的路径，激发各类主体的创新动力和活力。周波强调，紫竹创新创业走廊要立足建设市级南部科创中心的定位，一定要突出自身特色，发挥比较优势，打造创新要素集聚、综合服务功能强、适宜创新创业、辐射"一带一路"的科技创新中心重点区域。周波指出，"紫竹创新创业走廊"建设是上海的事，要举全市之力加以推进和支持。市级各部门都要大力支持，优化机制、完善政策、加强配套环境建设。座谈会上，闵行区分管副区长做了《整合多方资源，积极打造紫竹创新创业走廊》的汇报发言，上海交通大学校长张杰院士、副校长梅宏院士，华东师范大学校长陈群等专家对紫竹创新创业走廊重点项目建设提出了具体建议，紫竹高新园区、地产闵虹，以及市政府相关部门表示将共同支持走廊建设，并为走廊的后续开发建设提出了有益建议。闵行区领导对市领导的大力支持和市级部门的鼎力相助表示诚挚感谢，对六方合作推进紫竹创新创业走廊建设充满信心，表示闵行将推进联席会议制度的实质性运行，加快后续相关工作的推进。

2018年3月22日，市委书记李强到闵行区调研。在零号湾全球创新创业集聚区，李强同创新团队、创业企业面对面交流，了解他们的真实感受。"零号湾"入驻了491个项目、342家企业以及一批专业孵化机构，设有区行政服务中心、上海知识产权交易中心的分中心和上海交大先进产业技术研究院创新创业基地，提供一站式、全方位服务。李强来到办事大厅，详细了解相关服务举措落地以及科技成果转移转化情况，"企业办事是否便捷""申请事项是否当场办结"。他叮嘱闵行区负责同志，要进一步聚焦发力，围绕实现政务服务"一网通办"，从实际出发大胆探索，打造优化营商环境的新亮点，为企业发展提供更好服务。市委常委、市委秘书长诸葛宇杰参加调研。

2019年12月2日，市委书记李强就高校服务国家战略和城市发展、加快推进"双一流"建设赴上海交通大学调研。林忠钦校长专题汇报建设大零号湾科创示范区的工作设想。李强书记指出，当前，我们正在深入学习贯彻党的十九届四中全会精神和习近平总书记考察上海重要讲话精神，高校肩负着培养创新人才和提升创新能力的双重使命，希望上海交通大学与上海城市发展同频共振，在强化创新策源上更好发挥尖兵作用，在集聚全球人才上更好发挥平台作用，在推动城市治理能力提升中更好发挥智库作用，在加快"双一流"建设中更好发挥示范作用，为上海提升城市能级和核心竞争力、奋力创造新时代新奇迹做出更大贡献。上海正按照习近平总书记重要指示要求，着力强化科技创新策源功能。高校尤其是研究型大学，要成为知识创新的源头、基础研究的尖兵。聚力打通基础研究的"最先一千米"、成果转化的"最后一千米"。依托大设施、大平台、大项目，在重点优势领域力争取得基础研究和"卡脖子"技术的突破。要建强大学科技园，推动科研成果高效转移、高质量转化，将丰富的学术资源转化为充满活力的创新资源、转化为现实产业发展优势。大学不仅要成为人才培养的基地，也要成为集聚高层次人才的高地。要持续释放对全球顶尖人才的"磁吸效应"，把机制搞得更活、氛围搞得更浓，培育更多创新创业人才。上海要实现一流城市、一流治理，既要积极实践探索，也需科学理论支撑。希望高校更好发挥智库作用，抓住城市治理中的前沿性、战略性问题深化研究，贡献更多真知灼见。市领导诸葛宇杰、陈群参加调研。

2020年4月8日，市委副书记廖国勋，市委副秘书长燕爽，市教卫工作党委副书记、市教委主任陆靖，市科委主任张全，市教委巡视员蒋红等调研"大零号湾"全球创新创业集聚区建设情况，闵行区委书记倪耀明、上海交通大学校长林忠钦、副校长王伟明、华东师范大学校长钱旭红，区科委主任李丽，上海南滨江投资发展有限公司董事长余建源等参加调研。廖国勋一行实地走访零号湾创新创业园区、交大医疗机器人产业园、交大国家大学科技园闵行园区，深入瓶钵信息科技有限公司、术锐（上海）科技有限公司、精励医疗科技有限公司等科技企业，同创新团队、创业企业和园区负责人面对面交流，听取大家对"大零号湾"创新创业集聚区建设的意见建议。在调研座谈会上，闵行区汇报"大零号湾"全球创新创业集聚区建设总体推进情况。上海交通大学、华东师范大学汇报大学科技园发展历程、科技成果转化现状和进一步推进建设的思路举措。市委副书记廖国勋与大家深入交流讨论，充分肯定"大零号湾"前期推进的情况，对闵行区推动大学校区、产业园区、城市社区相融相伴、共生发展所取得的进展给予高度肯定。他指出，"大零号湾"区域是科创中心建设的重要战场和阵地，要进一步挖掘潜力、发挥高校创新策源作用，聚焦重点持续发力，将丰富的科研资源转化为产业发展优势，努力培育一批高成长性的龙头企业和创新巨人，打造具有核心竞争力、高能级的产业集群。要更好调动各方积极性、主动性，深化产学研用协同创新，形成更加完善的全链条创新创业孵化体系，加强科技企业孵化、科技成果转化和产业化。要不断优化营商环境，提升人才服务、公共服务水平，共同努力把"大零号湾"做强做大，更好地推动区域经济社会发展。

2020年5月8日，市人大常委会主任蒋卓庆调研大学科技园区建设情况，上海交大杨振斌书记、闵行区陈宇剑区长、闵行区人大常委会庞峻主任等参加调研。蒋卓庆一行在零号湾科技大楼听取大零号湾工作汇报，实地走访参观上海航数智能科技有限公司，听取企业负责人的相关情况介绍；在学校医疗机器人研究院听取工作汇报，实地参观术锐（上海）科技有限公司、精劢医疗科技有限公司。

2020年5月9日，市委常委、副市长吴清调研"大零号湾"全球创新创业集聚区建设情况。吴清先后视察上海交大国家大学科技园闵行园区创想600基地、交大医疗机器人产业园区、剑川路951园区，并主持召开调研座谈会。市政府副秘书长陈鸣波，市教委巡视员蒋红，市国资委副主任叶劲松，市发改委总经济师俞林伟，闵行区委副书记、区长陈宇剑，上海交通大学党委书记杨振斌，党委副书记、校长林忠钦，副校长王伟明，医疗机器人研究院院长、英国皇家工程院院士杨广中，南滨江公司董事长余建源，及市、区有关部委、企业负责人等参加调研座谈活动。吴清实地走访术锐（上海）科技有限公司、精劢医疗科技有限公司、飒智智能科技有限公司等科技企业，观看科研人员演示，听取有关负责人的汇报。调研座谈会上，陈宇剑区长围绕"大零号湾"全球创新创业集聚区推进情况作工作汇报，林忠钦校长围绕交大科技园建设情况、发展规划作工作汇报。与会各部委负责人围绕"大零号湾"全球创新创业集聚区建设作交流发言。吴清指出，上海市非常重视大学科技园建设，"大零号湾"全球创新创业集聚区要深入贯彻上海促进科技创新"25条"精神，创新体制机制，吸引高端人才，释放科研人员活力；对标国际标准，以交大为依托，在高起点的基础上，制定高标准规划，促进高质量发展；在做好硬件建设基础上加大软环境建设，创造良好的创新创业环境；市、区、校联动，产、学、研结合，主动作为、提前规划、适度超前建设，打造全球创新创业集聚区的典范。

2020年5月23日，市委常委、常务副市长陈寅调研上海交大"大零号湾"全球创新创业集聚区、医疗机器人研究院产业园建设情况。市政府副秘书长马春雷，闵行区委书记倪耀明，区委副书记、区长陈宇剑，区委常委、副区长沈军，上海交通大学副校长奚立峰、王伟明参加调研。在零号湾国家双创示范基地，南滨江公司董事长余建源介绍闵行区建设"大零号湾"全球创新创业集聚区有关规划和推进情况；零号湾创业投资有限公司总经理张志刚介绍零号湾国家双创示范基地的建设现状和进一步推进建设思路举措。在上海交大医疗机器人研究院产业园，王伟明汇报"大零号湾"全球创新创业集聚区建设中上海交大相关工作情况。陈寅听取汇报后，实地走访术锐（上海）科技有限公司、精劢医疗科技有限公司等科技企业，观看柔性臂内窥镜手术机器人、肺腹腔肿瘤穿刺手术机器人等项目演示，与大家面对面深入交流。闵行区委办、区府办、区发改委主要负责同志，上海交大有关部门、部分企业负责人等参加调研活动。

2021年4月15日，市委书记李强赴上海交通大学调研。李强代表市委、市政府对上海交通大学建校125周年表示祝贺。他指出，要坚持以习近平新时代中国特色社会主义思想为指导，弘扬光荣传统，胸怀"国之大者"，发挥智库优势，在推动人民城市建设上贡献更多智慧，在打造科技创新策源高地上争取更大突破，在培养担当民族复兴大任的时代新人上有更大作为，为服务国家重大战略需求、提升上海城市能级和核心竞争力做出更大贡献。上海交大中国城市治理研究院作为市校共建、专注城市治理研究的高校智库，已集聚一批高水平的优秀人才，涌现一批高质量的研究成果，组织了一系列城市治理的最佳实践案例评选和发布活动。李强来到研究院，听取高水平智库建设介绍，察看学术研究和咨政建言成果，就超大城市治理所需关注的重点问题与研究人员作了深入交流。李强说，超大城市是复杂巨系统，是有机生命体，要更好把握上海城市发展的规律特点，发挥综合学科优势，深入调查研究，提出真知灼见，在新时代做好"城市，让生活更美好"这篇大文章，更好为科学决策提供智力支撑。2016年在上海交大成立的李政道研究所由诺贝尔奖得主领衔，以建立在物理学、天文学及其交叉学科领域中世界顶级的学术机构为建设目标，着力打造世界知名的重大原始创新策源地、全球向往的顶尖科学精英集聚地、面向未来的中国青年才俊历练地。李强十分关心研究所的建设发展和人才集聚情况，与青年科技英才亲切交流，了解他们在科学研究方面取得的重要进展，勉励大家面向前沿、专注科研，持之以恒、久久为功，努力实现前瞻性基础研究、引领性原创成果重大突破。随后，李强主持召开座谈会，听取上海交通大学党委书记杨振斌、校长林忠钦关于学校改革创新发展的工作汇报。李强说，近年来，上海交大在抓党的建设、推进"双一流"建设等各方面有新进展、新成效，为服务国家发展、城市发展做出了新的积极贡献。李强指出，当前，我们正在深入贯彻落实习近平总书记考察上海重要讲话和在浦东开发开放30周年庆祝大会上重要讲话精神，深化改革开放，强化核心功能，服务构建新发展格局，探索走出超大城市治理之路。要认真践行"人民城市人民建，人民城市为人民"重要理念，更好发挥高校智库优势，聚焦人民城市的思想内涵、理论价值和实践意义，从理论上做出进一步研究和阐释，在实践中探索和回答好一系列重大问题，推动上海抓住做强功能特别是核心功能这个主攻方向，打造"五个中心"升级版，发挥长三角一体化发展龙头带动作用，实现超大城市高效能、现代化治理，全面推进城市数字化转型，加快打造韧性城市。要对治理模式、治理手段的创新做出进一步总结和提升，更好助力"两张网"建设实现深度融合、系统集成，"生活秀带"从"一江一河"拓展到城市的每个街巷、每个角落，更好促进城市规划设计再优化、再提升，使"五个新城"充分体现最现代、最生态、最便利、最具活力、最具特色的要求，为世界超大城市建设和治理提供上海样本、中国方案。李强指出，要时不我待推进科技创新，瞄准世界科技前沿，立足国家战略需求，充分发挥高校学科优势、人才优势，市校携手打造科技创新策源高地，更好促进教育链、人才链与产业链、创新链有效衔接，更好代表国家参与国际合作与竞争。要把李政道研究所等院所加快打造成为世界一流的高水平研究机构，创新运行体制机制，吸引集聚顶尖人才。要探索发起大科学计划，建好用好大科学设施，力争形成更多创新成果。要畅通科技成果转化链条，依托"大零号湾"等平台载体引领创新创业，培育涌现更多创新企业、创新人才，更好发挥对区域发展的带动作用、溢出效应。李强强调，上海交大要进一步弘扬"饮水思源，爱国荣校"传统，引导青年人传承革命薪火、投身复兴伟业。要用好党的历史这个最生动的教科书，落实好"大思政课要善用之"要求，把党史学习教育更好融入思政课程和课程思政体系，引导学生"心有所信、方能行远"，不断培养担当民族复兴大任的时代新人。市领导吴清、诸葛宇杰、陈群参加调研。

二、相关领导调研

2015年5月6日，市经信委副主任徐子瑛、市经信委产业园区处处长周强一行5人来闵行区调研。区经委主任林艺、副主任史宏超、莘庄工业区副主任张昕、江川路街道办事处主任王文辉、副主任张峰及上海交通大学教授张志刚、闵联公司综合管理部经理倪红陪同参与调研。调研团实地踏勘仪电旧厂房改造项目、沧源科技园区内的建设运营情况，详细了解闵行区推进产业园区转型升级试点工作情况及汇聚上海交大、闵行区政府、上海地产集团等充分发挥智力、科技、人才、信息和平台、资源、资本优势拟创建的全球创新创业集聚地——"零号湾"项目。随后，调研团在江川街道召开座谈会，会上就"零号湾"项目做了进一步了解和讨论，徐子瑛就该项目给予高度评价。

2016年1月4日，闵行区分管副区长赴"零号湾"全球创新创业集聚区和江川路街道调研指导工作，区经委主任林艺及经委投资发展科负责人陪同调研。在零号湾，区领导一行分别听取了上海交大创业学院、地产闵虹等负责人关于零号湾的建设背景和发展近况的介绍，并走访了孵化园、加速空间、接力空间等载体。关于零号湾今后的工作重点，区领导指出：一是要提高规划编制的精细度，完善创新企业的门槛设置，引导科技型企业的创业方向；二是要完善相关配套服务，加大对创业团队业余生活的关注，积极提供人性化配套服务；三是要提升今后拓展空间，加快沧源科技园及周边区域的整体转型；四是要做好资源的有效整合，搭建创客之间的有效互动平台；五是要加强舆论宣传，积极营造"大众创业万众创新"的良好氛围。在江川路街道，区领导听取街道负责人的工作汇报，并就加强区域经济统筹和推进区级招商平台的建设进一步明确要求。

2016年5月6日，闵行区分管副区长赴"零号湾"全球创新创业集聚区和上海电机学院调研指导工作，区府办副主任岳崇、区经委主任林艺、区科委主任李丽、江川路街道党工委书记倪学斌等领导陪同调研。区领导一行首先实地考察了上海电机学院校区，听取了校园资产现状情况和转型发展方向的汇报。随后，他们来到"零号湾"全球创新创业集聚区了解并指导工作。座谈会上，闵行区分管副区长认真听取了上海交大、地产闵虹和江川路街道关于"零号湾"建设的进展情况。地产闵虹总经理冯晓明代表三方汇报了"零号湾"年度重点工作及建设目标；上海交大党委副书记、创业学院院长朱健介绍了"零号湾"申报国家双创示范基地建设情况；江川路街道党工委书记倪学斌就园区硬件设施改造及人才公寓建设作了工作汇报；区科委李丽主任对"零号湾"建设的科技政策扶持工作做了回应，并提出积极有效整合各方政策资源的工作建议；区经委林艺主任围绕推进"零号湾"在产业园区转型升级试点、"四新基地"创建、紫竹创新创业走廊建设规划等方面工作进展以及优质产业项目引进情况与各方进行沟通。区领导充分肯定了各方所做的努力和工作成果，并指出"零号湾"有基础、有条件成为一个视野更广阔、立意更高的"国际化、专业化、品牌化"的科创基地，成为上海"科创中心"的亮点。同时，就下阶段如何协同推进、形成合力提出了五点工作要求：一是要规划先行，形成大区域和小区块之间的规划融合，即处理好整体和局部的关系；二是要行动方案与规划同步，把握工作节奏和节点；三是区级层面和街道层面在项目建设上要继续共同推进、各司其职，及时解决建设过程中政策对接、产业布局的问题；四是紧密对接建设中六方资源整合的问题，对人、财、物、资源要跟进落实到位；五是园区形态建设要持续优化，积极推进解决园区周边绿化、交通和生态环境等问题。

2016年7月6日，区委常委、副区长张国坤等调研闵行滨江地区工作。区发改委、区经委、区科委、区规土局、区滨江办及公司相关负责同志参加调研会议。会上，区滨江办主任余建源汇报闵行滨江地区"4+1"重点工作进展情况及下一步重点工作。区领导肯定了滨江开发前期工作所取得的成绩，进一步明确了南滨江公司的定位和职能，并对滨江地区下一轮发展提出要求：一是南滨江公司作为滨江地区统筹开发管理的平台，要进一步做实功能公司的职能，履行好政府赋予的职责。二是加快推进吴泾工业区环境综合整治收尾工作，相关单位根据工作职责，抓紧推进剩余动迁和劳动力安置，以及跟踪审计工作，尽快完成绿化三期建设方案。三是会同区经委，着重推进紫竹创新创业走廊建设，打造沧源开放式创新创业街区。四是加强与大企业的交流合作，在符合地区规划的基础上，为企业提供政策和利益支持，激发企业自身积极性，促进地区发展。五是加快南滨江公司组建，根据公司发展需要和高效精简的原则进行公司配备，严格按照现代企业制度进行管理，健全公司各项制度。张国坤对完善南滨江公司运转机制、落实滨江地区三年行动计划、明确"十三五"期间重点工作、制定公司投融资机制等方面提出了要求。

2016年7月12日，闵行区分管副区长调研闵行滨江地区工作。区经委、区科委、区滨江办及南滨江公司相关负责同志参加调研会议。区领导肯定滨江开发前期工作所取得的成绩，对滨江开发和紫竹创新创业走廊建设工作提出要求：一是坚持规划第一位。编制紫竹创新创业走廊大规划和沧源片区的小规划，通过规划统一思想、统一资源、布局、操作和步骤，形成集聚作用。二是处理好发展中的各方关系。包括大统筹和小统筹的关系，老工业基地改造四个包相互之间的关系，当前和长远的关系，公司与相关街镇政府、职能部门、高校的关系，以及组织行为和市场行为相结合的关系。三是做好后续招商准备工作。引进优质中介企业，发挥专业管理公司的优势，做好招商服务。

2017年2月8日，区委常委、副区长曹扶生，区府办副主任郁臻一行赴零号湾对创业实训基地的建设情况进行调研。区人保局党委书记、局长龚惠斌，江川路街道党工委书记王文辉，江川路街道办事处主任吴敏华，区人保局副局长、区就业促进中心党委书记王琦，区就业促进中心主任瞿峻，以及南滨江、零号湾领导参加。曹扶生参观了零号湾创业园区，听取了"零号湾"发展情况、940地块建设用地的介绍汇报。会上就建设过程中遇到的难点、问题进行了充分的讨论，并达成了初步共识。他对如何进一步拓展空间载体、加强政府公共服务配套、打通创业产业链等问题提出了指导性意见和进一步的工作设想。

2017年7月25日，区领导倪耀明等调研滨江地区统筹发展工作。倪耀明对滨江地区统筹工作取得的成效表示了充分的肯定和支持，他要求在下一阶段工作中，要进一步理清工作思路，重点聚焦紫竹创新创业走廊建设，加快研究紫竹双创走廊区域总体规划，加强公共服务配套、环境改造工作，抓紧推进剑川路一期绿化、上海交大公共空间改造和医用机器人合作等项目。区领导指出，滨江地区在下一阶段工作中要重点抓沧源片区转型升级工作，提升"零号湾"品牌知名度，围绕"零号湾"二期建设抓紧推进沧源片区后续项目。

2017年7月25日，市人社局副局长张岚一行来闵行开展"南科创实训基地"筹建和闵行创业型城区创建工作专项调研。区委常委、副区长曹扶生参加调研。张岚和曹扶生一行来到"零号湾"全球创新创业集聚区进行实地调研，实地察看了"南部科创中心创业指导工作室"的运行情况和"南科创实训基地"一期规划建设工程，并走访了零号湾相关孵化基地和创意空间。调研组一行在莘庄的起点创业营考察了上海起乾点坤企业管理有限公司，与公司创办人查立先生围绕创业组织孵化、青年创业扶持等话题进行座谈，并观看了由区人社局和起点创业营联合制作的视频《创业，我们在路上——"创游记"丝路篇》。在调研座谈会上，区人社局围绕"南科创实训基地"建设工作推进，针对预算资金的使用、运维机构的组建、功能模块的运行及下一步的建设计划等内容作出汇报。张岚在调研中指出：闵行要建设好上海南部科创中心核心区，进一步集聚区内创新创业要素资源，完善创新创业人才培育机制，以南科创实训基地为抓手，助力"双创"事业向纵深发展。在实践中要重点把握以下两点：一是千方百计吸引人才，人才是第一资源，创新创业的大业离不开优质人才的支撑，要千方百计为人才创造条件，吸引他们投入"双创"；二是多管齐下吸收经验，借鉴国内外相关经验做法，他山之石可以攻玉，多学习、多吸收，少走弯路，事半功倍。

2017年8月25日，张江高新技术产业开发区管理委员会常务副主任曹振全、副主任侯劲一行到紫竹产研院调研，闵行区分管副区长、区科委主任李丽、南滨江公司董事长余建源等陪同调研。余建源首先汇报了紫竹产研院基本建设情况及未来发展设想。区领导和曹振全共同讨论了中航商发、紫竹国际教育园区等发展状况，并对紫竹产研院周边未开发地块如何使用进行了深入探讨。随后，曹振全一行与区领导在区政府会议室进行了座谈交流，区领导倪耀明，以及区科委、国资委、南滨江公司参加了会谈。会上，李丽汇报了大张江闵行分园工作情况，余建源汇报了闵行区与大张江协议推进情况和建设智慧医疗产业基地设想。区领导提议进一步提升闵行区政府与张江高新区管委会的合作关系，通过整体对接和全方位合作，叠加政策优势，集聚打造智慧医疗、智能制造等优势产业，支撑南部科创中心核心区的建设。曹振全表示，结合大张江国家级高新区的扩区做好本次园区的优化调整，并对南部科创中心核心区3.02平方千米调入张江高新区闵行园的方案表示支持。他强调，要深入研究入园后的政策叠加，制订行动方案，抓好具体项目实施是当务之急。区领导对张江高新区管委会长期以来对闵行的支持表示感谢，并期待早日与张江高新区管委会签订全面战略合作协议。

2018年4月19日，区领导张路加等一行专题调研智能医疗创新示范基地建设情况。调研组一行实地踏勘智能医疗创新示范基地地块现状，并召开座谈会。区领导指出，生物医药产业是闵行区重要的主导产业，智能医疗创新示范基地是生物医药三年行动计划中重要载体承载之一，区滨江管委办前期做了大量的工作，目前基地规划方案和地块现状都比较成熟，下一步要加快推进各项工作落地，争取基地建设早出形象。他强调，虽然目前地区发展受限于现状，面临很多问题和困难，但希望区级部门和滨江办共同努力，合理调整工作思路，在不突破法规的原则下，抓住工作要害和要点，统筹博弈，重点推动智能医疗创新示范基地规划与项目落地，尽快完成土地出让、收储、基础设施建设和资金配套保障等工作，促进南部科创中心核心区建设早见成效、早出成果。闵行区分管副区长对下一步工作提出要求，一是要继续优化基地建设方案，根据产业布局定位深度优化城市规划；二是区科委、区经委要加强对产业项目的指导，抓紧产业项目落地；三是要与上海交大、华东师大进一步加强合作，学校优质资源要与周围重点载体形成联动发展；四是各部门要相互协作、相互支撑，合力推进各项工作落地。

2018年5月3日，闵行区分管副区长等赴区滨江办（南滨江公司）专题调研沧源开放式街区剑川路以北地块转型工作推进情况。区领导一行首先实地踏勘了环交大北侧剑川路沿线黄二村、剑川路930号、940号、950号、景观一期（人才公园）、剑川商务区等重点推进项目，随后召开了座谈会。会上，区领导对各级单位在推进南部科创中心核心区建设、紫竹创新创业走廊剑川路沿线综合开发和产业转型工作中取得的阶段性成效表示肯定。区领导要求，各相关职能部门在下一步工作中，一要进一步加强业务指导，发挥牵头作用，密切与相关街镇和平台公司的沟通协作；二要尽快研究项目建设的资金渠道，落实区级财力保障，充实平台公司资本金；三要明确分工，协同合作，推动规划调整，提升地区环境，加快项目落地。区领导特别强调，南部科创中心建设是闵行未来地区发展工作的重中之重，大家要集思广益，共同支持，主动担责，敢为人先，勇于创新，贡献力量，争取早见成效、早出成果。区领导提出，沧源开放式街区将打造成南部科创中心的核心区域，一是始终坚持规划先行的指导方针，形成明确的功能定位和丰富的布局设计；二是区相关职能部门要加强地区产业转型升级研究和对后续招商引资工作的指导；三是相关街镇要做好协同保障，与平台公司打组合拳，最终形成三方合力，保障重点项目尽快落地。

2018年5月15日，区领导张路加、区委组织部部长王观宝一行赴滨江办开展调研。区领导一行首先实地踏勘了零号湾、剑川路940号公共服务中心、景观一期（人才公园）等南部科创中心核心区内重点推进项目。随后召开了座谈会。会上，区滨江办主任余建源介绍紫竹创新创业走廊建设和闵行南部地区产业提升工作推进情况。张路加同志提出，一是要高度重视区域人才工作，始终坚持打造区域人才高地、吸引高质量人才聚集的工作目标。二是要有效实现具有闵行特色的高效能人才工作体系，创新产学研合作模式，整合周边环境空间资源，形成集平台、载体、政策为一体的综合服务体系。三是滨江管委办要统筹做好区域人才平台建设等重点项目，相关职能部门要相互配合、共同努力，积极推进公共服务中心和双创载体建设，加快南部科创中心核心区建设。王观宝表示非常期待闵行南部地区新时代高标准发展的愿景，他指出，南部科创中心人才建设工作任重道远，需要我们统一思想和行动，在营造良好创新创业环境的同时，还要做好以下三点工作：一是建载体、搭平台，要充分发挥地区创新资源优势，结合人才主题公园建设，建好公共服务中心。二是强功能、抓服务，始终坚持服务优先的原则，充分

图3-2-1 2018年5月15日，区领导张路加、区委组织部部长王观宝一行赴滨江办开展调研

展示闵行求贤若渴的诚意和态度，吸引人才、留住人才。三是看长远、论真情，我们要以真情服务人才，感动人才，推进人才体系建设，实现地区新的高质量发展，落实南部科创中心建设任务，挖掘闵行未来发展潜力。

  2018年5月21日，区领导张路加等赴沧源科技园专题调研转型工作推进情况。区领导一行首先实地踏勘了沧源科技园内佳通公司、宏润公司、宝龙机械研究所等重点转型地块和南上海创新与高新制造产业集群展示馆、北横泾沿线改造等重点项目。区领导指出，上海南部科技创新中心核心区建设是闵行未来发展工作的重中之重，沧源科技园整体转型工作作为核心区重点项目要加快推进，争取尽早出形象、出成果。区领导求，一是各级相关部门要抓重点、克难点，增强紧迫感、责任感，加强对平台公司的支持，沧源科技园转型项目要纳入区重大项目，强化重点项目推进力度，推动转型项目尽快实施。二是尽快研究明确园区功能定位，进一步优化完善整体转型方案，形成科创和产业相融合的多功能园区。三是街镇、平台公司、园区企业要形成三方联动，共同研究探讨转型方式和路径，提早谋划空间使用、载体形式及运营平台。四是加快实施开放式街区建设，破围墙、促融合，提升园区整体环境，营造富有活力的创业氛围。区领导张路加指出，沧源科技园的转型工作要紧紧围绕打造开放式双创园区的目标，强化资源统筹，聚焦重点项目，各级职能部门要以时不我待的奋进精神协同推进南部科创中心核心区建设。闵行区分管副区长提出，沧源地区要加快实现集中度、显示度，要让创业者、师生、老百姓真正感受到质和量的提升。一是始终按照规划实施要求，坚持功能定位和形态布局不动摇；二是加快推进实施南上海创新与创业集群展示馆、剑川路940号公共服务中心等重点项目建设，逐点突破，早出形象；三是各级职能部门要会同南滨江公司，加快研究腾挪空间的后续运营、招商等工作。

  2018年6月11日，区领导张路加等专题调研华谊集团相关重点地块转型工作情况，区委办、区发改委、区经委、区科委、区建管委、区交通委、区财政局、区规土局、区房管局、区环保局、区绿容局、区水务局、区土地征收中心、江川路街道、区滨江管委办（南滨江公司）等相关领导陪同调研。华谊集团党委书记、董事长刘训峰，总裁王霞出席了座谈会。区领导一行先后实地踏勘了华谊集团下属大中华正泰轮胎厂、上海染料化工厂、双钱载重轮胎厂、华谊研究院地块现状和转型情况。每到一处，区领导都详细询问每个地块的情况及改造中遇到的困难和问题，并根据实际情况提出了部分建议和要求。座谈会上，华谊集团汇报了相关地块的转型方案，以及规划建设上海新材料科创中心的工作思路。区滨江管委办主任余建源汇报了华谊集团相关地块转型工作推进情况，与会各单位开展了深入交流讨论，并就存在问题提出了解决方案和相关建议。会上，区领导指出，闵行区与华谊集团始终保持着密切联系，双方对共同推进上海南部科创中心核心区建设和吴泾老工业基地调整改造已达成统一共识，这三个重点地块的转型将进一步助力南部科创中心建设，为市属企业助推地区经济起到了引领示范作用。他表示，一要加强沟通合作，全面支持华谊集团实现转型；二要完善转型方案，闵行区要同步研究相关扶持政策；三要提升地区环境质量和配套服务功能，完善转型地块周边基础设施配套建设，精心打造开放式街区和滨水景观，与华谊集团共同研究吴泾地区其他地块转型方案。区领导张路加指出，华谊集团在闵行的转型发展具有很大潜力，前期双方都做了很多的工作，现阶段已经初步具备转型发展的基本条件。希望双方进一步细化方案，围绕建设南部科创中心核心区的共同目标，加快转型早见成果。

2018年9月28日，闵行区分管副区长调研区滨江办，专题推进沧源片区转型及智能医疗创新示范基地建设。区滨江办主任余建源汇报沧源科技园、开放式街区以及智能医疗创新示范基地推进情况，重点介绍华谊大正、佳通、宏润等重点地块转型方案及智能医疗创新示范基地一期建设，并对最近工作推进中碰到的问题作了详细汇报。闵行区分管副区长与参会人员一同交流讨论，分析研究推进工作过程中遇到的问题及解决举措。他指出，各项重点工作需要抓落实抓推进，要对照任务目标，倒排时间节点计划，抓紧推进不拖延。下一步，一是紧抓任务时间节点。在2019年春节前争取要有一批项目早出形象，明年计划任务要及早安排，对项目推进中的责任人、节点目标、难点问题及解决举措要进一步细化。二是坚持问题导向，协调解决问题。工作中可能会碰到一些难题，要不回避、不退缩、敢担当，以积极的态度与合作各方共同协调解决问题。三是整合多方资源，提前介入招商工作。需要加强与区科委、区招商服务中心及各街镇的沟通协作，整合多方资源，提前介入转型区域载体招商工作，合力推进区域产业集聚。

2019年4月12日，区领导倪耀明等赴沧源片区专题调研转型工作。区领导一行实地踏勘了华谊大正橡胶厂、佳通公司、宏润公司等重点转型地块和"零号湾930"医疗机器人产业园和人工智能产业园、飞马旅康养产业园、人才公园一期、横泾港景观改造工程、南上海创新与高新制造产业集群展示馆等重点项目。调研现场，倪耀明区长详细了解项目情况、建设计划和转型政策诉求。在座谈会上，区滨江管委办余建源主任汇报了沧源片区转型和开放式街区总体工作推进情况，与会各单位进行了补充汇报。闵行区分管副区长提出，要按尽快体现南部科创中心显示度、集聚度的要求狠抓工作落实，加快载体空间释放，完善公共配套，强化招商对接，加快区域产业发展集聚。倪耀明区长指出，沧源片区转型和开放式街区建设是南部科创中心核心区建设的重点工作，各部门扎实推进各项工作，总体进展顺利。对下一步工作，倪耀明强调，一是要全力推进重点项目建设。各职能部门要把握重点工作时间节点，加大项目审批支持和服务保障力度。区域城市设计要充分考虑城市形象的协调统一，要打响"零号湾"品牌，发挥品牌辐射区域效应。二是要加大招商工作力度。要以区域产业集聚为导向，落实好国家、市区明确的产业布局和发展方向，加快引进高质量优质项目。三是要着力完善平台建设。要对接好区域高校、企业等共享服务平台，优化政府服务平台体系，提升平台运行效率。四是要促进工作整体提质增速。要抓重点，促成效，具备条件项目先行拆除改造，确保区域环境早见成效。

2019年6月3日，区领导张路加等赴沧源片区专题调研产业资源转型发展工作。区领导一行实地踏勘了飞马旅交大科创园，随后召开座谈会。会上，闵行区分管副区长指出，一要抓住新一轮发展机遇，加快地区面貌更新，围绕区委转型升级重大课题解决推进难题；二要进一步发挥华谊、佳通、宏润等重点企业的引领作用；三要集中力量推进重点项目，进一步提升集聚优势效应；四要在转型阶段性成果初步显现的基础上，进一步体现科技形态感，营造整体科技氛围；五要坚持内容为王、能级为本，各部门加强产业对接，在招商方面形成多方推进态势；六要汇聚凝力，企业、高校、街镇、开发平台等共同为区域发展提高强有力支撑；七要速度与安全、质量并举，既不能拖时间节点，也不能盲目追求一蹴而就，要实现又好又快发展。张路加表示，一是南滨江地区转型潜力巨大，要持续排摸整体资源，统筹用好产业资源，全面提升区域科创功能；二是集中力量狠抓落实，花更大精力在重点转型项目上，按照已经明确的时间节点尽快出成效、出形象；三是转型和招商工作同步，进一步加强招商引资，吸引更多优质企业入驻。

2019年8月27日，闵行区分管副区长带队前往大零号湾区域，专题调研上海交大医疗机器人研究院、上海人工智能研究院等功能型平台及重点科创企业建设情况。上海交大副校长奚立峰参与调研。经实地踏勘后，区领导听取调研单位情况汇报，并与参会单位共同商讨大零号湾科创集聚区建设方案。会议要求，大零号湾建设要重点突出带动上海南部科创和产业发展的核心功能。通过"大零号湾"全球创新创业集聚区建设，辐射周边紫竹高新区、马桥人工智能创新试验区、吴泾科技时尚小镇、常青工业园等区域，着力提升对上海交大、华东师大、航天八院、航空工业615所等高校院所成果溢出的承载能力。另一方面，大零号湾科创集聚区建设要全面覆盖成果转化要素体系，完善从成果源头释放到转移转化落地等服务环节，并具备平台支撑、创业孵化、加速培育、企业上市等相关功能配套，在体制完善、创新增长和产业生态等方面充分体现闵行科创特色。上海交大生物医学工程学院、医疗机器人研究院、人工智能研究院、陶铝新材料研究院、闵行区科委、南滨江公司等相关领导陪同调研。

2019年9月3日，闵行区分管副区长带队赴飞马旅科创园调研。区领导一行实地考察了园区环境和招商项目情况，随后召开座谈会。会上，飞马旅汇报了园区打造大零号湾全球创新高地"4+1"平台建设方案以及园区发展难点问题。区领导指出，一要注重园区整体规划，充分发挥飞马旅的专业优势，加强顶层设计，形成与创新创业高地相适应的园区整体发展方案；二要始终坚持量质合一，既要加快推进招商工作，又要保证招商项目质量，打造符合年轻科创人才需求的配套环境，努力形成浓厚的科创氛围；三要加强经验借鉴，学习优秀园区开发经验，打造更高规格、更好品质的园区，实现园区科创辐射效应。南滨江公司董事长余建源、副总经理高雪峰，飞马旅科创园相关负责人陪同调研。

2019年9月19日，市科创办执行副主任、张江高新区管委会常务副主任彭崧一行调研闵行科创中心建设工作情况，参观了交大医疗机器人产业园、零号湾科技大楼等重点科创园区及科技企业，并召开座谈会，区长倪耀明等陪同调研。彭崧希望闵行区能够进一步加快上海南部科创中心核心区建设，做大做强科技成果转移转化示范功能。他表示，市科创办将统筹协调全市科技创新资源，在资金、政策和信息共享等方面全力支持上海闵行国家科技成果转移转化示范区和上海南部科创中心核心区建设发展，助力闵行优化科创生态环境、实现产业功能和城市功能进一步优化提升。

2020年1月9日，市科委总工程师陆敏在上海交大产研院、交大地方合作办、闵行区科委、南滨江公司、交大科技园、闵行房地集团领导的陪同下调研"大零号湾"全球创新创业集聚区。在调研座谈时，陆敏传达了李强书记调研大学科技园的指示，大学在城市发展中具有特殊地位和独特作用，大学科技园一头连着学界、一头连着业界，最有条件集成各种科学技术、各方优秀人才、各类创新资源，最有优势促进科技成果转化、科技企业孵化、科技人才培养。要坚持大学科技园的大学属性、科技特征，与地方经济社会发展紧密结合，充分挖掘释放创新活力和发展潜力，进一步把大学科技园做大做强，为高校科技成果转化服务。

2020年1月10日，科技部成果转化与区域创新司产业化与园区指导处处长曹煜中一行专题调研上海交大国家大学科技园。市科委及闵行区科委领导陪同调研。上海交大科技园有限公司总经理杜松宁介绍了交大科技园的发展概况、孵化服务体系、产学研工作、人才培训以及专业化服务、投资，支持学校建立重大创新与转化功能平台工作情况。上海闵行交大科技园运营有限公司总经理陈史杰介绍了交大人工智能产业园和交大医疗机器人产业园相关情况，以及交大科技园致力"大零号湾"科创集聚区建设，推动科技创新策源功能发挥，积极贯彻落实科技部关于加快推进大学科技园高质量发展的目标定位，做强做大大学科技园开展的工作。曹煜中对上海交大科技园推进"大零号湾"建设工作和科技成果转化落地成果表示肯定和支持，传达了科技部关于促进国家大学科技园创新发展和增强科技创新中心策源能力的意见，强调要充分发挥大学科技园连接大学与区域的纽带作用，落实好李强书记关于上海强化科技创新策源能力跑好"两个一千米"，即在基础理论突破上跑出"最先一千米"和在创新成果转化中跑好"最后一千米"的指示。

2020年4月21日下午，区人大常委会副主任、区总工会主席倪学斌，副主席许向东一行赴南滨江公司开展调研。南滨江公司党委副书记倪悦婷，党委委员、副总经理、工会主席叶隆及相关部门负责同志出席座谈。叶隆副总经理详细介绍了南滨江公司功能定位、统筹区域机制、公司工会基本情况，"大零号湾"全球创新创业集聚区建设、吴泾老工业基地调整改造和上海智能医疗创新示范基地建设等相关工作。倪悦婷副书记介绍了公司区域化党建联建等相关工作。倪悦婷副书记指出，南滨江区域统筹发展离不开区总工会的支持，随着区域党建、工建工作的不断开展，南滨江公司与街镇相互借力，各自发挥职能优势，对促进南滨江区域持续发展具有积极意义，后续会加强与区总工会的交流学习，积极探索区域工会联合会的创新改革机制，高质量推动

图3-2-2 2020年4月21日下午，区人大常委会副主任、区总工会主席倪学斌，副主席许向东一行赴南滨江公司开展调研

滨江开发的各项工作。倪学斌主席指出，南滨江区域是上海南部科创中心核心区建设的主阵地，也是落实区委《闵行区关于聚焦上海南部科创中心核心区进一步推进制造业高质量发展的实施意见》的主战场，要进一步加强和改进新形势下工会的建设，根据本区域本单位企业实际开展工会工作。对做好南滨江区域工会工作，他提出，一是要积极发挥区域统筹协调作用，加强"大零号湾"区域两镇一街道工作联系，共同谋划建立"南滨江区域工会联合会"创新机制；二是要做好区域内各园区职工服务工作，创建统筹区域党群服务阵地，为区域企业职工谋福利；三是要加大党建、工建经费投入力度，保障职工服务与活动的有效开展，激活区域活力。

2020年4月28日，闵行区政协主席祝学军一行走访调研创想600基地。吴泾镇党委书记杨其景、副书记沈军，南滨江公司党委书记余建源，上海闵行房地（集团）有限公司董事长、总经理华允弟，副董事长、常务副总经理吴杏仙，上海闵行交大科技园运营有限公司总经理陈史杰等陪同调研。祝学军指出，南滨江区域是上海南部科创中心核心区建设的主阵地，是落实区委《闵行区关于聚焦上海南部科创中心核心区进一步推进制造业高质量发展的实施意见》的主战场，要进一步把握全区发展方向，充分发挥南滨江区域独特区位和禀赋优势，聚焦建设好南部科创中心。

2020年5月8日，区政协副主席王一力，副秘书长、专委办主任邢红光，区政协科技委部分委员等一行赴南滨江公司调研。南滨江公司党委书记、董事长余建源，党委副书记倪悦婷等陪同调研。王一力一行实地走访调研了横泾港东侧环境整治工程、南部科创公共服务中心、白金汉爵酒店、南上海创新与高新制造产业集群展示馆等项目。在调研座谈会上，余建源汇报了南部科创中心建设及南滨江开发建设情况。各位委员进行了热烈交流讨论，围绕南滨江区域发展发表了各自的意见与建议。王一力指出，南滨江区域的发展是闵行转型的重头戏，是闵行未来发展的发动机与着力点，为落实区委《闵行区关于聚焦上海南部科创中心核心区进一步推进制造业高质量发展的实施意见》，闵行南滨江区域发展问题已作为今年政协重要议题之一，希

图3-2-3 2020年5月8日，区政协副主席王一力，副秘书长、专委办主任邢红光，区政协科技委部分委员等一行赴南滨江公司调研

望各位委员高度重视，围绕服务经济建设大局，聚焦重点问题建言献策，认真调研、认真准备，积极提出可行性解决方案。

2020年5月15日，上海交通大学校长林忠钦在闵行校区行政楼会议室，会见了来访的上海地产集团董事长冯经明一行，并主持召开座谈交流会。上海交大副校长奚立峰、王伟明，上海地产集团副总裁李钟，业务总监陆建军，战略投资部总经理徐明前，规划设计部总经理沈果毅，地产闵虹执行董事、总经理冯晓明等参加活动。林忠钦对冯经明一行的来访表示欢迎，并表示上海市委、市政府全面建设科创中心和制定"十四五"规划之际，对上海交通大学科创活动及大学科技园建设高度重视，学校也愿意积极主动发挥高校人才优势、科技优势、学科交叉优势，与上海地产集团强化校企合作，为建设更有活力的大学科技园和科研成果转化做出更多贡献。王伟明介绍了"大零号湾"全球创新创业集聚区建设情况，海洋装备研究院执行院长翁震平作海洋装备研究院情况介绍，奚立峰、冯晓明等围绕进一步加强校企合作作沟通交流发言。冯经明表示，地产集团作为功能性国企，要始终围绕上海的发展布局才能实现企业价值；希望与上海交通大学的合作，能够打通科研成果转化的最后一千米，对标上海科技中心建设，实现优势叠加，形成有顶层设计的发展规划，在服务国家战略、服务上海经济发展中更有作为。双方均表示，希望此次的会晤是新合作的开端，要共同聚焦重点关键领域，在原有合作基础上打造新的平台、创新体制机制，站在更高的战略角度把科技创新和科研成果转化推向深入，为区域发展和国家战略做出贡献。

2020年5月20日下午，闵行区人大常委会副主任倪学斌带队区人大常委会教科文卫工委部分人大代表视察创想600基地，此次视察紧密结合贯彻落实区人大常委会《关于贯彻落实中共闵行区六届区委九次全会精神推动闵行经济高质量发展的决议》精神，推动《中共闵行区委关于深入学习贯彻十二届市委三次全会精神 推动虹桥国际中央商务区高水平开放发展的实施意见》《中共闵行区委关于深入学习贯彻十二届市委三次全会精神 推动"大零号湾"科技创新策源功能区高质量创新发展的实施意见》（以下简称两个《意见》）落地见效。代表们实地察看了上海交大科技园部分入驻企业及机构。园区相关领导陪同参观并介绍了园区学生课外实践基地、知识产权服务机构、智慧化5G建设等情况，并提出将坚持园区服务于高校师生校友的目标定位，坚持三区联动，强化开放协同。深化大学校区、科技园区、城市社区联动和融合，强化大学科技园与企业、科研院所、科技服务机构等的交流合作，加强高校资源与社会资源的融合，在园区内形成良好的科技成果转化生态。之后参观了华谊智慧天地和南上海创新与高新制造产业集群展示馆。在随后召开的评议会上，区科委专题汇报了上海南部科创中心核心区建设情况及区委两个《意见》重点任务推进情况；南滨江公司作了相关补充介绍。在代表评议过程中，与会代表就如何实现国际科技成果转移转化和如何把创新资源和现有存量产业有机结合、盘活企业资产、促进传统企业转型发展等问题，与区科委、南滨江公司作了交流互动。最后，区人大常委会副主任倪学斌指出，闵行从"零号湾"向"大零号湾"的转变其内涵已发生根本性改变，展望未来，大有可为，并提出人大要持续关注，通过视察等监督方式，实现与贯彻落实区委两个《意见》同向发力；政府相关职能部门要进一步达成共识，形成合力，主动跨前，勇担责任，共同推进上海南部科创中心核心区建设。

2020年6月15日，宝山区、上海大学有关领导一行调研"大零号湾"全球创新创业集聚区。宝山区委书记汪泓，区委副书记、区长陈杰，区委副书记周志军，区委常委、副区长王益群，副区长陈尧水及宝山区各委办局和相关部门负责人，上海大学党委书记成旦红，党委副书记、校长刘昌胜及上海大学相关部门负责人一行调研考察了零号湾科技大楼、医疗机器人研究院产业园、创想600基地。上海交通大学党委副书记、校长林忠钦，副校长王伟明，闵行区委书记倪耀明，闵行区科委、南滨江公司等相关领导陪同调研。

图3-2-4　2020年6月15日，宝山区、上海大学有关领导一行调研"大零号湾"全球创新创业集聚区

图3-2-5　2020年7月9日，在闵行区人大常委会党组书记、主任庞峻带领下，市人大闵行代表团一行走访紫竹高新区、上海交大、吴泾镇实地考察并做专题调研

2020年7月9日，在闵行区人大常委会党组书记、主任庞峻带领下，市人大闵行代表团一行走访紫竹高新区、上海交大、吴泾镇实地考察并做专题调研。市人大闵行代表团代表，区人大常委会办公室、代表工委负责人，市人大闵行代表团专题调研秘书组成员等近60人出席调研座谈活动。闵行区吴泾镇党委书记杨其景，闵行房地集团董事长华允弟，上海闵行交大科技园运营有限公司董事长吴杏仙、总经理陈史杰等陪同参观调研。庞峻一行参观并了解了园区学生课外实践基地、知识产权服务机构、智慧化5G建设等情况，实地察看创想600基地部分入驻企业及机构。通过调研视察等方式，推进相关职能部门共同打造上海南部科创中心建设发展。

2020年7月25日，区长陈宇剑接待清华大学药学院教授鲁白团队一行考察零号湾、医疗机器人产业园、创想600基地、智能医疗创新示范基地。

2020年9月9日，区委书记倪耀明一行调研大零号湾区域市属企业地块转型情况，实地踏勘华谊染化厂、福新面粉厂、电气轴承厂、华谊智慧天地项目、东方创业地块、隧道股份等市属企业地块。国资是参与集聚区建设的重要力量，前期区滨江办对大零号湾范围内市属单位进行全面梳理，并通过走访、函询、专题研讨等方式与区域内11家市属单位进行对接，大零号湾17平方千米范围内涉及华谊、仪电、电气、久事、城投、光明、交运、地产、隧道股份、纺控、市民政局等市属单位共11家22个地块，分别位于"T"字形街区、江川滨江区域、常青工业园和紫竹研发基地二期等。其中已转型地块共6处，占地约15万平方米，待转型地块共16处，占地约62万平方米，合计约77万平方米。倪书记一行先后查看华谊集团、光明集团、电气集团、东方国际、隧道股份等典型地块转型情况，详细了解企业运营现状，细致观看地块规划展板，了解各市属企业对地块转型设想和未来发展规划。

2020年9月9日，天津市教委副主任白海力携天津市科技局、天津市人社局、天津市教育科学研究院、天津大学区域发展研究院、天津工业大学相关领导13人一行走访交大科技园闵行园区，调研大学科技园建设及成果转化工作，并考察创想600基地。上海交通大学副校长王伟明，上海市教委科技处处长许开宇，上海交大科技园董事长曹兆敏，上海闵行区科委党组成

图3-2-6 2020年9月9日,天津市教委副主任白海力一行走访上海交大科技园闵行园区创想600基地

图3-2-7 2020年10月29日,科技部成果与区域司二级巡视员陈宏生一行调研上海交大科技园

员、副主任顾建平,上海闵行交大科技园运营有限公司总经理陈史杰等陪同参观调研。曹兆敏、顾建平等分别介绍了"大零号湾"全球创新创业集聚区推进情况、上海交大科技成果转移转化、上海交通大学国家大学科技园建设情况、学校科技成果转化政策体系、经验做法及教师创业情况、政府支持政策等。白海力一行对交大科技成果转化工作、政策体系及交大科技园运营模式高度认可,并提出向上海学习经验,谋划好天津大学科技园发展。王伟明指出,一是核心理解如何有效地把大学科技成果转移转化做好,不拘泥于形式,要服务于核心;二是大学科技成果正迎来集中溢出时期,要做好优势叠加,跑好科研成果转化的最后一千米。

2020年10月29日,科技部成果与区域司二级巡视员陈宏生会同教育部科技司副处长刘法磊等有关领导一行,调研上海交大科技园剑川路930号医疗机器人基地、元江路525号智能光学基地和创想600基地,并在创想600基地举办调研座谈会,全面深入了解国家大学科技园建设情况，以及面临的问题和发展需求，进一步加强引导大学科技园不断提升自主创新能力和发展水平。来自江浙沪三地的21家国家级科技园参加了调研座谈会议。会议介绍了上海市新推出的《关于加快推进我市大学科技园高质量发展的指导意见》，以及近年来上海市建设科技创新中心战略对于大学科技园建设的整体要求和政策、具体建设进程。来自江浙沪的部分大学国家级科技园座谈了在服务产业、创新技术、成果转移、培育孵化、创业就业、资源共享、对外合作以及自身的工作创新等方面的工作特色，并就科技园与地方政府合作，高校与区域创新深度融合发展，对大学科技资源的合理利用、整合导出，完善国资考核体系，以及科技园对大学的反哺和科技创新的促进，大学科技园税收政策落实的操作，大学科技园的运营机制，与大学和社会协同创新，把对科技园考核纳入高校考核指标体系等方面进行了深入探讨研究交流。陈宏生指出，要研究促进大学的开放，适应现实对成果转化、人才培养和创新创业的变化的需要。要把上海在新时期对大学科技园应该怎么做所做的新的思考和探索，上升到全国的层面，进行有益的实践，寻找到合适的抓手。要发挥各级政府的作用，发挥科技园联盟的作用，把大学科技园建设推向新高度。上海市科委、教委、科技部科技评估中心机构与基地部、长城战略咨询研究所也参加了调研会议。

2020年11月11日，闵行区分管副区长一行调研大零号湾区域重点项目建设情况，实地踏勘华谊氯碱厂、龙湖淡水河畔、华谊智慧天地、横泾港环境综合整治项目。他们先后查看重点项目建设情况，同项目负责人面对面交流，详细了解项目进度，细致观看项目规划展板，了解建设过程中遇到的问题与瓶颈，听取大家对大零号湾区域发展的意见和建议。区领导指出，南滨江区域担负国家、市级大任，是上海南科创核心区主战场，是区委"一南一北"两大战略核心区域，区级各职能部门要高度重视，跨前一步，主动担责，要把南科创核心区建设作为全市、全区的一项重大工作来做，是大家共同的责任。区领导对下一步工作提出要求：一是理顺机制。要整体谋划大零号湾区域推进体制机制，进一步明确区域边界、人权、事权、物权等权责，更加高效推动区域发展。二是加速推进。重点转型项目要加强督办，职能部门对瓶颈问题要攻坚克难，想尽办法求突破，重点项目再提速。三是高标准。大零号湾区域要根据产业布局精准导向，建立企业准入评审机制，抓龙头、抓品质，着力招商引资和产业落地。四是形成合力。职能部门和街镇要与企业建立联动机制，加大上门协调、反复协调力度，聚焦推进重点项目建设。五是环境先行。要加快绿化、道路、水系等环境建设，进一步优化完善大零号湾科创配套服务体系。

2021年3月1日，闵行区委书记倪耀明一行赴黄二村龙湖淡水河畔协作机器人产业基地企业——上海节卡机器人科技有限公司调研，颛桥镇党委书记陈皋，颛桥镇党委副书记、镇长李小山，颛桥镇副镇长谢炜，上海交大科技园有限公司董事长曹兆敏，上海交通大学机动学院副院长盛鑫军，上海闵行交大科技园运营有限公司董事长吴杏仙、总经理陈史杰，上海节卡机器人科技有限公司董事长李明洋等陪同参观。

2021年3月1日，区委常委、副区长管小军一行调研"大零号湾"全球创新创业集聚区建设。在走访零号湾科技大楼、医疗机器人研究院产业园后，来到上海交大科技园创想600基地参观调研。上海交大科技园有限公司董事长曹兆敏，南滨江公司董事长余建源，闵行房地集

图3-2-8 2021年3月1日,区委常委、副区长管小军一行调研"大零号湾"全球创新创业集聚区建设

团董事长华允弟,上海闵行交大科技园运营有限公司董事长吴杏仙、总经理陈史杰等陪同参观。陈史杰介绍了上海交大科技园的发展概况、孵化服务体系、产学研工作、人才培训以及专业化服务、投资,并表示支持学校建立重大创新与转化功能平台。闵行园区将全面提升大学科技园能级和核心竞争力,坚持大学科技园"大学"属性,结合区域公共服务资源、产业资源和高校科技成果、人才优势,把大学科技园打造成为各类创新要素汇聚、融合、聚变的大平台。打造拥有"众创空间+孵化器+加速器+产业园"全链条创业孵化生态体系的新时期大学科技园。管小军在听取汇报后指出大学科技园是科创中心建设的重要战场和阵地,要充分发挥好大学科技园的平台和载体作用。他建议在交大周边建立更多以龙头企业为核心的创业中心,要聚集重点持续发力,将丰富的科研资源转化为产业发展优势,努力培育一批高成长性的龙头企业和创新巨人,打造具有核心竞争力、高能级的产业集群。

2021年3月4日,市科委副主任陆敏、市科委创新服务处处长刘晋元一行到闵行区调研。区委常委、副区长管小军,区科委主任李丽,南滨江公司董事长余建源、总经理徐亚云,区科委副主任陈红铭、郑良明,莘庄工业区副总经理奚维嵩参加调研。陆敏一行首先赴上海拓璞数控科技股份有限公司走访调研。拓璞数控是一个由机械制造、自动化、计算机信息多学科的专家、博士与机床行业的资深企业家和工程技术人员联合创立的高新技术企业,公司以具有自主知识产权的数控技术、精密传动技术和先进的工艺技术为核心竞争力;以高端数控机床及广泛应用于航空航天领域的重大制造装备为主要产品,逐步形成国内高端数控装备特色的知名创新型企业。陆敏一行详细了解了公司的发展历程、主营业务、核心技术,实地参观了公司生产车间和主要产品,并与公司负责人进行了交流,希望公司能在高端制造领域加大研发投入、突破核心关键技术。随后,陆敏一行与管小军就推进大零号湾建设进行了专题研讨。南滨江公司汇报了大零号湾区域运营体制方案,市科委与闵行区就运行方案进行了详细讨论,分别就方案的总体目标、组织架构、实施步骤和推进举措进行了逐项讨论和明确。管小军要求区科委尽快梳理政策需求、南滨江公司加强与相关高校和市属国企的对接并完善方案。陆敏对方案提出了具体调整建议，并希望加强市区联动，加大整合力度，加快推进速度，联合各方力量共同推进大零号湾区域建设发展。

2021年3月8日，闵行区区委副书记、区长陈宇剑赴"大零号湾"区域调研，区发改委主任胡志宏、区科委主任李丽、区滨江管委办（南滨江公司）董事长余建源、总经理徐亚云、区府办副主任曹建等参加调研。陈宇剑先后实地调研了华谊染化厂地块、华谊智慧天地、飞马旅科创园、佳通地块、上海人工智能研究院、龙湖黄二村淡水河畔科技园等项目，详细听取了各项目的进展情况，并提出了具体工作要求。座谈会上，陈宇剑区长表示，"大零号湾"区域快速发展的机遇与条件已经具备，要围绕"出形象、出空间、出功能"的要求，按照"开放创新、合作发展、充满活力、富有生机"的理念，打造闵行科技创新的主引擎，形成闵行新产业发展的增长极。陈宇剑区长就下一步工作作了重要指示，一是"大零号湾"区域尚处于初步发展阶段，要按照高水平、加速度的要求，抓紧推进落实，进一步加大投入力度，做到精准与实效并举，确保功能效益尽快显现；二是加快推进区域内各个地块的转型升级，以收储、合作、租赁等多元化的方式，与地块主体紧密合作，共同促进区域转型发展，实现互利共赢；三要进一步完善招商机制，扎实推进重大产业项目招商，形成龙头企业带动区域发展的产业集聚效应；四要完善投资生态体系，建立产业扶持基金，对接区科委扶持资金，拓宽资金来源，加大金融服务力度；五是各部门在推进相关工作中，要不求所有，但求所在，进一步解放思想、拓宽思路，广泛调动各方资源，尽快形成生机勃勃、欣欣向荣的发展局面。"大零号湾"区域的影响力与集聚效应正在逐步显现，我们要怀揣梦想、远立目标、大胆想象、科学求证、扎实推进，用3至

图3-2-9 2021年3月8日，闵行区区委副书记、区长陈宇剑赴"大零号湾"区域调研

5年的时间，将"大零号湾"区域打造成为科创发展新高地。

2021年5月6日，市人大工作研究会第二课题组组长任连友带队调研大零号湾存量资源转型升级工作，市经信委副主任阮力，区委常委、副区长管小军，区人大工作研究会会长张路加等相关领导陪同调研。课题组一行听取南滨江公司党委副书记、总经理徐亚云关于大零号湾区域存量资源转型升级的情况汇报，参观飞马旅科创园、横泾港滨河岸线、宏润科创中心以及佳通夏日创园等项目，并召开座谈会。会上，区经委汇报闵行区存量资源转型升级的发展概况、困惑和建议，区滨江管委办（南滨江公司）、颛桥镇、闵开发等相关人员补充汇报相关重点工作。随着产业社区工作的推进，多元化合作模式的深入，区域内存量资源有机会进一步实现提质增效。市人大工作研究会第二课题组表示，本次大零号湾区域存量资源转型升级调研收获颇丰，希望闵行区在现阶段面临的困难和严峻形势下，不断创造经验，采取有效手段，调动各方积极性，不断取得新的成绩，为上海发展转型做出更大的贡献。管小军指出，上海科创中心建设是大零号湾发展的机遇，做好存量资源转型一是要推动产学研充分融合，在环上海交大、华东师大周边积聚龙头企业技术创新中心；二是要优化存量资源转型升级政策环境，引导技术与知识创新体系发展；三是要调动大企业存量资源再开发的积极性，实现多主体共赢。最后，市经信委副主任阮力希望闵行区存量资源转型升级工作要更加注重创新引导，更加明确产业定位，能够静下心来研究和思考产业发展和升级问题。

2021年5月7日，区委常委、副区长管小军调研上海交通大学元知机器人研究院。管小军一行首先参观机械系统与振动国家重点实验室，了解机器人相关研究进展情况。座谈会上，盛鑫军副院长汇报研究院的主要研究方向、总体定位、发展规划、工作机制等方面内容，合创科技介绍智能网联汽车联合研发中心的建设方案。管小军表示，研究院建设以及与合创科技的合作有助于基础理论研究与应用场景研究的相互促进，能够充分发挥上海交大声光机电一体化的科研技术优势以及合创科技的产业与资本优势，也是一项推动大零号湾区域科创生态体系建设的良好举措，希望双方能够不断深化合作，持续推动相关技术与产业发展，闵行区将予以积极支持。

2021年5月10日，区委常委、副区长管小军率队来到沪闵路383/427号进行调研，区经委、区科委、区投促中心和区规划资源局、江川路街道主要领导，以及园区开发单位闵行房地集团领导陪同调研。管小军指出，加快科创成果转化，一是解决科创载体空间缺乏问题，二是产业企业资源零散问题，要通过新的研发中心将产业和企业资源集中集聚到上海交大等周边来，面向国际国内，持续推进科技创新和成果转化，形成各类市场创新主体共振效应，给地方带来更多更新的产业升级发展内涵和发展空间。

2021年5月14日，区委副书记、组织部部长王观宝带队调研剑川路940号大零号湾科创大厦项目。大零号湾科创大厦是整合闵行区现有科创服务资源，以企业和人才需求为导向，积极引入国内外市场化专业服务机构，旨在提供全要素、低成本、便捷化的一站式服务的科创地标。同时也将承接国际会议及市区两级举办的各类科技、人才、创新创业活动，助力大零号湾区域显示度和集中度尽快呈现。王观宝详细听取余建源董事长关于项目情况的介绍，在多处建设现场停留，询问工程推进情况，并提出诸多宝贵意见。王观宝指出，剑川路940号大零号湾科创大厦是闵行区重要的科创地标、科创资源汇聚地，不仅要整体做出形象，细节做出质量，更要将科创服务氛围做足，功能做出亮点，提升大零号湾区域科创公共服务的能级。

2021年5月18日，为落实市领导关于上海交通大学聚焦破解科技成果转移转化"细绳子"问题、深入推进专项改革试点的批示精神，市科技党委书记徐枫一行至"大零号湾"全球创新创业集聚区，调研闵行区科技创新工作以及上海交大科技成果转化专项改革推进情况，市科委副主任陆敏，区委常委、副区长管小军，区科委主任李丽等陪同调研。上海交通大学副校长毛军发、先进产业技术研究院院长金隼、改革与发展研究室主任张逸阳、大零号湾专项办公室主任陈江平、上海交大科技园有限公司董事长曹兆敏、上海交大科技园有限公司总经理杜松宁、先进产业技术研究院技术转移办主任刘群彦、知识产权办主任顾志恒等参与调研。徐枫等首先参观了零号湾科技大楼，听取了上海交大大零号湾专项办公室副主任张志刚关于"大零号湾"全球创新创业集聚区建设进展的汇报，并实地参观入驻企业瓶钵信息科技。围绕上海交通大学与华东师范大学闵行校区，"大零号湾"全球创新创业集聚区正集聚产业资源，建立逐步完善的"政产学研资创协作体系"，为两所985高校的师生、校友及其他创新创业者提供适合初创业起步的生态园区。毛军发主持座谈会议，区科委副主任郑良明介绍上海闵行国家科技成果转移转化示范区建设成效与推进举措，上海交大先进产业技术研究院院长金隼汇报上海交大成果转化专项改革试点的推进情况，各方就"如何更好加快推动'大零号湾'创新创业集聚区建设、推进科技成果转化工作改革试点，形成先进经验"这一主题开展交流。管小军表示，高校是科创策源的灯塔，推动高校科技成果转化工作改革要更加重视体系的完善，闵行区将着力推动政产学研协同创新体系的建立，围绕上海交大光机电等优势学科布局一批头部企业的创新研发中心和科技成果转化功能型平台，吸引高精尖人才集聚，在大零号湾区域形成热带雨林式的创新创业生态。陆敏肯定了上海交大在新时期背景下推动校内科技成果转化改革试点工作的推进情况，提出要在下一步工作中更加充分考虑参与成果转化工作各方主体的利益，更加关注交大校友、毕业学生创新创业的项目，在成果转化项目投融资方面有所突破，并努力形成可复制、可推广的经验案例。徐枫作总结发言，对上海交大科技成果转化专项改革工作的创新和亮点表示赞赏，并对之后的工作提出以下几点要求：一是要对校内科技成果转化项目做好跟踪分析，形成经验案例后适时推广；二是要对关键和突破性的政策加强研究，与相关政府部门做好对接；三是要用好市场机制，让社会资本更多投入科技成果转化项目。地方政府将努力营造更好的科技成果转化大环境，市科技两委将与闵行区一起，共同支持大零号湾地区的发展。

2021年6月18日，市科委副主任陆敏调研大零号湾，先后走访龙湖淡水河畔园区、上海人工智能研究院、华谊万创·新所，了解工作进展。随后召开大零号湾建设专题研讨会，区委常委、副区长管小军，上海交通大学副校长王伟明出席会议。会上，南滨江公司董事长余建源首先介绍大零号湾建设的具体进展及下一步工作思路。他指出，大零号湾建设将进一步推进机制更加高效，资源整合更加有力，体系建设更加完善，加快开放式科创街区成片开发力度，围绕打造科创策源高地目标，以大企业研发中心为引领，以医疗机器人产业为特色，提升研发和产业能级，力争取得新成绩、迈上新台阶。与会人员就大零号湾未来发展方向及工作重点展开讨论。管小军指出，大零号湾的发展势头愈趋良好，工作机制逐步理顺，但仍需从三个方面进一步加快工作步调：一是要加大龙头企业研发中心的引入，结合上海交大师生的创新创业氛围，丰富区域创新策源体系；二是要引导存量技术资源释放，围绕医疗机器人、新能源等核心产业，引导发挥上海交大、华东师大、航天八所等机构的技术潜能，积极塑造全球领先的技术优势；三是要加速科创载体建设，优化环交大开放式科创街区"软件"和"硬件"，汇聚高质量科创资源汇聚，引导空间资源高效利用，以"无形的手"推动创新融合，推动成果不断涌现。王伟明指出，大零号湾建设要立足高远，视野宏大，同样要思路清晰，脚踏实地，持续优化发展措施，强化落实，聚焦品质，提升资源集聚力，强化发展驱动力。陆敏进一步提出两方面工作要求：一是要加强全局统筹、整体规划，持续深化工作方案，加强市、区联动，形成发展合力；二是要加强可视化信息系统建设，一方面利于摸清资源的利用程度，做到工作有的放矢，另一方面利于强化发展成果展示，增强资源吸引力。

2021年6月24日，区委常委、区纪委书记、区监委主任李忠兴一行到闵行南部大零号湾区域，调研纪检监察服务助力"一南一北"发展战略相关工作。李忠兴现场调研了大零号湾全球创新创业集聚区建设发展情况。在剑川路930号大零号湾医疗机器人研究院、上海人工智能研究院、剑川路940号大零号湾科创大厦项目现场，滨江管委办主任、南滨江公司党委书记、董事长余建源详细汇报了医疗机器人产学研用一体化、人工智能五大应用领域场景以及科创大厦功能布局和建设进度。李忠兴对大零号湾各项工作进展情况表示肯定，并提出了具体意见和要求。现场调研后，李忠兴主持召开座谈会议。公司和南部科创中心区域相关街镇纪委书记以及区域"两新"党组织书记代表们围绕推动党风廉政建设融入南部科创中心建设的工作情况作汇报交流。李忠兴仔细听取与会人员发言后表示，区纪委监委和南部区域相关单位纪检组织要进一步提高政治站位，在强化对区委"一南一北"战略执行政治监督和服务保障的总体要求下，进一步思考四个方面的工作：一要清晰纪检组织服务保障"一南一北"战略目标的责任；二要研究纪检组织助推涵养区域产业生态的路径措施；三要探索纪检组织联动区域各方主体齐抓共推的工作结合点；四要形成纪检组织推动党风廉政融入区域产业建设的保障机制，不断推动以良好的政治生态助力南部科创中心良好的产业生态，以坚强的政治监督保障南部科创中心战略目标的达成。

2021年6月30日，区委书记倪耀明调研大零号湾建设推进情况，实地走访华谊万创·新所、大零号湾科创大厦、佳通夏日创园、上海骄成机电设备有限公司。调研座谈会上，区滨江管委办主任、南滨江公司董事长余建源汇报大零号湾建设工作进展。2021年以来，在区委、区政府的坚强领导下，区滨江管委办（南滨江公司）围绕上海南部科创中心建设，紧扣尽快出形象、出空间、出功能的总体要求，持续深化区域发展协调机制，加快推进开放式街区建设，重点谋划成片区转型，不断优化科创生态体系，取得一定实质性成效。下半年将加快协调大零号湾科创大厦相关机构入驻，加速落实街区风貌提升，加大重大项目引入，推动建设方案进一步落实，取得更大的发展成果。倪耀明表示，大零号湾建设下一步要继续强化三个方面工作，一是重点推进空间载体建设。要整体规划，科学推进，主动对接存量资源主体，分阶段实施，成熟一处做一处，持续扩充大零号湾科创载体容量。二是加速推动服务机构集聚。要发挥大零号湾科创大厦功能集聚效力，深入研究科创服务功能架构，重点引进投资、基金、企业服务等机构，推动服务功能完善。三是紧抓落实招商工作。要释放科技创新能量，围绕智能制造，龙头企业引进与中小企业孵化两手抓，培育完整产业生态链条，注重经济效益，营造大零号湾良好产业发展氛围。截至目前，产业园已有8个产业化和初创项目入驻产业园空间，产品涉及手术、康复、医学成像、肿瘤物理治疗器械等高端医疗机器人领域。

2021年8月26日，市委宣传部常务副部长胡劲军一行调研"大零号湾"全球创新创业集聚区建设情况，区委常委、宣传部部长胡明华等陪同调研。胡劲军一行实地走访了大零号湾科创大厦、华谊万创·新所、蓝海引擎·淡水河畔、上海交大科技园闵行园区创想600基地、闵行区行政服务中心大零号湾分中心、节卡机器人公司等特色服务机构与企业，了解大零号湾建设情况。胡劲军指出，上海目前正按照习近平总书记重要指示要求，着力强化科技创新策源功能，市委领导密集调研大零号湾区域，高度关注大零号湾依托上海交通大学等创新源头，加快打通基础研究的"最先一千米"、成果转化的"最后一千米"发展情况。下一阶段，市委宣传部要与区级和南滨江公司建立常态工作联系，策划研究大零号湾品牌三年推广计划，引导激励创新人才和重点企业加快集聚大零号湾，为提升上海城市能级和核心竞争力，注入强劲动能。

2021年9月3日，区委常委、副区长管小军带队调研南滨江公司并召开座谈会。管小军指出，南滨江公司作为闵行国资平台，在上海南部科创中心建设与滨江地区统筹发展等方面做出了贡献，为区域发展奠定了坚实基础。要充分发挥国资平台开发优势，加快推进"大零号湾"开放式科创街区建设，完善科创生态体系，重点打造核心产业链和创新链，加快提升区域核心竞争力。对下一步工作，他提出，一是聚焦核心产业。要充分发挥"大零号湾"区域产学研优势，以宁德时代、上海电气-西门子等大企业创新中心为引领，以机器人产业为特色，研究扶持产业政策，树立产业发展标杆性示范，提升大零号湾产业核心竞争力。二是完善产业创新生

图3-2-10 2021年9月3日，区委常委、副区长管小军带队调研南滨江公司并召开座谈会

态。要加强校区、园区、社区"三区"联动,加快医疗机器人国家级创新中心、"IPv6"创新中心等平台建设,研究大零号湾核心区产业拓展和空间布局,提升"大零号湾"核心区科创能级。三是谋划可持续发展。南滨江公司要充分发挥国资平台开发优势,持续深化区域统筹发展协调机制,切实增强平台公司自身建设,要抢抓区域开发历史机遇,在科技引领、产业带动、转型驱动上发力,不断做大做强。

2021年11月10日,区委副书记、区政府党组书记、代区长陈华文,区政府党组成员宋延辉一行调研大零号湾。上海交大党委副书记、副校长王伟明,地产闵虹党委书记汪丹,南滨江公司党委书记、董事长余建源,闵行房地集团董事长、总经理华允弟,副董事长、常务副总经理吴杏仙,上海闵行交大科技园运营有限公司总经理陈史杰等陪同调研。在剑川路创想600基地,陈华文一行听取了交大科技园闵行园区的发展概况、孵化服务体系、科技成果转化等工作汇报,认真了解了成果展示项目。陈华文对园区全面提升大学科技园能级和核心竞争力,结合区域公共服务资源、产业资源和高校科技成果、人才优势,把园区打造成为区域各类创新要素汇聚、融合、聚变的大平台,以全链条创业孵化生态体系推进上海南部科创中心建设表示肯定和鼓励。他要求园区结合区域发展方向,高效匹配成果转化需求,形成园校双向畅通的孵化培育链条,联动校内成果转化机制,最大化承接高校资源溢出,夯实专业服务能力,促进区域资源联动,实现开放协同发展。陈华文一行实地走访大零号湾地区代表性园区和企业,了解建设发展情况,重点听取园区内科技企业集聚情况,入驻企业的科技创新实力。在龙湖淡水河畔园区,详细问询园区升级改造后的运营情况,园区内代表性企业发展情况。在零号湾1号大楼,重点了解创业孵化器的运作情况和创新孵化成果,到访励响公司实地了解企业发展情况。在华谊万创·新所,详细了解园区转型升级的建设情况,听取招商工作思路及运营计划,并参观整个园区。在大零号湾科创大厦行政服务中心、科创服务中心、会议中心驻足了解科创大厦的服务功能及定位,听取大零号湾科创服务体系建设情况。座谈会上,区滨江管委办主任、南滨江公司党委书记、董事长余建源总体汇报了大零号湾区域建设推进情况,以及进一步承接高校、科研机构创新成果的溢出效应,完善城市布局和创业环境,支撑创新需求,构建多样化的融资服务体系,形成开放包容的营商环境等方面下一步工作的设想。与会单位围绕大零号湾出形象、出空间、出功能的总体目标,在体制机制完善、政策体系优化、服务能级提升、重点项目落实等方面展开深入讨论,积极建言献策。宋延辉指出,大零号湾的建设要紧紧依靠上海交大,依托大学科技园建设,切实提升科技创新产业发展水准;要探索多元化的合作方式,丰富合作模式,不求所有,但求所在,让优质科创资源在大零号湾加速集聚;要统筹考虑生态体系建设,锚定下一步工作目标,分工协作,将创新孵化、环境提升、科创服务工作落到实处。王伟明表示,随着交大新生科技成果加速涌现,一批"卡脖子"技术走出校园,大零号湾是其科技创新成果溢出的重要承载区,希望在大零号湾的未来建设中,进一步提升校区周边环境,重点考虑打造充足的中试实验空间,完善企业生态,树立大零号湾地区核心技术产业。陈华文最后指出,大零号湾建设要提高站位、立足服务、精准定位、扎实推进。一是要进一步研究区域发展体制机制,梳理明确各方工作职责,形成合力同时还要能够激发各自优势,共同努力推动

"大零号湾"事业做优做强。二是要打造适应创新创业需求的整体环境,尽快形成实施方案和行动计划,加快实施,提升整体环境的友好度。三是要推动硬科技项目加速落地,紧靠高校成果溢出,不断完善扶持政策,提升初创企业的获得感。四是要做强国资国企,在充分论证基础上,掌握住优质资源,壮大国资实力。五是要建立常态沟通机制,专题会议研究大零号湾重大问题,对提出的问题要逐一落实解决方案,把工作落到实处。六是要研究金融服务平台建设事宜,吸收"硅谷"发展经验,打造一流的创新中心,要多一点金融人才与创业者的交流空间。

2021年12月20日,闵行区委书记陈宇剑带队赴上海交大调研,区委常委、副区长赵亮,区委办、区经委、区科委、区财政局、吴泾镇、江川路街道、南滨江公司主要领导陪同调研。上海交大校长、中国工程院院士林忠钦,党委副书记、副校长王伟明,党委常委、副校长朱新远,中国工程院院士丁文江,党政办、地方合作办、产研院、材料学院相关负责人参加了调研。丁文江介绍了"浦江尖端材料研究院"的建设方案,从项目建设的背景与意义、建设目标与预期成果、创新研究院的建设方案和研究团队的基本情况等四个方面详细介绍了建设研究院的设想。与会人员就项目的具体操作、运行方式等进行了讨论交流。林忠钦指出项目要以企业需求为牵引,争取外部资源支持,聚焦具体领域完善建设方案,并希望闵行区给予项目建设一定的支持。陈宇剑表示,建设尖端材料研究院的意义重大,研究院的建设将有助于持续推进大零号湾地区的发展,建议研究院面向市场、面向行业、面向企业需求谋划,以加快科技成果的转移转化、推动创新创业团队的孵化、推进企业产业培育发展为目标,以明确的行业需求为牵引、以产学研合作项目为落实载体,聚焦半导体芯片等重大需求,联合企业开展攻关,政府将给予必要支撑。在研究院的运作上,陈宇剑建议研究院挂牌运作、项目团队实体运行,以来自企业具体明确的项目为支撑,突破关键"卡脖子"技术,闵行区已设立专项政策支持关键核心技术自主创新。他表示,闵行区将紧紧依托上海交大加快科技创新策源功能建设,与交大共建平台、共推创新,不断丰富大零号湾地区周边的科创内容,发展科技创新的载体,探索行之有效的科技创新的方式,培育形成欣欣向荣的科技创新生态。

2021年12月23日,上海推进科技创新中心建设办公室(简称"上海科创办")专职副主任、一级巡视员刘燮一行赴闵行交大科技园参观调研。区科委主任李丽、副主任陈红铭,南滨江公司总经理徐亚云,上海闵行交大科技园运营有限公司董事长吴杏仙、总经理陈史杰等领导陪同参加调研。陈史杰向刘燮介绍了闵行交大科技园的发展概况、孵化服务体系、科技成果转化工作。陈史杰表示园区一贯致力于建设新时期大学科技园,全面提升大学科技园能级和核心竞争力,结合区域公共服务资源、产业资源和高校科技成果、人才优势,把大学科技园打造成为区域各类创新要素汇聚、融合、聚变的大平台,以全链条创业孵化生态体系"众创空间+孵化器+加速器+产业园"推进闵行区科创中心建设而努力。刘燮在重点听取闵行科技园介绍后,详细询问了园区内科技企业聚集情况,以及入驻企业的科技创新实力。同时,对园区成果展示项目逐一进行深入了解,就园区目前开展的工作给予了高度评价。刘燮表示,希望闵行科技园能继续作为推动"环高校科创带"的中坚力量砥砺前行,上海科创办对闵行科技园将来的发展会给予大力支持,也期待闵行科技园取得更多更优异的成绩。

第三节

重要活动

2015年1月8日，闵行区召开滨江开发"十三五"发展大讨论第一场讨论会，区领导赵奇、戴骅出席会议，会议邀请了上海社科院副院长王振，区人大代表金祖权、石超、洪金华，政协委员贡俊、李浩等出席，相关委办局、街镇分管领导参加会议。会上，市社科院副院长王振同志作了闵行滨江发展战略研究和功能定位专题汇报。与会代表围绕闵行滨江"十三五"发展的功能定位、战略规划、推进机制和实施步骤，结合自身工作背景，从不同角度对闵行滨江开发提出了很好的意见和建议。他们提出，闵行的滨江开发要坚持高品质，为今后的发展适当留白，也要坚持可操作性，兼顾地区差异、两岸共生，明确产业导向，对接相邻区域，注重错位发展。在开发建设过程中，建议遵循先易后难，交通、市政配套先行，保护生态，促进农民长效增收等原则。区委书记赵奇同志肯定了与会代表提出的意见和建议，并对闵行滨江开发提出了指导性意见。他指出，闵行滨江开发是区委、区政府长期谋划的一项重要工作，需要体现前瞻性和统筹性。"十三五"要明确闵行滨江开发的战略定位、产业形态、城市形态等，特别要推动滨江地区交通体系建设，使交通条件三至五年内有所改善。基于滨江开发区域的特殊历史属性，要探索以政府为主导、社会多元参与、历史传承、保留和新的次新经济共存共荣的滨江开发模式。目前，在规划部分落地的条件下，对成熟地块要提前做好开发的前期准备工作。最后，赵奇书记指出，今天花的每一分力气，是为了明天获得更大的收获。现在想得越明白，今后的工作开展得越顺利，开发推进得越成功。

2015年1月13日，区滨江办召开闵行滨江开发"十三五"发展大讨论第二场讨论会议。市浦江办、华东师大、上海交大、电气集团、地产集团、华谊集团、纺织集团、国际港务、上海城建、百联集团、国盛集团、交运集团、电力股份、紫竹高新区、城投开发等闵行滨江开发联席会议成员单位有关同志，以及区滨江办、区发改委相关人员参加会议。会议就闵行滨江开发"十三五"发展思路进行了讨论，与会单位人员纷纷建言献策，提出了宝贵的意见和建议。

2015年4月11日，共建"零号湾"合作备忘录签约仪式在上海交大闵行校区举行。闵行区委书记赵奇、副区长张国坤、上海地产集团董事长冯经明、副总裁薛宏、上海交大党委书记姜斯宪、副校长吴旦、副书记朱健出席了签约仪式。区经委、区科委、江川街道的代表以及来自创投、创业领域的交大校友、学校有关部门负责人和部分学院师生一同参加了仪式。张国坤副区长、薛宏副总裁、朱健副书记共同签署了"零号湾"全球创新创业集聚区合作备忘录。并为首批入驻"零号湾"的上海交大六个学生创新创业团队代表颁发"金钥匙"。赵奇书记、冯经明董事长、姜斯宪书记共同为"零号湾"战略合作伙伴第一财经投资管理有限公司、腾讯上海创业基地、京东金融的代表颁授了纪念证书。"零号湾"全球创新创业集聚区核心区域位于与上海交大闵行校区一墙之隔的上海沧源科技园。"零号湾"以"改善创业环境，促进大众创业；优化创新环境，促进万众创新"为宗旨，将充分发挥智力、科技、人才、信息和平台、资源、资本的集聚优势，为创业者提供适合初创起步的生态园区，以及相应的创业加速器和接力园。

2015年6月18日，由上海交通大学、上海市闵行区人民政府及上海地产（集团）有限公司合作共建的"零号湾"全球创新创业集聚区启动仪式暨上海零号湾创业投资有限公司揭牌仪式在闵行区沧源科技园举行。以"零号湾"全球创新创业集聚区正式启用为契机，用实际行动顺应"互联网+"潮流，在借鉴国内外成熟创新创业平台建设经验的基础上，搭建一流创业孵化和科技成果转化平台，为创业者提供适合初创业起步的生态园区，以及相应的创业加速器和接力园，推动大众创业、万众创新。首批29支创业团队入驻零号湾苗圃一期。

2015年10月25日上午，零号湾科技大楼启用暨首批机构入驻仪式举行。上海市人大常委会副主任、上海交通大学党委书记姜斯宪，闵行区委书记赵奇，上海地产（集团）有限公司董事长冯经明等出席活动。启用仪式由江川街道党工委书记刘琼主持。仪式上，上海交大副校长吴旦、上海地产（集团）有限公司副总裁蔡顺明向首期入驻零号湾的合作机构中国电信、中国银行、交通银行、上海银行代表赠送纪念品。上海交大党委副书记朱健、电子科技大学党委副书记申小蓉、辽宁省大学生就业局副局长王宪明分别代表零号湾、成都电子科技大学"一校一带"园区、辽宁省大学生创业教育实训基地签署战略合作备忘录。根据协议，零号湾将与另外两家单位共享创业、创投导师资源，相互推荐校友入驻园区创业，交流研讨建设发展经验。闵行区委副书记、区长赵祝平与首批入驻园区的三家孵化器机构负责人张德旺、肖文彬、陆华，共同为三家孵化器机构揭牌。三家机构分别是接力空间零号湾、晨晖创投@零号湾，以及"iWORK+咖啡"创业空间。电子科技大学党委副书记申小蓉代表战略合作方发言，上海市大学生科技创业基金会秘书长、上海创业接力科技金融集团董事长张德旺代表孵化器机构发言，他们都表达了推动零号湾成长发展的美好意愿。姜斯宪、赵奇、冯经明共同为零号湾科技大楼揭幕，科技大楼启用的同时，零号湾迎来了首批入驻机构。赵奇最后代表零号湾三方共建主体讲话。他表示，零号湾是一个集聚了创新创业梦想的启航平台，具有超强的感染力，他从热烈的启用仪式和代表们的发言中，感受到了大家对创新创业事业的热爱、热诚和热情。他与大家分享了三点体会，他认为，能从"零到一"就能从"一到十"。作为上海南部科创中心的一个非常重要的组成部分，零号湾是立足闵行、服务上海、辐射全国并进而影响全球的起航点。从2015年4月"零号湾"名字的诞生，到今天科技大楼正式启用，标志着我们实现了"零"的突破，并在"一"的基础上向着更高的目标迈进。出席活动的还有闵行区政府、上海地产（集团）有限公司、上海交大相关单位和部门的负责人；园区战略合作伙伴单位代表；第一财经投资管理有限公司总经理陆天旗，"饿了么"创始人张旭豪，大米科技创始人杨健，创业岛创始人郭鑫等科创行业的领军人物和专业服务机构代表；江川区域党建联席会成员单位的领导；合作服务机构和入驻机构的代表。

2016年5月31日，闵行区在紫竹高新区召开建设上海南部科技创新中心核心区"1+4"政策发布会。区领导表示：根据上海建设具有全球影响力的科技创新中心构建"四梁八柱"的总体部署，结合市政府对闵行区建设全市6大科技创新集聚区之一的功能定位，2015年以来，闵行区委、区政府开展深入研究和重点部署，相继制定和形成了本区推进上海南部科技创新中心核心区建设"1+4"的政策体系："1"即《闵行区关于建设上海南部科技创新中心核心区的框架方案》。"4"即有关鼓励人才创新创业、发展众创空间、创新创业引导基金、科技创新和成果转化的四个专项配套政策，分别为：《关于促进创新创业人才发展的政策意见》《关于发展众创空间推进大众创新创业的政策意见》《创新创业投资引导基金政策》《关于促进科技创新和成果转化的政策意见》。这"1+4"的政策体系，是闵行区推进上海南部科技创新中心核心区建设的总体构架和实施路径。闵行区将以此次会议为契机，面向社会媒体、科技企业、广大的创新创业人才，正式发布闵行区建设上海南部科技创新中心核心区的"1+4"政策，使各类创新主体了解闵行推进科创中心建设的主要做法和政策举措，有力支持各类主体在闵行创新创业。

2016年9月8日，上海闵行房地（集团）有限公司、上海交通大学媒体与设计学院在上海交通大学举行战略合作协议签约仪式。签约仪式由上海交通大学媒体与设计学院党委副书记常河山主持。院长李本乾表示，学院十分注重产学研结合，一直在探索让教学更好地面向社会，课程设置能更有利于学以致用。双方合作不仅可以利用学院的学科优势帮助闵行房地集团提升企业竞争力，也可以依靠闵行房地集团的产业资源培养更多高素质人才，为国家战略提供智力支持。闵行房地集团董事长、总经理华允弟指出，集团成立发展20年，跻身上海房地产开发企业50强。近年来，企业积极创新转型，双方合作是企业顺应创新、转型、发展的新起点。副总经理吴杏仙介绍了双方战略合作内容，在闵行房地集团规划建设的"SHMH创展600"（暂名）文化科创实践展示基地中，设专门区域由双方共建"闵行房地交大学生创意实践园地"，基地中

图3-3-1　2016年9月8日，上海闵行房地（集团）有限公司、上海交通大学媒体与设计学院在上海交通大学举行战略合作协议签约仪式

还专设展示厅,展示交大教师、学生的科研技术成果,并为成果的产业转化提供推广服务。闵行房地集团在澳大利亚悉尼Waterloo地区具有上海"海派"建筑文化特色的项目,也纳入双方合作内容,为媒体与设计学院以及悉尼大学学生提供设计实践的机会。闵行房地集团监事长沈金荣,副总经理马玉林、王静,总会计师张茂生等领导班子成员,以及媒体与设计学院主要领导、部分重点学科教授和教师代表出席签约仪式。

2016年12月26日,在上海房产经济学会、上海交大媒体与设计学院、闵行区企业家联合会、市房地产业协会闵行区工作委员会联合举办的企业创新转型高峰论坛上,闵行区副区长杨德妹,上海交大党委常委、党委办公室主任李建强为上海交大媒体与设计学院和闵行房地集团校企合作共建的"创想600"创新园区揭牌。

2017年1月9日,由闵行区政府、上海联合产权交易所、上海交通大学共同打造的上海联合知识产权交易中心南部分中心正式揭幕。闵行区委书记赵奇在致辞中表示,下一步闵行区将扎实推进国家知识产权示范城区创建工作,完善科技成果转化服务体系,积极承担上海科创中心"四梁八柱"的建设重任。上海联交所党委书记、总裁钱琰对上海联合知识产权交易中心南部分中心的正式启用进行了祝贺,并表示今后将联动闵行区政府、上海交通大学等资源,打造知识产权交易的专业性平台,推动上海南部地区的科技成果转化。上海市知识产权局吕国强局长受国家知识产权局委托,向闵行区颁发了"国家知识产权示范城区"铜牌。上海联合知识产权交易中心南部分中心落户零号湾,进一步提升了零号湾综合配套能力和服务水平,为区域经济发展提供服务保障。

2017年5月5日,上海交大党委常务副书记郭新立赴闵行房地集团调研校企合作。5月17日,在上海交大媒设大楼B205,闵行房地集团与上海交大媒体与设计学院签订战略合作协议。郭新立与闵行房地集团董事长、总经理华允弟代表双方签字。院长李本乾介绍了合作项目执行

图3-3-2 2016年12月26日,闵行区副区长杨德妹(右四),上海交大党委常委、党委办公室主任李建强(左三)为上海交大媒体与设计学院和闵行房地集团校企合作共建的"创想600"创新园区揭牌

情况，院党委书记单世联主持仪式。郭新立表示，媒体与设计学院和闵行房地集团的合作既是协同发展战略的重要组成部分，同时也落实了中央创新发展的理念。两个单位共同探索一条包括产学研在内的发展道路，希望可以找到合作共赢、共同发展的项目，合作可持续、可发展下去，并取得丰硕的成果。华允弟表示，与上海交大媒体与设计学院建立战略合作关系以来，双方开展多方面专项合作，包括学生课程设计、集团成立20周年专题片、共办创新转型发展论坛、与悉尼大学合办跨界论坛等，后续要进一步加强校企合作，落实"创想600"文创科创中心建设，为上海交大师生提供科技创新、文化创新的实践展示平台和社会青少年教育基地。同时，共同合作弘扬海派建筑文化，加大与国际、国内知名院校的合作，协同创新发展。

2017年5月19日下午，以"走向深蓝——全面建设上海南部科创中心核心区"为主题的闵行科技节在闵行重点科创产业孵化基地零号湾众创空间盛大开幕。在为期一周的时间内，闵行区集中组织开展各项科技节活动，通过举办形式多样、各具特色的科普活动，营造良好的创新生态环境，提升公众科学文化素养，培育科学精神和创新文化。闵行区政协主席祝学军，上海市科委副主任干频、上海交通大学党委副书记朱健等参加开幕式。

2017年7月10日下午，"2017 neoShow Week梦想加速——零号湾路演周"系列活动正式拉开帷幕。"零号湾"全球创新创业集聚区的"neoShow Week"是零号湾集成上海交通大学人才科技资源，上海地产集团产业服务与资本，闵行区人民政府政策支持，由零号湾倾力打造的品牌化活动。零号湾创投天使基金与合作投资机构将对早期项目进行50～500万元的直接投资。本次路演周涵盖人工智能、大健康、先进制造、大数据、新材料、节能环保、消费升级、泛娱乐等多个领域。本次路演周挑选经过零号湾孵化后的高成长性团队，在活动前期优中选优、筛选出69个创业团队，这些团队涉及人工智能大数据、消费娱乐升级、大健康先进制造、电子信息四大热门领域。在路演周脱颖而出的团队将加入零号湾加速训练营，零号湾将结合地产闵虹的产业资源，交通大学的创新券的支持，集聚一批创业投资机构，为创业团队提供更好的投融资环境。

2017年7月24日下午，闵行区召开上海智能医学大数据产业基地建设发展规划专家论证会，区领导沈军等出席，邀请中科院上海生命学院杨胜利院士、复旦大学王威琪院士、第二军医大学附属东方肝胆外科医院王红阳院士以及市市场监督工作委员会书记阎祖强等十位专家参加论证会，上海市中国工程院院士咨询与学术活动中心、上海宝藤生物医药科技股份有限公司相关领导和区相关单位参加会议。会上，宝藤生物公司首先就《上海智能医学大数据产业基地建设发展规划》作了汇报，主要从背景条件、发展目标、重点项目等方面作了解读。与会专家针对发展规划进行了热烈讨论和点评，聚焦"大数据医疗平台""医院大数据资源共享""创新基金模式资金运作"等核心问题，畅谈了各自的观点，提出了建设性的意见和建议。最后，专家组一致认为该规划方案符合上海市和闵行区的政策要求和规划导向，具备引领性、科学性和可实施性，有较好的经济、社会效益和抗风险能力，可作为闵行承接上海南部科创中心建设的重要示范项目，同意通过专家论证会。沈军副区长代表闵行区政府向与会专家对闵行智能医学产业工作的关心和支持表示感谢，她指出，闵行区正积极推进上海南部科创中心建设，智能医学产业基地建设将成为闵行南部科创中心建设的重要支柱产业。此次专家们提出的意见和建议为进一步完善产业基地规划方案提供了智慧和思路，为进一步强化规划方案的科学性、引领性和可实施性给予了重要支撑，增强了闵行打造"智能医学大数据产业基地"的信心。她希望，智能医学大数据产业基地项目能够尽快在闵行实现落地，充分发挥产业基地的集聚和带动效应，为早日实现南部科创中心建设添砖加瓦。

2017年8月16日上午，"2017首届国际科创园区（上海）博览会"在世博展览馆开幕。南滨江公司参加了博览会，并成为上海闵行科创园区馆内的六大分展厅之一，其以"滨江、科技、新城"为主题展现的新形象获得了众多参展人员的关注。展会期间，南滨江展厅参观、咨询、洽谈等参展人员络绎不绝，有国内7家政府型园区平台公司、12家金融投资服务机构、7家科技创新型企业、3家创业服务公司、3家招商策划公司、2家产业发展公司、3家专利事务所、2家项目公司、2家银行等多家企业和机构对南滨江公司统筹区域规划、金融投资服务、合作建设开发、科技创新企业选址、项目公司选址等方面表现出了极大的兴趣，并进行了深入的沟通和交流。其中，主营新能源汽车充电桩配套的上海挚达科技发展有限公司运营总监对该企业入驻沧源片区表现出了较大的兴趣。南滨江展厅获得了主办方颁发的"优秀科创园区奖""优秀科创企业奖"荣誉。

2017年12月7日下午，闵行区召开紫竹创新创业走廊规划评估和优化调整主题会暨专家、咨询委员会受聘仪式，区领导张路加等出席。紫竹创新创业走廊规划评估和优化调整专家委员会成员有同济大学建筑与城市规划学院教授唐子来，上海市城市规划设计研究院原总工程师苏功洲，中国城市规划设计研究院上海分院院长郑德高，上海市经济和信息化委员会园区处处长曾文慧，上海市科学学研究所党总支书记、所长骆大进；紫竹创新创业走廊规划评估和优化调整咨询委员会成员有上海交通大学党委副书顾锋，华东师范大学副校长孙真荣，上海发电设备成套设计研究院有限责任公司总经理严宏强，电机学院副校长黄兴华，东海学院副校长程龙根，上海航天设备制造总厂党委书记许建明，地产闵虹副总经理张志雄，上海紫竹高新区副总经理陆纬武，上海重型机器厂有限公司副总经理朱灏，上海汽轮机厂有限公司党委书记张光耀，上海电机厂有限公司党委书记周炳千，上海锅炉厂有限公司党委书记熊小华，上海三菱电梯有限公司党委书记万忠培，江川街道市人大代表唐曙建，颛桥镇党委副书记、镇长陈冬发，马桥镇代表党委委员、副镇长沈晓春，吴泾镇党委书记杨其景，吴泾镇党委副书记、镇长张文琦，闵行房地集团董事长华允弟。区滨江办汇报紫竹创新创业走廊规划评估和优化调整项目推进情况。闵规院作为课题研究单位就方案内容作了充分详实的汇报。与会专家及咨询委员会成员针对规划方案进行了热烈讨论，聚焦"区域内交通的贯通""学校医疗生活配套资源的利用""产业结构的升级""体制机制的创新""历史文化的传承"等核心问题，畅谈了各自的观点，提出了建设性的意见和建议。闵行区分管副区长强调该区域应规划产业体系，以产业为抓手，聚集产业要素，转化科技成果，努力打造集交通、教育、文化、服务相匹配的"南上海科创航母"。张路加主任向与会专家及咨询委员会成员对紫竹创新创业走廊规划研究的关心和支持表示感谢。他指出，今天的会议是进一步深化和落实紫竹创新创业走廊规划的起点，也是充分听取各方意见

图3-3-3　2017年8月16日上午，南滨江公司参加"2017首届国际科创园区（上海）博览会"

和建议的有效途径，有助于进一步认清自身优势，找出问题所在，明确今后发展方向和目标。他强调，打造紫竹创新创业走廊，应以创新发展、系统谋划、合作共营、结果导向为理念。最后，希望专家及咨询委员会成员投入更多的关注和提出更好的建议，为下一步规划细化研究打下良好的基础。

2017年12月21日，上海交通大学医疗机器人研究院在交大闵行校区文选医学大楼正式揭牌成立。上海市科学技术委员会副主任干频，上海交通大学党委副书记、校长林忠钦院士，闵行区委副书记、区长倪耀明出席揭牌仪式，为上海交通大学医疗机器人研究院揭牌并致辞，交大副校长徐学敏、奚立峰，陈亚珠院士、冯大淦院士，闵行区科委主任李丽，南滨江公司党委书记、研究院理事余建源，生物医学工程学院党委书记、研究院筹委会委员、理事季波，交大附属九院吴皓院长，瑞金医院沈柏用副院长，国际商业机器公司（IBM）、华为、美敦力、华大基因、KINOVA 等公司、企业，闵行区和上海交通大学相关领导、教授、医生和学生，以及国内外医疗机器人研究领域专家学者们等，共同见证这一重要时刻。上海交通大学医疗机器人研究院是校级医工（理）交叉平台，由上海交大生物医学工程学院牵头校内医、机、电、材、物、数等多个学科，特别邀请英国皇家工程院院士、帝国理工哈姆林手术实验室主任杨广中院士担任研究院院长。杨广中表示，研究院的目标是围绕"健康中国"国家重大医学需求，发展个性化、智能化、微创化的医疗机器人前沿技术，开展跨学科前沿创新研究，建设国际一流的医疗机器人核心技术研发平台，支撑中国医疗机器人产业关键技术转化，打造具有国际影响力的医疗机器人前沿研究的大师荟萃地和产业创新转化的人才集聚地，打造政产学研医用"创新链条"，支撑上海具有全球影响力的科创中心建设。倪耀明区长在致辞中强调，宝贵的高校、科研院所和企业资源是闵行区在科创中心建设中承担科技成果转移转化使命的重要基础，闵行一直珍视与上海交大之间的合作与互动，与交大共建医疗机器人研究院是对标国际一流标准，在深化全面合作的基础上，将重点聚焦医疗机器人研究院建设。闵行区将在未来三年中，为交大医疗机器人研究院提供 2.5 亿元的资金支持，为智慧医疗产业发展提供政策和基金支持，为医疗机器人研究成果提供产业化平台支持。闵行区政府与上海交大共建医疗机器人研究院是强强联合打造上海"南部科创中心"和上海医疗机器人产业聚集地的大战略，已经不仅仅是推动区校双方的自身发展需求建设，更是来自社会责任感和使命感的召唤。

2018 年 3 月 19 日，上海交大医疗机器人研究院（交大－闵行）在行政 A 楼 207 召开联合管委会第一次工作会议，上海交通大学副校长徐学敏、奚立峰，生物医学工程学院党委书记季波，医疗机器人研究院专职副院长陈卫东，闵行区分管副区长，闵行区科学技术委员会主任李丽，闵行区经济委员会主任林艺，上海南滨江投资发展有限公司董事长余建源，以及研究院院长助理徐凯教授、顾力栩教授、谢叻教授、孙洁林教授、赵旭教授等研究院联合管委会成员参加会议，会议由奚立峰副校长主持。会上，奚立峰首先宣布确定医疗机器人研究院管委会的成员安排，明确了核心领导层面及管委会工作机制的同时，也在研究院的中长期规划建设、年度发展计划、产业转化规划计划、年度资金安排等方面进行了全面协调部署。会议确认了副校长奚立峰、闵行区分管副区长为上海交通大学医疗机器人研究院（交大－闵行）联合管委会主任，副校长徐学敏，生医工学院党委书记季波，研究院创始院长、英国皇家工程院院士、帝国理工学院哈姆林手术实验室主任杨广中，研究院专职副院长陈卫东，闵行区科委主任李丽、经济委员会主任林艺，上海南滨江投资发展有限公司董事长余建源，上海闵行房地（集团）有限公司董事长、总经理华允弟为上海交通大学医疗机器人研究院管委会成员，其中季波兼任秘书长。随后，医疗机器人研究院理事、秘书长、生物医学工程学院党委书记季波对研究院 2018 年建设计划作了详尽汇报。他从首批实验室的建设、人才队伍建设、空间发展规划、科研产业化、研究计划和资金安排等六个方面分别阐述了研究院目前的发展规划方案。他指出，医疗机器人研究院发展现阶段及未来的部署规划要围绕"原创技术""科创中心""引领产业"三个建设愿景展开，在解决人类重大疾病、研发医疗机器人前沿技术方面寻求突破，在校地、校企合作模式上寻求创新，在支撑和服务中国医疗机器人产业发展之路上实现引领。研究院理事、南滨江公司董事长余建源在汇报中着重对研究院的资金及孵化空间筹备情况作了梳理，他强调，科研成果转化和项目落地是交大与闵行区合作聚焦的重点，建议双方各自集中整合优势资源，更大力度支持研究院建设，促进原创科研成果产出，依托环剑川路创新创业走廊实现就地转化，共同努力打造上海的"南部科创中心"。

会上，各位管委会委员分别就研究院的团队、资金、空间、设备等方面的建设分别作了阐述：医疗机器人研究院副院长、电子信息与电气工程学院长聘教授陈卫东对研究院的人才队伍建设过程中取得的阶段性进展进行汇报。他提到，目前激烈的人才招聘国际竞争环境直接影响了引进速度和力度，这也是目前遇到的挑战之一；机械与电力工程学院徐凯教授、电子信息与电气工程学院赵旭副教授、生物医学工学院顾力栩教授，分别对研究院的精密机电系统中心、人工智能平台与人机交互中心、影像导航介入中心的建设情况做了汇报，将2018年医疗机器人研究院重点对三大实验中心投入建设的各项工作进行了清晰的梳理，并结合实际情况就各项工作的细节规划进行充分的会上讨论。李丽主任也肯定了会议的及时性和高效性，她认为加强研究院体制机制创新对顶层架构的建设及下一步各项工作的推进有密不可分的关联。会上讨论中，副校长徐学敏提出要强化转化医学联动，使上海交大成为领域内服务中心的核心力量，她强调，要始终以国际化标准作为发展引领，在全国首个建成的转化医学中心的良好基础上，继续促成相关配套设施的建设落实，为保障转化医学中心的研发及联动起到重要的支撑作用。闵行区分管副区长结合会上的汇报及讨论提了三点建议，一是要在体制机制问题上继续寻求解决办法，增进政府与学校之间的"小联动"及各南滨江区域间的"大联动"；二是加强转化机制，要以人才带动研发力量、传统大企业带动并实现产业化路径；三是继续寻求模式创新，借鉴成功的合作模式不断优化，为上海交大与闵行的合作所用，同时在地方如何承载相关方面工作上整合资源、合理分配，寻求创新模式。奚立峰副校长在会议总结中提出建议，要成立研究院相对稳定的工作班子，针对学校和政府双方的工作机制和流程建立起相应的体系和办法，提高事务性工作的办事成效，加快推动医疗机器人研究院双方共建工作；同时，从学校层面对拟将投入的高峰、高原学科建设等几个方面作了探讨。

2018年6月15日下午，上海交通大学医疗机器人研究院与闵行区政府在交大徐汇校区总办公厅召开第一届理事会第一次会议，闵行区分管副区长，上海交通大学党委书记姜斯宪，党委常委、副校长徐学敏，党委常委、副校长奚立峰，医疗机器人研究院院长、英国皇家工程院院士、交大访问讲席教授杨广中，医疗机器人研究院常务副院长陈卫东、生物医学工程学院党委书记季波等参加会议。会议由徐学敏主持。杨广中教授首先从研究院中心建设、人才队伍建设、空间发展规划、科研产业化、研究计划和资金安排等六个方面分别阐述了研究院目前的发展规划，强调了研究院在解决人类重大疾病，研发医疗机器人前沿技术，寻求校地、校企合作模式创新，支撑和服务中国医疗机器人产业发展中的引领作用，其中，研究院在空间利用方面采用的是先进、新颖的酒店式管理方式，滚动利用办公资源，使资源利用最大化。南滨江公司董事长余建源对闵行区共建资金安排以及产业化方案进行了汇报，同时介绍了项目执行过程的要求。理事会成员同其他与会专家在会上进行了工作交流。九院院长吴皓表示，医院将全力支持配合机器人研究院的工作；新华医院副院长郑忠民表示，将积极配合机器人研究院工作，支持好、参与好、完成好研究院赋予的任务，争取早日拿出产品；胸科医院院长潘常青表示，医院将利用自己在肿瘤机器人方面的经验，在工作中与其他单位强强联合，解决临床、培训、研发的结合问题。闵行区分管副区长表示，医疗机器人研究院是推进闵行区产业发展的重要组成部分，建立以来得到了两方领导的高度重视。研究院需要关注应用研究走向产业化，同时要加快速度落地。闵行区将在政策、环境方面大力支持人工智能产业，期望研究院能够尽快取得研究成效，尽快成果转化，并把研究与产业化有机结合。奚立峰表示，医疗机器人中心是一个交叉平台，其体制与工作机制对于学校而言是非常新颖的，同时也希望研究院能继续推进人才招聘工作，使得人才队伍建设焕然一新。上海交通大学和闵行区政府相关部门负责人都表示将积极配合机器人研究院的工作。季波表示，机器人研究院可以引进更多高层次人才，和医疗机器人相关企业一起培育产业生态。生物医学工程学院作为筹备的牵头单位，将对研究院的建设提供大力支持。区领导在总结发言中表示，闵行区将与上海交大积极配合，大力支持研究院的建设工作，并通过灵活的政策、方法保证研究和产业化工作顺利开展；设备采购方面，闵行区与上海交大要相互协调；每年的资金使用需要进行合理的分配、规划，投入到研究院建设中。期待研究院能抓住机遇、抢占机遇，本着把事干成的态度，尽快取得研究成果，并加快其产业化进程。姜斯宪在总结发言中肯定了医疗机器人研究院的前期工作，感谢闵行区相关单位以及学校相关机构对研究院工作的大力支持，他同意理事会提出的发展计划，同时，希望本着于事简便的原则推荐项目化管理；在人才项目上多考虑，注重引进高端人才及团队；重点关注产业化，为闵行区做出实实在在的贡献。

2018年7月12日，闵行房地集团与上海交大产业投资管理（集团）有限公司、上海交大技术转移中心、上海交大科技园有限公司在上海交通大学签署战略合作协议，标志着校地共同打造环交大双创走廊，推动区域产业升级、高新技术培育研发和改善城市空间形象等战略部署，进入实质启动阶段。闵行区分管副区长、滨江管委办主任余建源、区经委副主任史宏超、区科委副主任郑良明、吴泾镇副镇长孙杰、江川路街道副主任张建新，上海交大原副校长、校务委员会专职副主任吴旦，上海交大国资办副主任李东云、上海交大产业集团董事长钱天东、上海交大科技园有限公司董事长曹兆敏、上海交大产业集团总裁刘玉文、上海交大产业集团董事会秘书肖丁铭、上海交大科技园有限公司副总经理颜彦，闵行房地集团董事长、总经理华允弟，副总经理吴杏仙、王静等出席协议签订仪式。与会嘉宾就闵行区调整产业布局规划、校企合作、南部科创中心、环交大双创走廊建设等进行了交流发言。闵行区分管副区长在讲话中指出，闵行房地集团与上海交大产业集团的校企合作，是闵行校地合作踏上新的征程，其内涵和外延有了进一步的深化，机制更灵活，效果会更好，这是政府希望看到的结果。交大落户闵行以来，为闵行区经济社会方方面面的发展带来了很大助推力量，成为闵行区的品牌名片，尤其是上海南部科创中心建设，使闵行区与上海交大的合作目标和内容更加明确，更加深化，更有针对性。

他指出，闵行与交大的合作不能局限在政府与高校之间，并充分肯定闵行房地集团与上海交大产业集团深化校企战略合作的形式和内容，以及闵行房地集团发展20多年来，积极创新，从单一房地产开发，到进入科技文化领域，从2016年开始资助交大教育、开展校企合作，到投资交大医疗机器人项目等所体现出的企业的战略思维、情怀和发展的活力。闵行区分管副区长表示，目前最迫切的是，环交大周边的环境整治和建设，是南部科创中心最能够体现显现度、感受度、认可度的一个区域。希望在合作中：第一，要立足大局，大力提升和打造好环交大周边的环境。第二，认真研究并围绕闵行区调整产业布局规划，加快项目落地。第三，要细化合作，明确交大合作资源、闵行房地集团保障资源、南滨江公司合作内容等，把合作内容项目化。第四，整合资源。要与社会和企业形成联动效应，政府要积极助推，服务企业，服务发展，要体现效益，尽快出形象，出好形象。吴旦表示，交大师生对环交大科创走廊建设非常寄予厚望，上海南部科创中心建设是上海交大与闵行区的重点合作内容。这次签约，也是交大产业集团自身改革转型发展的有利契机，希望交大产业集团和闵行房地集团通过合作建设环交大科创走廊，把产业集团的一部分根，扎到闵行这个区域来，大力提升环交大的科创能力，并和学校的发展结合起来。

2018年10月25日，上海交通大学、闵行区政府、临港集团、博康集团举行"上海人工智能研究院"合作签约仪式，四方共同签署了共建"上海人工智能研究院"的合作协议和成立上海人工智能研究院有限公司的股东协议，标志着四方就推进建设"上海人工智能研究院"建立了互信共融的伙伴关系。上海交通大学党委书记姜斯宪，闵行区委主要领导，临港集团党委书记、董事长刘家平，博康集团董事长张滔等出席仪式并见证签约。上海交通大学副校长毛军发，闵行区委副书记、区长倪耀明，临港集团总裁袁国华，博康集团董事长张滔代表各方签署共建协议；上海交大科技园有限公司总经理杜松宁，上海交大知识产权管理有限公司总经理吴萍，南滨江投资发展有限公司董事长余建源，临港集团总经理陆春，博康集团高级副总裁蔡文沁代表各方签署股东协议。

2019年1月4日，闵行区举行人才公园开园暨第十三批闵行领军人才颁证仪式。闵行区正局级领导、区人大常委会党组成员张路加，区委常委、组织部部长王观宝等出席。南滨江公司为人才公园建设主体并承办现场活动，公司董事长余建源、副总经理高雪峰等相关人员参加活动。闵行人才公园地处上海南部科创中心核心区，毗邻上海交通大学、沧源开放式街区，是闵行科技人才的聚集区。公园从"人才赋予公园灵魂，公园彰显城市精神"的理念出发，突出体现了闵行区集聚人才、吸引人才、留住人才的发展思路，这也是闵行区委、区政府着力将闵行打造为人才强区的一项重要举措。闵行人才公园一期位于沪闵路剑川路口，建设占地面积约1.2万平方米，建有人才展示厅、人才手印墙、人才林、连心桥、鹤博士雕塑等，重点展示科技名人风采，传播人才文化。公园外呈现代创新、内蕴传统文明，将为周边学校、企业、科研院所人才和社区居民提供高品质休闲游憩空间。值得一提的是，作为闵行区人才激励展示的阵地，人才公园手印墙重点展示了首批18位为推动闵行经济社会发展做出突出贡献的人才，旨在激励人们向人才学习和看齐，进而形成人人皆可成才、人人尽展其才的良好氛围。闵行人才公园二至五期将沿剑川路展开，与周边科技园区、校区、厂区、商区、社区及上海南部科创公共服务中心形成整体联动，进一步提升区域环境，彰显"创新驱动实质上是人才驱动"的思想。

2019年1月7日，上海闵行房地（集团）有限公司、上海闵行置业发展有限公司与上海交通大学设计学院签署战略合作协议。闵行房地集团董事长、总经理华允弟，副总经理吴杏仙、王静，交大设计学院院长阮昕、党委书记方曦、副院长韩挺等出席签约仪式。双方充分发挥各自的资源及人才优势，共同参与打造环交大创新创业产业集聚区的相关工作，在城市规划、建筑设计、环境设计、园林景观设计、产品设计和开发、人才培养与实践等方面进行技术支持和服务合作，在创想600基地和悉尼Waterloo项目分别挂牌成立学生国内、国外学习实践基地，提供一定数量的学生实践平台、科研成果（专利）展示场地，并提供科研成果转化服务，课程设计支持养老设施和养老产品的预研，鼓励引导学生的研究和设计方向，联合开展设计教育、文化展览和会议论坛等。

2019年6月6日，由南滨江公司、飞马旅联合共建的上海市康复辅助器具产业园南滨江园区开园仪式在飞马旅交大科创园成功举办，也拉开了"零号湾"全球创新创业集聚区"为梦启航"主题活动的序幕。市民政局副局长梅哲、闵行区分管副区长出席本次活动，共同为园区揭牌并发表重要讲话。梅哲副局长希望园区能够抓住机遇，依托智能产业优势，集聚康复辅助器具领域的创新创业企业，推进科技成果转化，助力康复辅助器具行业出现更新更优的产品，打造康复辅助器具产业发展的上海高地，共同创造康复辅助器具产业美好的明天。闵行区分管副区长表示，作为由中国顶级服务业企业家共同发起的创业项目专业管理支持机构，飞马旅来到闵行是强强联手。他希望飞马旅交大科创园能够汇聚政校企各方资源，成为科技成果快速产业化的桥梁和通道，推动更多的科技成果到闵行转化，推动闵行成为上海全球城市规划中重要的战略支撑区。来自各地的创业者、投资人、高校院所专家教授以及主流媒体等百余名嘉宾共聚

图3-3-4 2019年1月7日，上海闵行房地（集团）有限公司、上海闵行置业发展有限公司与上海交通大学设计学院签署战略合作协议

图 3-3-5　2019年6月29日上午，由闵行区政府主办的"零号湾"全球创新创业集聚区"为梦启航"主题活动顺利举办

一堂，一起探讨智能康养产业的未来发展战略蓝图。上海市康复辅助器具产业园南滨江园区是政府、高校、企业三方合作的全新尝试，产业园汇聚"政校企"各方资源优势，旨在打造"高层次人才+前沿科技+创投资本"三位一体的快速产业化平台和通道，构建"创新创业立体生态"服务体系，园区已成为"零号湾"全球创新创业集聚区内重要的众创载体。

2019年6月29日上午，由闵行区政府主办的"零号湾"全球创新创业集聚区"为梦启航"主题活动顺利举办。来自上海市相关部门、高校和市属企业集团的领导、专家学者、园区和企业代表、创新创业者、投资人、各方面的合作伙伴汇聚一堂，以一系列主旨演讲、方案发布、项目展示、赛事启动、园区揭牌等活动，共同描绘"零号湾"全球创新创业聚集区的未来。上海交通大学党委书记姜斯宪，市经信委主任吴金城，市科委主任张全，闵行区委副书记、区长倪耀明，闵行区人大常委会主任、党组书记庞骏，原闵行区人大常委会主任张路加，市科创办副主任王鼐，上海交通大学副校长王伟明，华东师范大学副校长孙真荣，闵行区政协副主席王一力等领导出席活动。

2019年6月29日，上海交通大学医疗机器人研究院第一届理事会第二次会议在交大医疗机器人产业园召开。理事长、上海交通大学党委书记姜斯宪，校长、党委副书记林忠钦院士，闵行区区长倪耀明，上海交通大学副校长奚立峰，理事会成员、南滨江投资发展有限公司党委书记、董事长余建源，医疗机器人研究院院长、英国皇家工程院院士、交大访问讲席教授杨广中，理事会、管委会秘书长、生物医学工程学院党委书记季波，医疗机器人研究院常务副院长陈卫东参加了本次会议。闵行区委办主任张鹏宇、区经委主任林艺、区科委主任李丽、上海交通大学党政办主任林立涛等列席会议。杨广中介绍，截至目前，产业园已有8个产业化和初创项目入驻产业园空间，产品涉及手术、康复、医学成像、肿瘤物理治疗器械等高端医疗机器人领域。他做了医疗机器人研究院2018年工作总结及2019年工作要点汇报。他还从建设总目标、建设方略、十大基础研究中心建设与临床联合研究中心等方面介绍了研究院2018年度完成的主要工作情况和2019年研究院的工作要点，同时提出了研究院建设过程中的瓶颈问题与未来的思考。作为上海交大和闵行区新一轮战略合作的支柱项目，双方均付出了巨大的努力。一年半以来，在上海交大以及生物医学工程学院等院系，闵行区政府、南滨江公司、区科委、区经委的共同努力下，研究院在人才团队建设、实验平台建设、空间基础设施建设、基础与应用研究中心建设、临床研究中心建设、国际学术合作和国内外知名企业合作等多个方面取得了长足进展。在讨论交流环节，各位理事高度肯定了研究院建院一年半以来取得的实实在在的成果和进步，并为研究院未来发展集思广益、出谋划策。闵行区分管副区长在发言中表示医疗机器人研究院建设团队干事创业、务实勤勉，2018年取得了可圈可点的成绩，对2019年工作也考虑得很全面，未来管委会将针对发展中的瓶颈问题精准施策，重点在转化承载、专项政策、产投基金、载体空间、配套支撑方面深化研究，拿出实招有力推动医疗机器人研究院和产业园的发展。季波感谢闵行区高瞻远瞩、鼎力支持全新的医疗机器人领域的研发和产业转化探索，希望2019年加快研究产业转化专项政策、设立产投引导基金、研发资金划拨工作，支撑医疗机器人研究院和产业园高质量发展。倪耀明在发言中对研究院自揭牌成立以来的建设成效表示赞许，对团队的实效、有效工作表示认可。他提出闵行区将从孵化和生产载体支撑、研发和转化资金投入、产业投资引导基金、产业扶持支撑政策、政府服务配套等五个方面支持医疗机器人研究院高水平的研发和产业园的发展。区领导肯定了医疗机器人研究院的工作成绩，对目标步骤、管理机制、团队投入高度认可，认为研究院的工作及时响应了国家和上海的需求，为闵行南部科创中心建设提供了有力支撑。通过回顾从最初谋划建立研究院到现在的历程，他希望研究院不忘初心，校地共同托起民族高端医疗装备科技进步的梦想；进一步深化探索"在地孵化、有组织转化"独特的研究—转化—产业—民生的机制，并希望管委会总结三年筹建、建设的经验，巩固、优化、提升、再出发，规划和形成未来研究高地和产业高地的建设目标，同时他也针对具体的资金保障、研发投入、政策支撑等提出要求。林忠钦在讲话中表示，医疗机器人研究院成立短短一年多以来，得益于各方共同努力，研究院建设取得良好进展。医疗机器人技术具有巨大的发展空间和产业前景，希望研究院在科技成果转化、环交大产业带形成的关键问题上着力。闵行区在产业空间、产投资金、风险基金、市场环境、人才配套、环境营造等方面加大工作力度，持续推动研究院的高水平发展。姜斯宪对闵行区委、区政府支持医疗机器人研究院建设，并充分信任交大建设团队表示了感谢。他认为经过了一年多的建设，研究院整体发展已经步入正轨，各项工作正在稳步展开，也取得了诸多可喜的成绩。医疗机器人研究院发挥了学科交叉平台的优势，面向国际科技前沿、对接"健康中国"国家战略和国计民生重大需求，开展了系列技术研发，产业转化稳步实施。姜斯宪对研究院未来的工作提出了期望和建议，希望研究院坚持前沿学术研究、应用技术创新和产业转化协同、一体化发展；聚焦产品研发及产业化，更加努力奋进，争取在五到十年内校内建成国际顶尖的研究高地、交大周边建成产学研紧密结合的中国"硅谷"。

2019年6月29日，上海交大-闵行医疗机器人产业园在闵行区剑川路930号零号湾产业园区启动成立。医疗机器人的研发与转化，将颠覆传统的医疗模式，带来一场新的产业技术革命。在国家颁布的"中国制造2025"规划纲要当中，医疗机器人行业被纳入重点发展行业。产业园依托上海交通大学医疗机器人研究院，紧密结合闵行区创新驱动发展战略和战略性创新产业布局，通过校地企医政产学研用新模式，以"高校研发、在地孵化、有组织的转化"的方式，秉承"产业孵化、积聚双创资源"，打造一套完整的医疗机器人产业生态系统和医疗机器人产业链，为闵行区医疗机器人产业培育火种。截至该日，已有8个产业化和初创项目入驻产业园空间，产品涉及手术、康复、医学成像、肿瘤物理治疗器械等高端医疗机器人领域。当天，还同步举行了2019医疗机器人创新设计大赛启动仪式。大赛由上海交通大学医疗机器人研究院和上海交通大学设计学院共同主办，闵行区人民政府和中国自动化学会作为支持单位，是面向医疗机器人外观和功能设计的全球性比赛。

2019年7月2日，国家双创示范基地评估专家组赴"零号湾"全球创新创业集聚区考察调研，了解零号湾创新创业生态体系及集聚区软硬件建设情况，并实地感受零号湾作为环上海交通大学双创生态体系所迸发出的集聚效应。作为上海交大创新创业工作的前沿，"零号湾"全球创新创业集聚区曾于2016年4月代表交大向国家发展和改革委员会提出申报，成为第一批获此殊荣的单位。专家组实地调研零号湾园区公共设施、上海交大先进产业技术研究院、上海交大创新设计研究院、中国（上海）创业者公共实训基地南部科创中心展厅，了解零号湾集各方之所长，为创业者提供如工商注册、法律咨询、创业导师等各类孵化服务，以及发挥科技、人才、信息、平台、资源、资本的集聚优势，帮助创业项目从零起步、精准对接、发展壮大的工作方针。专家组对"零号湾"全球创新创业集聚区的工作表示充分肯定，并高度评价了零号湾"创新、协同、共享"生态体系构建及其在上海推进建设有全球影响力科创中心建设中所发挥的作用。

2019年8月31日，2019世界人工智能大会圆满落幕。市委副书记、市长应勇为上海人工智能研究院有限公司等4家人工智能产业机构揭牌。

2019年11月1日上午，在零号湾飞马旅科创园新址举行"高企贷中银闵行模式发布暨闵行区科创服务中心启用仪式发布会"。上海市科委总工程师陆敏，上海市科委资源保障与管理处处长俞清，上海市科技创业中心主任朱正红、副主任黄丽宏，闵行区科委主任李丽、副主任徐亚云，上海南滨江投资发展有限公司董事长余建源，中国银行上海分行资深客户经理杨军、普惠金融部总经理梁丽霓，中国银行闵行支行行长陈纲、高级经理张蓉等领导出席，区内各类创新创业服务平台、街镇、莘庄工业区、园区、孵化器相关负责人及优质高新技术企业负责人等130余人参加了启用仪式。

2019年11月29日下午，由闵行区政府和华谊集团指导，滨江管委会主办的"集聚梦想引领未来"南部科创核心区建设项目集中启动暨华谊智慧天地开工仪式在原华谊大中华正泰橡胶厂举行。区滨江办主任余建源在大会上作了发言，汇报了集中开工项目的具体情况。倪耀明书记讲话要求，闵行区要在"大零号湾"地区努力打造学术新思想、科学新发现、技术新发明、产业新方向的核心策源地，用科技创新驱动闵行经济高质量发展。上海交大林忠钦校长在讲话

图 3-3-6　2019 年 11 月 29 日下午，"集聚梦想 引领未来"南部科创核心区建设项目集中启动暨华谊智慧天地开工仪式在原华谊大中华正泰橡胶厂举行

中表示，交大将充分发挥科技、人才、教育产业、校友等综合优势，在重大项目引进、科技成果转化、校友企业落户等方面全力服务环交大区域建设。华谊集团王霞总裁在讲话中表示，华谊集团将继续传承百年历史，担负起区域转型的崭新使命，为闵行打造南部科创中心、建设具有全球影响力的创新引领区做出应有的贡献。本次集中启动建设的项目有华谊智慧天地、龙湖淡水河畔改建项目、白金汉爵大酒店、宏润科创中心、佳通科创中心建设项目，总建筑面积近 50 万平方米，总投资约 35 亿元。项目建成后将为地区提供一批新的科创与产业高度融合的空间载体和配套服务空间载体，进一步提升南部科创中心核心区的集聚度和显示度。闵行区领导张路加、倪学斌、王一力，闵行区相关委办局领导及华谊集团顾立立副总裁，万科集团高级副总裁张海等和承办单位江川街道、颛桥镇、各项目建设单位领导出席活动。

　　2020 年 5 月 9 日，国盛闵行健康智谷签约启动仪式于上海紫竹新兴产业技术研究院举行。该项目由上海国盛集团牵头推进，整合天亿集团、南滨江公司、闵行房地集团、宝藤生物等多家战略合作方的优质资源，形成聚焦前沿检测、智能医疗器械及软件、创新治疗技术等战略新型领域的专业型和服务型园区。此次签约启动仪式的落地，推进了闵行大健康生物医药产业的加速集聚，将开启闵行智能医疗产业发展新篇章。上海市市委常委、副市长吴清，上海市政府副秘书长陈鸣波，中国工程院院士杨胜利，闵行区委书记倪耀明和上海国盛集团党委书记、董事长寿伟光为国盛闵行健康智谷项目进行启动揭牌。闵行区委副书记、区长陈宇剑与上海国盛集团党委副书记、总裁毛辰上台为此次签约启动仪式致辞。上海科创办执行副主任彭崧、市卫健委副主任秦净、市科委总工程师陆敏、市经信委总工程师刘平和上海国盛集团副总裁戴敏敏

图3-3-7　2020年5月9日，国盛闵行健康智谷签约启动仪式于上海紫竹新兴产业技术研究院举行

为现场签约项目进行见证。上海国盛集团置业控股有限公司董事长王备军以及产业战略合作方天亿集团董事长俞熔代表园区与20个项目进行现场签约，并现场播报8家外地未到场的签约企业名单，中国工程院院士程京和华大基因CEO尹烨博士也发来视频贺词。作为国盛闵行健康智谷战略合作方代表，上海国盛集团副总裁戴敏敏、天亿集团副总裁王晓军以及南滨江公司董事长余建源，通过专访就各战略合作方在国盛闵行健康智谷项目中所承担的任务和发挥的作用，以及园区未来规划进行了重点介绍。部分医疗科技项目也在会上进行了展示，共同助推产业园区发展，领航智能医疗未来的创新生态。

2020年6月17日，闵行区政协在吴泾镇落地的首家"亮吧书房"在创想600基地正式揭牌。通过该平台旨在让政协委员亮身份、亮才华、亮观点、亮作为，并为政协委员提供学习的园地、交流的阵地、活动的营地、创智的天地。区政协党组书记、主席祝学军，区政协副主席王一力，区政协秘书长韩朝阳，区政协专委办主任邢红光，吴泾镇党委书记杨其景，闵行房地集团董事长、总经理华允弟，副董事长、常务副总经理吴杏仙，副总经理王静等领导和嘉宾出席。政协吴泾联络组委员代表、上海交大科技园党员代表以及有关街镇领导等参加，活动由镇党委副书记沈军主持。祝学军对创想600基地为吴泾镇和政协委员提供一个良好的学习、交流环境表示感谢，他提出，闵行区政协以"书香政协"为载体，努力通过阅读多元主题，打造学习型组织。

2020年6月18日，"零号湾"全球创新创业集聚区创立五周年暨上海交通大学"大海洋科研创新平台及产业化基地"落户闵行开发区启动仪式举行。上海交大校长林忠钦，党委常委、副校长奚立峰、毛军发、王伟明，校务委员会副主任孟光；闵行区委书记倪耀明；地产集团党委书记、董事长冯经明，总裁朱嘉骏，副总裁李钟等出席活动。上海交大和闵行开发区签约共建产学研创新合作中心，毛军发、冯晓明代表双方签约。上海交大、闵行区、地产集团三方签署《深化合作框架协议》。活动中，上海交大海洋装备研究院、教育部深海重载作业装备集成攻关大平台、科技园（闵行开发区基地）、科技创新与成果产业化基地、上海交大－闵行开发区产学研创新合作中心揭牌。上海交大海洋装备研究院分别与上海交大科技园有限公司、海装项目团队集体签约；闵行开发区与上海交大海洋水下工程科学研究院有限公司等产业项目集体签约；上海交大科学技术发展研究院与闵开发跨国企业集体签约。

2020年6月28日，媒体走近"大零号湾"全球创新创业集聚区，本市大学科技园高质量发展媒体沟通会在"创想600基地"召开。《人民日报》、新华社上海分社、《中国日报》、《科技日报》、中新社、《中国科学报》、《解放日报·上观》、《文汇报》、《新民晚报》、上海广播电视台、上海东方广播电台、《新闻晨报》、《上海科技报》、华东科技、《青年报》、《劳动报》、第一财经、人民网、东方网、澎湃新闻等20多家媒体代表齐聚一堂，共同聚焦"大零号湾"发展建设情况，市科委、闵行区、上海交大有关领导及相关部门负责人出席。媒体记者们先后来到剑川路951号双创示范基地、上海交大医疗机器人产业园、创想600基地等考察参观，深度感受环上海交大、华东师大"大零号湾"全球创新创业集聚区的发展现状。座谈会上，市科委总工程师陆敏介绍了本市大学科技园相关情况及下一步推进大学科技园高质量发展思路、举措。上海交大副校长王伟明介绍了上海交大科技成果转化及大学科技园建设情况。闵行区分管副区长分别就禀赋优势、功能定位、推进情况等内容详细介绍了"大零号湾"全球创新创业集聚区建设进展。他指出，市科委、闵行区和上海交大三方定期会商、通力合作，形成了"大零号湾"建设方案。闵行区专门成立国资平台公司南滨江公司，全面对接区域内高校、院所、大企，重点落实载体建设、功能完善、环境提升任务。董事长余建源代表南滨江公司与媒体代表深入互动探讨，围绕"大零号湾"加快科创载体建设，着力优化生态环境，大力完善城市配套等方面推进情况作了介绍。研维科技、瓶钵信息科技、精励医疗、霖鼎光学、节卡机器人等"大零号湾"区域代表企业参加媒体互动。

2020年11月10日，为了积极贯彻落实上海市大学科技园高质量发展推进会精神，上海交大科技园-吴泾镇人民政府合作签约仪式在金领谷科技产业园举行。闵行区委副书记、区长陈宇剑，上海交通大学党委常委、副校长王伟明，上海交大科技园有限公司董事长曹兆敏，上海交大科技园有限公司总经理杜松宁等出席签约仪式。陈宇剑在活动中表示，上海交大科技园与吴泾镇合作签约为区域创新发展注入新动力，有力地推动了上海南部科创中心建设。他强调，要明确目标定位，此次合作签约是上海南部科创中心区域创新体系的重要组成部分，要以打造南部科创中心科技创新的重要功能区、科技成果的重要策源区、科技产业的重要培育区为目标。要聚焦核心功能，将增强创业孵化、成果转化、人才培养、辐射带动功能作为园区发展的出发点和落脚点，突出大学科技园承接高校综合智力资源溢出的特色和优势，全面提升能级和能力。要发挥主体支撑作用，希望借助上海交大科技园积累的品牌资源和人才优势，加大力量投入，集中资源要素，与吴泾镇合作，共推新一轮发展。要坚持三区联动，强化开放、协作，加强园区、高校、社区资源的对接和合作。打造创新创业的共同体，形成良好的创新创业生态，积极推动园区和吴泾、闵行、上海、长三角及国内外建立相互合作关系，促进上海交大科技园与区域经济发展深入融合。要加强组织协调与配套保障，闵行区将积极协调配合，把相关园区的建设作为重点任务不懈推进，共同协调解决发展所遇的困难和问题。

2020年12月14至16日，上海交通大学医疗机器人研究院国际学术论坛（Academic Forum of Institute of Medical Robotics）在交大闵行校区转化医学大楼和线上ZOOM平台同步举办。各国学术大师、知名专家、青年学者以及企业精英，共赴学术盛会，展示医疗机器人领域的最新研究进展与成果，探讨医疗机器人领域的技术挑战和发展趋势。12月15日上午，医疗机器人研究院国际学术论坛在转化医学大楼举行开幕暨二、三期空间启用仪式。仪式由医疗机器人研究院常务副院长陈卫东主持，上海交通大学党委常委、副校长张安胜，闵行区分管副区长出席论坛开幕式并致辞。闵行区经委主任林艺、科委主任李丽，南滨江投资发展有限公司董事长余建源，南滨江公司总经理、南翾机器人公司董事长徐亚云，上海闵行房地（集团）有限公司副董事长、常务副总经理吴杏仙以及上海交大相关部门院系领导、教授、医生和学生一同参加了开幕仪式。上海交大党委常委、副校长张安胜肯定了医疗机器人研究院自2017年成立以来，在基础设施建设、科学研究、产学医研合作等方面取得的丰硕成果。他相信医疗机器人研究院未来在基础科技领域能得到更多重大创新，在关键核心技术领域能取得更多重大突破，助推学校世界一流大学建设，为高端医疗装备产业发展提供智力支持。闵行区分管副区长在致辞中强调，医疗机器人技术具有强大的发展空间和产业前景。闵行是上海的科创高地，科创资源丰富，产业基础坚实，高端装备、人工智能、新一代信息技术、生物医药等重点产业呈高速发展态势。希望医疗机器人研究院与上海交大，联合政府、医院、企业，合力打造自主技术研发和产业转化新高地，强化闵行区的科技成果转化、科技企业孵化、科技人才培养、集聚辐射带动等核心功能。

2021年1月15日下午，零号湾创业者发展委员会第一次会议圆满召开。本次会议共有13家委员会成员参加，包括闵行区科创服务中心、闵行区行政服务中心南部分中心、上海南部创新创业咨询服务中心、上海交通大学医疗机器人研究院、上海人工智能研究院有限公司、沧源科技园发展有限公司、上海零号湾创业投资有限公司、上海晨晖创业投资管理有限公司、上海赛舍投资管理有限公司、上海沧马企业管理有限公司、上海元懿实业有限公司、上海沧琛实业有限公司和伍智造营（上海）科技发展有限公司。上海零号湾创业投资有限公司总经理张志刚首先展望零号湾创业者发展委员会工作，提出通过发挥其各成员在创新创业领域的优势与社会资源，构建长期、可持续、多赢的合作伙伴关系。当下及未来零号湾公司都将以为创业者服务为本，形成良好的合作机制，整合各方优势资源，为覆盖区域内的创业者提供高效及具有针对性的服务。主题分享环节，来自闵行区科创服务中心、上海交通大学医疗机器人研究院的代表，为在场嘉宾分别介绍了闵行区科创载体发展趋势及现状及医疗机器人生态及产业发展趋势。圆桌论坛环节中，上海零号湾创业投资有限公司总经理张志刚为大家分享零号湾建设思路及运营零号湾的发展经验，提出"区域共享零号湾品牌，完善零号湾生态体系建设"。自由交流环节，各委员会成员相互分享经验、交流心得，对零号湾创业者发展委员会的未来发展以及自身价值的提高进行深入的探讨。上海南滨江投资发展有限公司总经理徐亚云为本次零号湾创业者发展委员会第一次会议进行总结发言，并为零号湾创新创业生态体系的建设发展进行展望。会议结束后，零号湾创业者发展委员会各成员单位进行授牌仪式，并合影留念。零号湾创业者发展委员会将充分发挥各成员的作用，共享资源和服务，吸引全球创业者与企业向零号湾全球创新创业集聚区集聚。

2021年4月8日，闵行区、紫竹高新区、上海交大、瑞金医院合作共建高水平医院签约仪式在闵行校区文博楼举行。第十二届全国人大常委会副委员长严隽琪，闵行区委书记倪耀明，区长陈宇剑，副区长管小军、刘艳，紫竹高新区董事长、总经理沈雯，常务副总经理夏光，党委书记、副总经理骆山鹰，副总经理、总会计师陈衡，副总经理、总工程师陆纬武，上海交大党委书记杨振斌、校长林忠钦，上海交大医学院附属瑞金医院院长宁光，副院长邱力萍，闵行区相关部门、吴泾镇、紫竹高新区、瑞金医院以及学校相关部处、院系的负责人参加了仪式。

2021年5月26日上午，龙湖蓝海引擎·淡水河畔科创园正式开园并举行签约仪式，上海交通大学校长林忠钦、副校长奚立峰、副校长王伟明，区领导倪耀明、祝学军、管小军、陈皋等共同按下启动键。龙湖淡水河畔科创园位于大零号湾核心区域，坐拥"双一流"，连接大紫竹，是上海南部科创中心核心区的重要产业基地之一。作为"大零号湾"中的重要一员，龙湖蓝海引擎·淡水河畔科创园地理位置优越，南临剑川路，零距离连接上海交大、华东师大，周边聚集了沧源路创业街区、紫竹高新技术科创园等创新园区。项目分东、西两区，由39栋1到3层的稀缺独栋构成。其前身是黄二村集体主导建设的黄二村工业园，规划有所不足、产业附加值较低，与上海南部科创中心核心区区域定位不匹配。2019年，闵行区召开黄二村转型升级专题会，决定由颛桥镇牵头，引入龙湖品牌，探索"区、镇、村、社会资本"四级联动模式，将黄二村存量厂房改造纳入闵行区18个成片区域转型项目之一。经过2年时间，实现了从老旧厂房到时尚科创园区的华丽转身。当天的签约仪式上，上海节卡机器人科技有限公司、上海适宇智能科技有限公司、上海先导慧能技术有限公司、术锐（上海）科技有限公司、峰云（上海）信息科技有限公司、上海宾通智能科技有限公司等20家企业客户代表与园区签约，成为龙湖蓝海引擎·淡水河畔科创园开园的首批"贵客"。

2021年6月9日，由上海交通大学先进产业技术研究院、上海交通大学国家大学科技园、上海交通大学安泰经济与管理学院、上海交通大学上海高级金融学院、闵行区科学技术委员会、闵行区滨江管委会主办，上海交大科技园闵行园区、上海南滨江商务发展有限公司协办的"金融赋能科技，驱动产能提升"——科技成果转化金融论坛在创想600基地举行。上海交通大学副校长奚立峰，闵行区委常委、副区长管小军，中国银行上海分行副行长项希出席并致辞。上海交通大学先进产业技术研究院院长金隼，上海交通大学安泰经济与管理学院院长陈方若，上海交通大学上海高级金融学院执行院长张春，上海交大科技园有限公司董事长曹兆敏，区科委

图3-3-8　2021年6月9日，"金融赋能科技，驱动产能提升"——科技成果转化金融论坛在创想600基地举行

主任李丽，区滨江管委办主任余建源，东方证券副总裁张建辉，闵行房地集团董事长华允弟以及来自政府、高校、金融机构和企业的相关领域专家参加活动。

奚立峰在致辞中表示，上海交通大学始终高度重视科技成果转化，积极探索体制机制创新，在国家发改委的指导和支持下，结合上海市新一轮全面创新改革试验，全力推动科技成果转化专项改革试点。科技成果转化是高校科技活动的重要内容。学校科技成果转移转化工作，不仅注重以技术交易、作价入股等形式向企业转移转化科技成果；也在逐步加大产学研结合的力度，提高企业科技成果转化能力，推动科技成果的产业化发展；同时，学校作为人才培养的主阵地，始终坚持将科研成果转化为教育教学、学科专业发展资源，提高科技人才培养质量。为加速高校科技成果转化，让更多科学落地产业，希望能够进一步建立健全产、学、研、金为一体的服务体系。管小军在致辞中强调，闵行区正在高校周边全力打造"环高校科创带"，着力提升大学科技园在科技成果转化、科技企业孵化、科技人才培养、集聚辐射带动等领域的核心功能，推进新时期大学科技园高质量发展，打造在全市具有示范和引领作用的大学科技园。新时期科技成果转化对科创服务体系建设提出了时代命题，也时刻贯穿着金融服务的时代要求。作为科创发展的重要抓手，金融服务是科技成果创新和转化运用的重要资本引擎。项希在致辞中指出，中国银行和上海交大的合作历史久远，在财务结算、助学贷款、师生金融服务、校园信息化建设等诸多领域开展了良好的合作，通过这次论坛，中国银行结合交大科技园成果转化企业的特点，打造全生命周期的金融产品，携手园区积极探索"信用+园区"的创新模式，共同帮助科技成果企业解决融资难、融资贵的实际问题，创建"环交大"一揽子金融合作体系，积极促进教育与金融的深度融合和高质量发展，全力支持上海交通大学建设成为中国特色世界一流大学。上海图灵智算量子科技董事长金贤敏、霖鼎光学（上海）有限公司董事长任明俊作为上海交大科技园入驻的典型学校科技成果转化企业代表发言，从公司概况、核心技术、客户关系、项目成果等方面进行了分享，并期待今后继续用科技力量改变现有生产方式。

本次论坛还进行了多项落地合作签约，中国银行上海分行、上海交通大学安泰经济与管理学院、上海交大科技园三方签约，三方在上海交通大学和中国银行合作的基础上，达成了战略合作意向，将在产业研究、人才培养、校企研对接等方面展开深入合作，形成具有高校特色、投贷联动特色、知识产权特色的全方位产品体系。上海交通大学安泰经济与管理学院、上海交大科技园又与企查查在大数据联合行业研究、决策咨询与战略研究、技术研讨、高层次联合培养等方面深度合作。闵行区科学技术委员会、东方证券、上海交大科技园，在股权债券融资、财务顾问、结构化融资、项目赋能等方面展开深度合作；促进科技成果产业化和推进高层次人才创新创业，为科技成果转化企业提供高质量、高效率和个性化的服务。由上海交通大学上海高级金融学院、上海交通大学科技园和南滨江投资发展有限公司发起，联合保利资本、金茂资本等市场头部投资机构共同组建的"科技及产业创新中心"，在上海交大国家大学科技园正式成立并为"科创产业投资联盟"揭牌。科创产业投资联盟是"科技及产业创新中心"的运营实体，在全球范围内链接企业、高校、资本等节点，致力于成为发掘深层次机会、链接多维度价值的结网型组织。联盟关注国家新兴产业关联的技术创新方向，聚焦信息技术、高端制造、生物医疗、地产科技等领域，通过链接产业资源、催化产学研落地，加速创新企业成长，构建科技、创新、资本、市场生态创新平台。

2021年6月18日，"零·618"零号湾为梦同行六周年庆祝大会于零号湾全球创新创业集聚区内举行。闵行区委常委、副区长管小军，上海交通大学党委常委、副校长奚立峰，上海地产闵虹（集团）有限公司党委书记、上海零号湾创业投资有限公司董事长汪丹，上海市人力资源和社会保障局国际处副处长龚宇，上海市科技创业中心副主任张文，上海长三角商业创新研究院秘书长兼常务副院长蒋斌，上海交通大学大零号湾专项办公室主任陈江平，上海交通大学

图3-3-9　2021年6月18日，"零·618"零号湾为梦同行六周年庆祝大会于零号湾全球创新创业集聚区内举行

学生创新中心党委书记熊振华，上海市闵行区江川路街道办事处主任蒋汉武，闵行区委统战部副部长、区侨办主任陈超，上海市闵行区科委副主任陈红铭，上海市闵行区人力资源和社会保障局副局长金彪，上海南滨江投资发展有限公司董事长余建源、总经理徐亚云，闵行区投促中心党组书记、主任李丽，闵行区江川路街道党工委副书记宗华，零号湾创业者发展委员会成员，各企业创始人及零号湾第三方合作伙伴代表，参加此次庆祝活动。庆祝大会上，管小军、奚立峰、汪丹分别为本次活动致辞，充分肯定了零号湾区域成果转化服务体系建设，并对未来零号湾发展进行展望，希望通过零号湾加速器的建设，以及院校合作，深挖大企业创新需求，加快成熟企业引入，同时将"全球"作为集聚效应的大背景，打造"全球枢纽型创新创业生态体系"，加快区域整体转型，支持上海双创升级。此次活动，零号湾携手上海六禾创业投资有限公司签署"六禾创投创业服务落地零号湾"合作协议，未来将深度支持零号湾创业项目，助力零号湾优质企业的快速成长。上海六禾创投董事、总经理王烨就"创投机构如何服务零号湾初创企业"为与会来宾作了详细分享，他表示，六禾将继续深耕"中国智造"优质赛道，重点覆盖"创新材料""智能装备""数据智能"三大焦点领域，通过与零号湾的深度合作，加速投资技术科研项目的产业化进程。

2021年7月14日，上海市人社局在闵行区零号湾园区召开市区两级海外人才工作暨留创园工作推进会，闵行区海外人才归国创业服务平台（"无忧平台"）在会上正式启动。上海市人社局党组副书记、副局长纪维萱，闵行区副区长吴志宏出席会议，市人社局国际交流合作处（留学人员管理处）处长祝颖华，闵行区人社局党组书记、局长龚惠斌以及市人社局国际合作交流处（留学人员管理处）、市人才服务中心、各区人社局、各区人才服务中心、各留创园相关负责人参加会议。会议正式开始前，与会领导参观了零号湾园区留学人员创业企业展，并实地参观了留学人员创业代表性企业。"无忧平台"智慧系统将提供一站式国际线上服务，为海外创业项目提供专业高效的创业服务，积极开展国际孵化，对接国际要素，实现海内外双向孵化功能，不断提升国际孵化能力。

2021年7月29日，大零号湾科创大厦举办启用仪式，上海交通大学常务副校长、中国科学院院士丁奎岭，闵行区委书记倪耀明，闵行区委副书记、区长陈宇剑，区委常委、副区长管小军，市科委副主任陆敏，上海交通大学校务委员会专职副主任吴旦为大厦启用揭牌。大零号湾科创大厦是完善闵行科创生态体系的重要举措之一，深受区委、区政府重视。在各级领导的关怀及鼓舞下，南滨江公司紧锣密鼓，踏实苦干，终于在建党百年之际全面完工，今日正式启用。

2021年7月29日，中国大学科技园新时期高质量发展研讨会在上海市闵行区剑川路940号科创大厦成功举行。本次会议在科技部、教育部指导下，由中国大学科技园联盟、上海市闵行区人民政府联合主办，上海国家大学科技园联盟、上海交通大学国家大学科技园共同承办，全国近70家国家大学科技园负责人参加。科技部成果转化与区域创新司二级巡视员陈宏生，教育部科学技术与信息化司高新处副处长刘法磊，上海市科委副主任陆敏，上海市教委巡视员蒋红等大学科技园主管部门的领导，上海交大常务副校长、中国科学院院士丁奎岭，校务委员会专职副主任吴旦，中国人民大学副校长顾涛，华中科技大学副校长湛毅青，江南大学副校长田备，西南交通大学副校长蒲云等大学科技园依托高校的领导出席。活动主办方区委书记倪耀明，区委副书记、区长陈宇剑，区委常委、副区长管小军，中国大学科技园联盟理事长童俊等出席会议。国家科技部高新技术发展及产业化司原正司级巡视员耿战修，北京市科委（中关村管委会）创新创业服务处处长施辉阳应邀出席。中国大学科技园联盟执行理事长李军、中国大学科技园联盟秘书长常学武分别主持上午和下午会议。陈宇剑区长致辞表示闵行区是国家科技成果转移转化示范区、国家知识产权示范城区，将进一步汇聚各类创新资源，全力建设以大学科技园为核心的"大零号湾"全球创新创业集聚区，打造区域科技成果转移转化和硬科技创新创业的示范高地。陆敏副主任致辞表示上海在全国省级层面率先研究制定了关于大学科技园高质量发展的指导意见，计划在"十四五"期间全市形成多层次、开放性的大学科技园体系，辐射带动高校周边高新园区、产业园区，形成若干规模近千亿元的创新创业的集聚区。蒋红巡视员致辞表示大学科技园高质量发展的核心在于坚持初心，以"创业孵化、成果转化、人才培养、辐射带动"功能作为出发点和立足点，通过校地高效协同合作，更好地服务区域科技创新生态与经济社会发展。陈宏生巡视员致辞表示大学科技园区别于高新区和产业园，不是单一的孵化器和众创空间，依托大学人才、科教文化等资源，又和区域、企业等各方面的资源充分融通。大学科技园要进一步解放思想、勇于担当，创新机制体制，充分发挥大学科技园在创新资源集聚、融合创新、创新人才培养、科技成果转化和孵化等方面的关键作用。本次会议还举行了长三角大学科技园联盟成立仪式。闵行区作为国家科技成果转移转化示范区和"大零号湾"建设的重要主体，致力于打造立足上海、服务长三角、面向全球的开放创新合作网络，重视长三角大学科技园联盟的平台和纽带功能。闵行区委常委、副区长管小军与长三角大学科技园联盟理事长杜松宁签署了上海市闵行区与长三角大学科技园联盟的战略合作框架协议。大会最后，中国大学科技园联盟理事长童俊进行了总结。他表示新时期大学科技园发展必须紧紧围绕高质量发展这一主线，回归初心，加快提升专业核心能力，更好地服务于大学高水平科研、区域经济发展以及国家创新战略。

  2021年8月18日，上海市人民政府与宁德时代新能源科技股份有限公司在沪签署战略合作框架协议。市委书记李强会见了宁德时代董事长曾毓群一行。市委副书记、市长龚正出席签约仪式。市委常委、副市长吴清与宁德时代首席制造官倪军代表双方签约。市领导诸葛宇杰参加会见。上海交通大学校长林忠钦出席签约仪式。根据协议，双方将在新能源领域全面深化合作，推进宁德时代（上海）创新中心及国际功能总部、高端制造基地、未来能源研究院等相关项目落地，在新能源前沿技术攻关与创新应用、城市交通电动化转型、新能源高端人才培育等领域深化合作对接，瞄准碳达峰、碳中和工作目标，为上海城市数字化转型、绿色化发展与软实力提升注入新动能。市经济信息化委、闵行区政府、上海交通大学与宁德时代共同签署未来能源研究院战略合作框架协议，临港新片区管委会、临港集团与宁德时代共同签署生产基地投资协议。

  2021年8月19日，上海交通大学未来技术学院（后冠名为"溥渊未来技术学院"）正式揭牌成立，宁德时代新能源技术有限公司首席制造官和工程制造及研发体系联席总裁倪军担任首任院长。上海交大党委书记杨振斌、校长林忠钦,闵行区委书记倪耀明,区委副书记、区长陈宇剑等出席活动。上海交通大学未来技术学院成立后,将整合校内外各种优质资源,依托相关理、工、医等优势学科,聚焦未来能源和未来健康技术,打造一个学科交叉融合和高度国际化的未来技术学院。

第四章

开发运营

第一节　开发建设
第二节　运营管理

第一节 开发建设

一、开发建设公司选介

【上海南滨江投资发展有限公司】

2016年8月，上海南滨江投资发展有限公司［简称"南滨江公司"，2024年7月16日更名为"上海大零号湾投资发展（集团）有限公司"］成立。南滨江公司是滨江地区综合开发平台公司，业务上接受闵行区滨江地区综合开发管理委员会领导，全面负责滨江地区统筹管理、投资建设、综合开发的组织实施、协调推进等工作；作为区政府派出机构滨江管委办的运作实体，充分发挥区域统筹协调作用，做好区域规划统筹、整合区域各项资源，在推进滨江地区开发建设的同时，按照区委、区政府部署，重点推进大零号湾区域建设。9月18日，经区政府常务会议研究决定：余建源任公司董事长，任巍任总经理，高雪峰、叶隆任副总经理；许延岭任监事长。11月1日，经公司董事会研究决定，聘任陆晓蔚为总规划师。2017年11月13日，中共闵行区委决定，成立中共上海南滨江投资发展有限公司委员会，由余建源、高雪峰、叶隆、陈声凯、刘翔组成，余建源任公司党委书记。2019年10月25日，南滨江公司党员大会召开，余建源、倪悦婷、高雪峰、叶隆、陈声凯、刘翔、刘婷婷等7人当选为中共上海南滨江投资发展有限公司第一届委员会委员；余建源当选为党委书记，倪悦婷当选为党委副书记、纪委书记。11月9日，陈声凯任公司副总经理。2020年5月，罗嗣军任公司监事会主席；9月25日，徐亚云任公司党委委员、副书记；10月15日，徐亚云任公司总经理。2021年11月10日，孙培龙任公司监事会主席。

【上海地产闵虹（集团）有限公司】

2014年5月，根据上海地产（集团）有限公司顶层设计战略部署，在闵行开发区和虹桥开发区的管理公司国资股权进行整合重组，成立上海地产闵虹（集团）有限公司。作为地产集团产业园区板块的投资、营运主体，地产闵虹管理国家级闵行经济技术开发区、闵行开发区临港园区、闵行开发区西区、"零号湾"全球创新创业集聚区、宝山新顾城科技园等园区，贯彻落实地产集团"三生融合"的城市更新平台战略，以科创策源为引导、发展产业园区为核心目标，以招商引资和园区产业结构调整、转型升级为核心任务，统筹负责产业地产板块新项目的投资开发、招商引资，以及现有园区的产业结构升级、功能提升和园区全生命周期经营管理。地产闵虹通过投入资金与人力，共建孵化运营管理平台，积极发挥功能类国企在科创中心建设中的市场主体作为，牵头硬件及配套设施建设，协同进行用地规划与改建，承接和服务零号湾创新创业集聚区成长壮大的高成长、创新性企业产业链、创新链的外溢，建设一套高质量的"产学研用创资"一体化双创生态服务标准体系。2022年，上海地产闵虹（集团）有限公司领导班子：执行董事、总经理冯晓明，党委书记汪丹，党委副书记、纪委书记秦勇，副总经理张志雄、方菁菁、蒋建忠、刘焙。

【上海闵行房地（集团）有限公司】

上海闵行房地（集团）有限公司（简称"闵行房地集团"）成立于1996年12月，原为区属国有大型企业，承担闵行区直管公房管理和旧区改造职能，2006年1月改制为民营企业。从国企到民企，从国内到国外，20多年创新发展，企业树品牌、做精品，发展成为集国内外房地产开发经营和管理、资本投资、科创孵化、高科技成果转化、文旅养等为一体多业态融合发展的综合性企业集团，位列上海市房地产开发企业50强。开发项目获"上海市优秀住宅金奖""中国民族优秀建筑"奖等荣誉；践行企业社会责任，2002—2014年连续13年投入15亿元，完成闵行、七宝老街旧区改造项目，保护"项宅"历史建筑地方文脉。企业先后获"全国守合同重信用企业"，闵行区"最具社会责任企业""经济突出贡献企业"等奖项。2016年起，企业创新转型，从单一的住宅和商业地产开发转向以科技、文化等领域多元化发展，先后与上海交通大学、上海海事大学徐悲鸿艺术学院、澳大利亚悉尼大学等国内外高校签订战略合作协议，与社会各方面协同创新发展。2018年2月，与上海南滨江投资发展有限公司合资成立上海南翩机器人科技发展有限公司，参与建设上海交大和闵行区政府合作的医疗机器人研究院和产业化平台；2018年7月，与上海交大产业投资管理（集团）有限公司、上海交大技术

图4-1-1 2019年8月7日，区长倪耀明（右一）、区人大常委会主任庞峻（右三）等领导调研闵行房地集团工作，集团董事长华允弟（左一）陪同

图4-1-2 2019年4月11日，闵行房地集团与上海交大设计学院举办"闵房发展基金"成立签约仪式，上海交大副校长奚立峰（右），上海闵行房地集团董事长、总经理华允弟（左）代表双方签约

转移中心、上海交大科技园有限公司签署战略合作协议，"创想600"启动施工建设；2018年7月，与上海南滨江投资发展有限公司合资成立上海弄升企业发展有限公司，重点推进剑川路930号、950号、955号、华谊万创·新所等4个科创园区的改造提升、产业集聚和创新策源，大零号湾雏形日渐形成；2019年1月，与上海交通大学设计学院签署战略合作协议；2019年5月，与上海交大科技园有限公司、上海南滨江投资发展有限公司合资成立上海闵行交大科技园运营有限公司；2019年6月，上海交大科技园闵行园区揭牌；2019年9月，与国盛集团等合作开发"盛闵健康智谷产业园"；2020年10月，交大科技园闵行园区创想600基地启用揭牌；2021年，打造"云境443"科创园区等。至2021年，公司投入大量人力、财力、物力，打造创想600、剑川路930号、950号、955号、云境443等科创园区，成为政府打造上海南部科创中心的重要力量之一。上海闵行房地（集团）有限公司董事长、总经理华允弟，副总经理马玉林、吴杏仙、张茂生、王静。

【上海交大科技园有限公司】

上海交通大学国家大学科技园是2001年5月由科技部、教育部联合命名的全国首批国家大学科技园，2012年被科技部、教育部认定为A类（优秀）国家大学科技园。上海交大科技园在长三角区域设立10个分园，拥有2个国家级科技企业孵化器、3个国家级众创空间和2个上海市级科技企业孵化器。上海交大科技园有限公司（简称"上海交大科技园"）成立于2001年1月，是上海交通大学国家大学科技园的运营实体，以创新资源集成、科技成果转化、科技创业孵化、创新人才培养、开放协同发展为核心功能，拥有上海市著名商标"慧谷创业"。上海交大科技园以专业孵化平台为支撑，汇集学校、政府、企业和专业机构等全要素优质资源，协同整合人才、技术、项目、金融和政策资源，开展校地、园地合作，积极导入学校优势资源和科技园品牌服务，促进区域科技与经济融通，助力长三角区域创新协同发展。近年来，上海交大科技园以"环交大"园区为创新策源，以新兴科技领域专业化园区为支撑网络，以科技创业投资为提升引擎，建成新时代高质量发展的大学科技园区，成为我国科技体制改革创新的试验基地、科技人员创新创业的核心载体、校企资源融合共享的枢纽平台，成为支撑创新驱动发展的重要力量。上海交大科技园有限公司下设上海闵行交大科技园运营有限公司等9个分园区，上海慧谷创业投资管理有限公司等3家控股子公司，上海人工智能研究院有限公司等8家功能性平台。其中，上海闵行交大科技园运营有限公司、上海人工智能研究院有限公司在大零号湾科技创新策源功能区创建过程中，起到重要作用。2021年，上海交大科技园有限公司董事长曹兆敏，总经理杜松宁，副总经理颜彦。

【上海华谊集团资产管理有限公司】

上海华谊集团资产管理有限公司（简称"华谊资产"）成立于2015年12月31日，由上海华谊集团企业发展有限公司和上海华谊集团化工实业有限公司重组合并而来，系华谊集团的全资子公司。随着上海城市经济结构的优化升级和国有产业经济布局的调整转型，华谊集团按照上海市委、市政府提出的创新驱动发展、经济转型升级的新要求，秉承"绿色化工，美好生活"的发展理念，承担国有企业的社会责任，主动作为，积极实施区域产业调整，由此，大正地块从2007年起停产调整。在时任华谊集团领导顾立立等与闵行区领导多次协调下，最终按南北两个地块进行转型改造。其中北侧地块占地面积12 544平方米，由区政府收储实施绿化，打造人才公园二期。南侧地块（即现大正项目）占地面积69 895平方米，建筑面积86 359平方米（包括未见证面积）。2019年12月，华谊资产、上海万科、弄升公司共同组建项目公司，携手推动项目存量转型。项目自2020年7月启动更新，2021年7月7日，项目完成一、二批次竣工备案。2021年10月8日完成三批次竣工备案，园区整体完成施工改造，成功转型成为具有国际影响力和产业带动力的城市更新型科创产业园——"华谊万创·新所"。2016年，王锦淮任党委书记（2019年倪永盛接任）、董事长（2020年倪永盛接任），党委副书记、纪委书记顾群，副总经理倪永盛、刘清（2021年转任总规划师）。2017年，曹金荣任党委副书记、总经理（2021年沈曙华接任）。2020年，沈曙华任党委副书记、副总经理（主持工作）。

【上海仪电资产经营管理（集团）有限公司】

上海仪电资产经营管理（集团）有限公司成立于2005年12月26日，系上海仪电控股集团有限公司旗下全资子二级公司，主要负责仪电集团控股集团有限公司自由资产的管理和营运，经营范围涵盖资产经营管理，实业投资，货物及技术的进出口业务，商务咨询，电子产品、电器产品及设备的生产（限分支机构经营）与销售，计算机技术服务、咨询、技术转让，物业服务等领域。为支持闵行南部科创中心和大零号湾建设，公司将名下剑川路950号原启源科技园1.75万平方米转租于上海南滨江投资有限公司。为提升剑川路沿街环境，配合景观改造，公司敢于担当，破天荒地以提前动迁赔付的方式，跟上海南滨江投资发展有限公司达成协议，拆除了影响大零号湾整体规划的剑川路950号门前辅助用房，交付绿化景观建设，为大零号湾初期的形象做出贡献。其间剑川路930号原索广电子有限公司租约到期，公司为配合闵行，彰显大零号湾集聚度和显示度，又将剑川路930号1.93万平方米整转给上海南滨江投资发展有限公司进行改造升级，很快引进交大医疗机器人产业园、上海人工智能研究院等一批科创载体，为大零号湾创新策源功能区的初建形态做出了贡献。2017年，公司总经理苏琦铭，党委书记谢兵。

【威达高科技控股有限公司】

威达高科技控股有限公司成立于1994年，主要从事世界著名IT产品分销、增值服务及系统集成等业务，是一家多元化发展的全国性现代服务型企业。公司总部位于上海，在全国范围内30个城市有近3 000家发展业务往来的客户。经过多年发展，公司已形成信息科技、金融投资、新零售消费、产业地产四大业务板块。2010年，公司取得华宁路颛兴路138亩（约9.2万平方米）工业用地，建设海联智谷科创园。为全面对接大零号湾科技创新策源功能区建设，2020年始，依据大零号湾创新产业转移辐射区和科创孵化器的定位，公司对海联智谷科创园进行开发建设。大零号湾·海联智谷科创园地属上海市莘庄工业区核心地块，拥有"总部双子、产业分层厂房、产权独栋厂房和定向商业配套"等全能形态的产业空间，形成集"科创、研发、中试、生产、销售"为一体的数字化、智能化、产业化平台，为大零号湾科技创新策源功能区孵化的高科技企业提供产业空间和赋能创利功能。2021年，公司董事长周桐宇。

二、开发建设情况选介

2016年起，按照闵行区委、区政府部署，南滨江公司作为区政府派出机构滨江管委办的运作实体，重点推进大零号湾区域建设。本节以南滨江公司相关内容为例，简要介绍大零号湾区域开发建设情况。

【2016年推进情况】

2016年，走访仪电集团、佳通集团、纯达纺织等区域内企业，针对沧源片区整体升级改造规划进行深入沟通，充分调动企业的积极性，参与到沧源片区的升级改造中。与仪电集团、佳通集团取得合作开发共识。重点开展沧源开放式街区的空间设计，委托上海现代设计院编制空间设计方案，方案主要以破围墙、整合公共空间、提升公共服务质量、整治建筑立面和设计交通连廊为主要研究内容，从近期、中期和远期三个方面，深入研究设计整个沧源片区的改造提升方案。围绕沧源科技园管理运营机制和双创配套政策，会同区科委、区经委及合作单位，在闵行建设上海南部科技创新中心核心区"1+4"政策体系基础上，着手研究制定《关于加快推进紫竹创新创业走廊核心区转型升级的扶持政策》，针对核心区内企业厂房沿街外立面改造、落户孵化器平台开办费、功能平台租金减免等制定专项政策，加大扶持力度。与瑞安集团就"Innospace+"项目落地事宜多次召开对接会，对项目所需政策支持、规划设计、招商等相关工作细节开展深入讨论，并达成初步共识。同时，对沧源片区的招商工作制定相关计划，会同有关部门共同开展研究。完成浦投公司情况初步调查；启动接收市社保中心两个地块（剑川路940号、临沧路190号）和紫竹产研院资产前期工作；排摸对接沧源科技园及零号湾资产状况。

【2017年推进情况】

2017年，全面推进紫竹创新创业走廊建设工作。

规划研究和方案编制　一是启动紫竹创新创业走廊规划评估和优化调整工作，筹备成立专家委员会和咨询委员会，推进区域规划研究编制。二是完成沧源片区城市设计方案；开展佳通公司、宏润等零星地块转型方案编制。三是启动华谊染化厂及周边地区城市设计方案研究，与华谊集团签署合作协议，共同推进染化厂地块转型开发。四是进一步深化江川地区中心城市设计。与电气集团就共同推进江川地区城市更新和通用轴承厂、滚动轴承厂等相关地块的转型达成合作共识。

项目建设和产业发展　一是剑川路景观示范段一期工程进场施工；梳理二期建设项目，协调相关部门抓紧推进跨剑川路人行天桥、上海交通大学霍英东体育馆景观广场等项目前期工作。二是与交通大学积极对接，就区政府与交通大学共建医疗机器人研究院和产业化平台协商达成共识。三是推进上海智能医疗大数据产业基地建设，初步完成产业基地建设方案，与市卫计委、市食药监局、张江医学创新研究院、宝藤生物公司等单位就共建产业基地项目等达成合作意见。四是积极与张江高新区管委会沟通对接，就区政府与张江管委会共同推进南部科创中心核心区建设达成合作意见。同时会同区科委准备相关材料，将剑川路商务区、沧源科技园"T"形区域和欣梅工业区申报纳入"大张江"管理范围，享受"大张江"政策。

科创承载空间建设　一是开展剑川路940号功能策划和方案设计工作，该地块定位上海南部科创中心（闵行）公共服务中心。二是与纯达公司达成整租意向，该地块定位为上海南部科创城展览展示中心。三是与宝龙机械达成整租意向，该地块定位科技研发众创空间，并与飞马旅、德必等知名创业服务企业对接。四是佳通食品、宏润地块采取零星工业用地转型方式，启动转型方案编制。五是加快黄二村工业园区转型升级，会同颛桥镇研究黄二村工业园区转型事宜，开展清退工作。六是推进我享我家大厦转型，自主转型为科创空间。七是华谊集团编制大正橡胶厂房改建方案，拟将部分房屋改造为创客空间。

【2018年推进情况】

2018年，围绕上海南部科创中心核心区建设、国家科技成果转移转化示范区建设等重点任务，依托"领导小组＋管委会＋平台公司"的统筹发展管理模式，与街镇、高校、企业深入交流合作，南滨江区域的聚焦度和影响力逐步提高，南部科创中心核心区建设加快推进。

规划研究和方案编制　一是开展紫竹创新创业走廊规划评估和优化调整，对环交大剑川路沿线沧源开放式街区、闵行南部新中心等重点区域提出与科创中心建设相适应的规划新战略，形成初步成果。二是以沧源科技园内佳通公司、宏润公司为重点转型地块，启动沧源片区控规调整工作，并向市规土局专题汇报城市设计方案。三是配合电气集团，开展轴承厂及周边区域控规调整工作，形成初步方案，根据与市规土局第一轮沟通结果，结合江川地区中心定位进一步深化完善。四是开展华谊染化厂地块及周边区域控规调整前期工作，梳理土地、企业信息等基础资料。

沧源片区转型和开放式街区建设　沧源片区作为上海南部科创中心核心区和紫竹创新创业走廊建设的科技引擎和发展枢纽，通过资源整合、零星转型、老厂房改建、城市空间改造等方式，以剑川路和横泾港为轴界，形成三大板块，共26个转型地块和5大城市空间改造项目，释放近10万平方米双创空间。剑川路以北沿线板块：人才公园（一期）开园；龙湖一期（花园办公项目）年底竣工，二期（天街项目）计划年底结构封顶；白金汉爵酒店项目（原思购地块）开展施工准备；剑川路930号、剑川路950号由南滨江公司整租，剑川路930号计划引入上海交大人工智能研究院和医疗机器人研究院产业项目，剑川路950号持续优化提升为品质科创园区；剑川路940号南部科创公共服务中心项目开展前期工作；配合颛桥镇和龙湖公司，完成黄二村地块转型和S4剑川路出口两侧沿线公共空间提升项目初步方案。沧源科技园板块：佳通公司和宏润公司地块开展零星工业用地转型，确认改建方案和合作协议；纯达公司地块老厂房改建为南上海创新与高新制造产业集群展示馆，内部框架基本完成；宝龙机械地块和菱博地块老厂房实施改建，与飞马旅公司合作打造康养创新园及园区配套服务中心；与易普森锅炉地块业主就异地安置事宜达成一致，协调莘庄工业区落实安置地，同步开展回购事宜谈判；零号湾大楼和康博大厦通过进一步提升功能，继续发挥科创载体和配套功能；横泾港河东岸滨水景观项目完成工可报告编制并报送区发改委；交大霍英东体育馆广场沿街景观提升项目，与交大、易迈纤维公司协调破围墙等事宜，形成初步方案。横泾港以西板块：华谊大正地块老厂房改建打造华谊智慧天地初步方案完成，同步开展工程报建等前期工作；农资公司和双钱轮胎地块运动主题人才公园（二期）设计方案初步进行；轴承厂地块基本明确转型为商办、租赁住宅为一体的混合社区。

上海智能医疗创新示范基地建设 按照区政府要求，由南滨江公司牵头，引进社会资本合作打造上海智能医疗创新示范基地。基地规划定位为以国家产城融合示范区、国家科技成果转移转化示范区建设为引领，聚焦生物医药、智能医学大数据等战略性新兴产业，积极打造健康医疗与智能产业融合创新的生态样板。2018年，以紫竹产研院一期大楼为初期载体空间，基地展示中心、会议中心、餐饮中心建成并相继对外开放，围绕打造生物医药产业创新功能性平台，招商工作全面展开。中科院上海生研院中科新生命、华谊检验检测技术平台、专注医学影像的上海申康医院发展中心AI医疗影像平台、上海皓华科技、宝藤生物试剂盒研发公共服务平台、安吉生态医疗孵化基地等项目入驻；与上海交大转化医学中心主任崔大祥教授领衔的素妍生物科技干细胞创新治疗团队合作建设的细胞治疗创新研究公共服务平台，及国家智能医疗机械工程中心、交大药学院院长朱建伟教授团队的生物制药公共服务平台等项目正式明确合作；美国西北大学干细胞诊疗、日本国精干细胞制备集团、斯坦福云检等项目在谈。意向签约率约70%。与国盛集团、新加坡星桥腾飞集团、美年大健康等进行多次洽谈。国盛集团明确入股平台公司；新加坡星桥腾飞集团意向开发基地部分地块，引入新加坡优质智能医疗企业入驻园区；喜盈门集团意向投资基地配套酒店，并签订意向书。紫竹产研院二期70亩用地指标落实，区相关单位开展劳动力安置等出让前工作，建设方案、地块规划切分方案完成，产业大楼方案征询相关部门意见。

上海交通大学人工智能和医疗机器人研究院共建 一是参与共建人工智能研究院。研究院四方合作协议和平台公司五方股东单位股权协议签订，筹备组建公司事宜；研究院初期承载空间落实剑川路930号。二是与上海交大共建医疗机器人研究院和产业化平台。平台公司成立，第一年共建资金到位，为规范共建资金的使用，制定《医疗机器人研究院共建资金使用和管理办法》（暂行），设备采购等工作有序开展；研究院计划与全球领先的人工智能平台公司——上海商汤科技合作成立"智能手术导航及机器人技术联合实验室"，计划与全球顶级工业机器人制造商之一的德国库卡公司成立联合实验室。

【2019年推进情况】

2019年，根据区委区政府要求，与市科委、上海交大共同编制《零号湾全球创新创业集聚区建设方案》，在环交大、华师大区域打造上海双创升级版，进一步放大国家大学科技园效应，年内方案形成中期成果。6月，成功举办零号湾全球创新创业集聚区"为梦启航"主题宣传活动，近百家媒体对活动进行了报道，成功吸引相关创业主体、产业基金、投资人、高校等参与活动，地区影响力得到了有效提升。通过开展创新大赛、建立校友合作机制等，加大与上海交通大学、华东师范大学协作，推动区域内高校及科研院所积极参与南部科创中心核心区建设，提升地区科技成果转移转化水平。与华谊集团、仪电集团、电气集团等市属企业协作，推动企业进一步释放闲置资源，加快地区存量用地转型发展。

沧源开放式街区建设 一是加快双创载体建设，沧源科技园内佳通和宏润集团推进零星地块转型，宝龙康养创新园完成装修改造6月开园，借助飞马旅平台落地了多个康复辅具、人工智能产业优质项目，引进近2 300平方米商业配套完善园区服务功能，区科创服务中心正式入驻，包括宝龙康养园、零号湾大楼、电驱动园区、康博大厦、沧琛大楼等五大商务楼宇，共入驻企业357家。华谊大正智慧天地一期项目实施装修施工。颛桥黄二村综合改造项目完成设计方案、房屋检测和企业清退工作。剑川路930号医疗机器人产业园和人工智能产业园完成装修改造并投入使用，11家企业入驻园区。剑川路600号落实为上海交大科技园闵行园区初期载体，并开展方案设计。二是提升区域环境品质，重点推进横泾港东侧（剑川路-东二河）环境整治工程、人才公园二期（大正绿地）、交大剑川路开放空间、易迈纤维北面开放绿地等环境提升项目。

上海智能医疗创新示范基地推进 积极落实区政府与国盛集团合作协议要求，引入国盛置业、天亿集团、闵行房地集团、宝藤生物合作开发基地，一期项目高端智能医疗产业园区概念设计方案完成，开发平台公司成立。基地水系平衡项目完成借地协议，项建书上报区发改委审核。基地其地块基本明确合作开发意向企业。基地配套公租房项目8月开工建设。基地试点紫竹产研院一期大楼智能系统改造工程，编制完成《上海智能医疗创新示范基地智慧化系统建设导则及设计建议》，明确基地未来智能化开发的规范和要求。基地招商工作进展顺利，紫竹产研院一期大楼完成50%招商率目标，引入中科新生命、皓桦科技、珈蓓生物等优质企业。

功能平台建设 南部科创公共服务中心项目地下车库施工，地上建筑完成项目报建、施工和监理单位委托，会同区委组织部、区科委等相关单位同步研究内部功能和装修设计方案。南上海创新与高新制造产业集群展示馆开馆，接待参观人员近700人次。落实区政府与交大合作协议内容，交大医疗机器人研究院完成3 500万元实验室设备购置，上海人工智能研究院入驻剑川路930号。启动建设干细胞创新研究公共服务平台项目，公司已成立，办公场地落实。借助张江海外预孵化基地等平台，对接海外高校科技成果转化机构和优质项目资源，与英国普雷塞斯科技中心、伦敦大学玛丽皇后学院、Almac Group等机构建立联系。

【2020年推进情况】

优化顶层设计 会同区科委，开展"大零号湾"全球创新创业集聚区"十四五"规划专题研究。进一步深化细化零号湾全球创新创业集聚区建设方案，方案将围绕产学研用协同创新，谋划建设更加完善的全链条创新创业孵化体系，着力强化科技企业孵化、科技成果转化和产业化，以实现区域城市更新和产业转型。"大零号湾"区域成为全市推进大学科技园高质量发展的样板示范区域，相关工作得到市委、市政府领导的高度关注和重视。年内，时任市委副书记廖国勋，市委常委、副市长吴清，市委常委、常务副市长陈寅等市领导相继调研"大零号湾"地区的发展建设情况。10月21日，市委、市政府在"大零号湾"区域召开上海市大学科技园高质量发展现场推进会。

开放式街区建设 "大零号湾""T"字形区域内腾挪出70多万平方米产业承载空间。20多万平方米科创载体投入使用，主要承载上海交大、华东师大师生创业项目，引进一批医疗机器人、健康医疗、人工智能、科技服务等领域优质企业。50万平方米在建项目中，龙湖淡水河畔和剑川路940号南部公共服务中心主体大楼基本完成建设，华谊大正智慧天地项目全面开工建设，佳通科创中心、宏润科创中心和智能医疗创新示范基地一期项目推进开工前期工作。横泾港东侧沿岸滨水空间基本建成，沿线3座人行天桥将实现东西两岸开放联通，都市路（灯辉路-剑川路）即将建成通车，人才公园二期（大正绿地）项目即将开工建设，开放共享的科创街区初具形态。

创新服务平台提升 上海交大医疗机器人研究院基本建成七大应用研究中心，在十余家三甲医院成立临床联合研究中心，且与多家知名医疗企业建立联合实验室，医疗机器人成果转化产业园区也初步成型，开展区域医疗机器人产业专项规划研究，积极促进重点产业集聚和项目落地。人工智能研究院完成股改，引入商汤公司，做好基础工作，重点推进智能网联中心和链网协同中心建设，同时有多个项目参与申报科技部、上海市"网络协同制造和智能工厂"和"新一代人工智能"专项计划。上海交大科技园初步形成高校师生创新创业基地—低成本创业专属平台—高校教师成果转化基地+中试基地的区域布局，落地师生创新创业项目近百个。

大招商格局形成 在区相关职能部门、街镇、园区大楼、平台公司的共同努力和配合下，南滨江"T+X"区域"大招商"格局初步形成，成立南滨江商务公司负责区域招商工作。2020年，公司围绕生物医药、医疗机器人、人工智能、新材料等高科技产业，不断"引大、引强、引优"，中科新生命、英基生物、长江计算机、干细胞生物、节卡机器人等多个优质项目成功落地，美敦力、北航科技园、汇伦生物等项目抓紧合作谈判。"大零号湾"企业家联盟和基金联盟成功组建，开创金融支持新模式，推动资金链、产业链和创新链精准互联。围绕医疗机器人、人工智能、生物医药三大产业，加强与行业龙头企业沟通协作，推进和引导产业项目落地，进一步优化产业生态和企业发展质量。是年，"大零号湾"区域内有企业总数1 626家，高新技术企业有39家，15家企业进入拟上市梯队企业。

【2021年推进情况】

规划范围及定位 大零号湾规划范围北至S32申嘉湖高速、西至沪闵路、东至虹梅南路、南至黄浦江，总面积约17平方千米。根据市科委、闵行区、上海交大三方合作编制的《"大零号湾"全球创新创业集聚区建设方案》，大零号湾将对标国际一流的创新型城区，按照高起点规划、高品质建设、高密度创新、高流量人群、高水平服务、高品质生活的目标，基本建成世界级创新策源枢纽、新硬核产业引领高地和新生代国际双创社区，成为全球创新网络中具有较强显示度和影响力的科创高地。

规划布局及建设目标 大零号湾可开发区域（含二次开发）约5平方千米，建筑面积约465万平方米，重点规划形成三大片区。以上海交大、华东师大为核心，西北侧沿剑川路、沧源路"T"字形区域占地面积约1.5平方千米，规划科创空间载体150万平方米。目标是打造科技创新的新港湾，通过城市更新改造承接大学科技园成果溢出，集聚一批研发和功能转化平台、专业科技服务机构，同步配套高品质商业办公和休闲娱乐设施，建设具有较强国际影响力的知名科创街区。北部常青创新产业组团区域占地面积约2平方千米，其中465亩土地将建设上海交大新校区。该区域将重点布局未来产业承载、高校科研平台、国际人才教育服务配套等，高效承接上海交大、华东师大及在地科研院所的科技成果溢出和产业化项目落地，吸引世界最前沿的智能医疗、医疗装备、新能源研发项目入驻。南部紫竹高新区及江川滨江区域，利用4千米长的滨江岸线，打造特色鲜明、舒适宜人的滨江水岸公共空间，成为上海最具科技感的新外滩。其中，位于闵浦二桥和奉浦大桥两桥之间，约1.4千米岸线的江川滨江区域是"十四五"期间重点转型开发区域，将以历史及工业遗产再生、老闵行历史记忆重塑和南部滨江新风貌为主体，打造创智、创新、创意"三创"融合的活力滨水社区。

主要经济指标完成情况 2021年1—12月份，大零号湾"T+X"区域实现税收5.24亿元，实现区级财政收入1.57亿元，同比增长64.26%，因企业股改产生的一次性税收约8 100万元（骄成超声波3 000万、长江计算机2 500万、递拎宝2 600万）。从街镇入库税收区域分布看，江川路街道区域缴纳税收3.81亿元；颛桥镇区域缴纳税收1 683.78万元；吴泾镇区域缴纳税收7 802.57万元。

2021年1—12月份，大零号湾"T+X"区域新增企业776家，同比增长501家，增幅182.18%。其中，新注册企业647家，新增注册资金27.08亿元，迁入企业129家，注册资金7.27亿元。新增外资企业22家，合同外资1 330.08万美元。从区域分布看，江川路街道区域新增572家，同比增长406家；颛桥镇区域新增10家，同比减少1家；吴泾镇区域新增194家，同比增长96家。新注册企业注册资金3 000万元以上的重点项目20个。

科创指标完成情况 高新技术企业认定工作：2021年大零号湾"T+X"区域高新技术企业目标数为103家，其中有效期内存续高新技术企业64家（含10家当年复审），目标新增认定39家。截至12月31日，区域内有效期内存续企业57家（含4家完成复审），新增认定34家，2021年迁入高新技术企业12家，合计大零号湾区域有效期内高新技术企业总数为103家，完成高新技术企业认定工作。科技企业入库工作：截至12月31日，大零号湾"T+X"区域内认定的科技型中小型企业、高新技术企业和递交科委入库的科技企业合计231家，目标值228家，完成率101.32%。

楼宇招商推进情况 截至12月底，南滨江"T+X"区域共13个科创载体投入运营，总建筑面积37.90万平方米，可租赁面积34.28万平方米，已租面积26.58万平方米，出租率77.53%，空置面积7.70万平方米，空置率22.46%；楼宇内实地办公企业共计523家，属地注册率62.72%，楼宇单位面积税收1 858元/平方米。楼宇载体税收情况：楼宇载体方面，剑川路930，思源创新园、剑川路951号、飞马旅、电驱动、易迈全面完成楼宇全年税收目标任务，剑川路930完成率116.5%，剑川路951号完成率130.9%，零号湾1200完成率131.6%，飞马旅完成率153.8%，电驱动完成率130.8%，易迈完成率172.3%。淡水河畔、剑川路600号等楼宇载体税收不及预期，如除去部分企业退税因素，大部分楼宇载体都实现了正向增长。

工作推进机制 大零号湾建设工作目前由市科委、闵行区、上海交大三方共同推进，三方领导定期召开工作例会协调推进工作。区科委和南滨江公司作为闵行区具体工作落实部门，上海交大专门成立大零号湾推进办负责对接推进工作，各相关部门密切合作、互通有无，在工作开展过程中形成了良好的沟通机制。南滨江公司重点围绕区校合作、政企联动等工作，做好信息沟通和上下衔接。通过开展创新大赛、建立校友合作机制等，积极推动上海交大、华东师大及科研院所参与南部科创中心核心区建设。通过探索合作开发、自主转型、整体租赁等多元模式，与华谊集团、仪电集团、上海电气、光明集团、城投集团、久事集团、东方国际集团、隧道股份等八家区域重点市属企业开展战略合作，目前已成功打造华谊万创·新所、医疗机器人和人工智能产业园、零号湾科技园等载体转型项目。市属企业转型工作目前正在由市委研究室牵头开展研究，争取从更高层面加速推动。

重点工作进展 围绕大零号湾建设推进，2021年，科技创新策源功能区雏形初显。

一是开放式科创街区初具形态。完成开放式街区风貌形象提升概念设计，启动大零号湾街道公共空间优化提升方案设计。工程项目加快建设，上海交大围墙改造项目及剑川路、沧源路架空线入地项目争取年底前完工，大正绿地地下停车库、横泾港吊桥、宜良路桥项目计划春节前开工。设计方案抓紧对接，完成横泾港"科创水街"方案初步设计，仪电集团、电子信息学校基本同意剑川路北侧沿线立面改造及环境提升方案。

二是科创载体空间不断拓展。2021年，大零号湾T字形区域及智能医疗创新示范基地X区域已有13个园区载体投入使用，面积近50万平方米。以上海交大科技园创想600基地、零号湾科创大楼、龙湖淡水河畔科创园等一批优质园区为代表，初步形成科技企业孵化器、加速器、大学科技园、中试基地、成果转化基地、科创综合体等融合发展的布局态势。是年，共计有近15万平方米载体投入使用。大零号湾科创大厦7月投入使用，区行政服务中心、区科创服务中心、区高端人才服务中心已入驻，为周边区域科创企业提供零距离、一站式创业服务。龙湖淡水河畔科创园5月开园，已带动吸引了一批周边高校师生和校友创业企业入驻，形成了独具特色的成果转化项目溢出承载基地，目前已基本实现满负荷运营。华谊万创·新所科创园计划近期举办开园仪式，在上海交大方面支持下，与医疗机器人研究院开展合作，打造以医疗机器人产业为主体的特色科创园区。另有在建载体约40万平方米，包括佳通"夏日创园"、宏润上海科创中心、智能医疗创新示范基地盛闵地块、白金汉爵酒店等项目，目前正在抓紧施工。

三是科创生态体系日益完善。医疗机器人研究院和人工智能研究院两大功能性平台经过三年建设，成果转化功能初显成效。医疗机器人研究院基本建成微纳系统、生物光子学和智能材料三大研究中心，与十多家三甲医院成立临床联合研究中心，已获批建设上海医疗机器人技术创新中心,正在积极推进国家(微纳)医疗机器人技术创新中心申报和检测中心设立事宜。人工智能研究院加快建设智能网联、链网协同、智慧医疗、智慧能源四大事业群,正在积极申报国家人工智能人才发展创新中心、上海市制造业创新中心,与海尔卡奥斯合作建设"海立方·AI实验室"。区域内已集聚第三方服务机构70家,会同零号湾、飞马旅等园区主体正在推动建设红杉资本、普华永道、亚马逊等多个专业孵化器,为创业项目提供优质的孵化服务。充分发挥大学科技园科技成果转化、科技企业孵化、科技人才培养、集聚辐射带动等功能,推动泰斯拉超导、霖鼎光学等一批重点成果转化项目落地。同时,积极对接银行、基金等金融机构和社会中介机构在大零号湾区域开展金融指导、融资对接等服务,2020年成立的大零号湾基金联盟已吸纳成员120家,今年南滨江公司会同区金融办正在积极谋划南部科创中心金融服务平台建设事宜。

四是创新创业主体不断集聚发展。大零号湾"T"形核心区内实际入驻企业逾600家,其中70%以上为科技企业。在2021年全市创新创业大赛中,大零号湾区域有26家企业获奖(占全区获奖比例达11%);在参加全国智能制造组别比赛获奖的11家上海企业中,有4家是大零号湾区域企业。作为科技创新活跃和硬科技高度集聚区域,大零号湾获得了全国乃至国外投行的高度关注,大量初创型科技企业高频与投资机构接触,一批优质创业企业快速成长,区域内50多家企业获得融资近40亿元,节卡机器人、骄成机电、星猿哲科技、天壤智能、航数科技、中科新生命、云扩信息等7家企业估值超10亿元。电气西门子智慧能源赋能中心、宁德时代未来能源研究院、华为5G产业服务平台等大企业创新中心相继落地。

第二节

运营管理

一、运营管理公司选介

【上海零号湾创业投资有限公司】

2015年6月18日,由上海交通大学、闵行区政府及上海地产(集团)有限公司合作共建的"零号湾"全球创新创业集聚区启动仪式暨上海零号湾创业投资有限公司(简称"零号湾创投公司")揭牌仪式举行。零号湾创投公司由上海闵行联合发展有限公司(占40%股权)、上海市闵行资产投资经营(集团)有限公司(占40%股权)、上海交大副教授张志刚(占20%股权)合资组建。2017年5月2日,闵行区国资委批复同意将上海市闵行资产投资经营(集团)有限公司持有的零号湾创投公司40%股权划至上海南滨江投资发展有限公司。2019年10月,零号湾创投公司获国家科学技术部颁发的"国家级科技企业孵化器"荣誉称号。2021年10月27日,零号湾临港园区揭牌,设立全资子公司——上海零号湾创业孵化器有限公司。零号湾协调资源,支持在临港新片区建立"政产学研资创"协作机制,培育优秀科技型初创企业,为临港产业发展培育生力军。2021年,零号湾创投公司董事长张志雄、总经理张志刚。

零号湾创投公司主要运营范围为闵行区剑川路951号"零号湾"全球创新创业集聚区,孵化建筑面积约5万平方米。"零号湾"全球创新创业集聚区(以下简称"零号湾")由上海交通大学、闵行区政府、上海地产(集团)有限公司共同发起建设,是首批国家双创示范基地重点建设项目。"零号湾"通过开放的创新创业生态体系的构建,以上海交通大学、华东师范大学闵行主校区为核心区域,吸引全球范围内的高校师生、校友及科技人员集聚创业,形成"政产学研资创"各类要素高密度集聚且高效率协作的生态体系,重点培育引领性产业技术领域的科技创业企业,并支持成熟企业通过与科技创新能力的高效率合作实现企业的可持续发展,进而改变地区经济社会结构,促进地区社会经济的高质量可持续发展,建立科技创新支持中国引领全球经济发展的新范式。其中,上海交通大学发挥创业领域引领作用,吸引国内外高校毕业生创业团队,筹建"创投导师库"与"创业导师团",推动创新创业体系的建设与完善,凝聚优质创业基金、创业培育机构入驻园区;闵行区政府提供政府支持,设立创业苗圃基金,为入驻企业提供相应的政策扶持,完善周边配套设施建设,系统规划创业集聚区周围园区用地属性;上海地产集团出资共建运营平台,牵头硬件及配套设施建设,协同进行用地规划与改建,投资相关创业项目,承接集聚区成熟企业。"零号湾"充分发挥智力、科技、人才、信息和平台、资源、

图4-2-1 零号湾科技大楼（内部）

资本的集聚优势，为创业者提供适合初创业起步的生态园区。低成本运作："零号湾"低商务成本，入驻项目有机会享受"零成本"创业；创业创投导师团队：凝聚大量优秀创投导师和创业导师，为集聚区创业者提供全方位个性化指导；全生命周期的培育与支持：通过上海交通大学、闵行区政府、上海地产集团的优势资源共建的创业生态体系，可以快速响应，与大量专业孵化机构协作，为创业企业提供全生命周期的培育与支持；基础资源完善：与上海交通大学的创新能力和创新人才体系无边界融合，区内有创新创业基础设施协同支持创业企业成长；创投资金丰富：集聚区内项目都将纳入上海市大学生科技创业基金支持序列，大量合作创投基金共同助力创业者成长；高规格战略咨询委员会由上海交通大学分管校领导、上海市闵行区分管副区长担任双主任的"零号湾"战略咨询委员会，为"零号湾"的发展提供全方位的智囊支撑。

【上海弄升企业发展有限公司】

2018年7月26日，上海南滨江投资发展有限公司与上海闵行房地（集团）有限公司展开战略合作，共同出资成立上海弄升企业发展有限公司（简称"弄升公司"）。弄升公司功能定位是作为剑川路环交大核心区科创载体的建设和运营主体，通过对区域内存量工业用地、低效园区、公共绿地的整体规划、空间租赁和改造升级，着力打造以双创为支撑，以科技创新、文化创意等为主要功能，融创意产业与创意活动为一体的生态双创走廊。华允弟任公司董事长，高雪峰、徐亚云曾任副董事长，刘婷婷、冯永荣曾任总经理，陆文婷、马力任副总经理。

  弄升公司承载提升创新集聚的功能，先行先试，重点推进剑川路930、950、955号建筑面积为54 450.6平方米共三个园区的改造提升、产业集聚和创新策源，率先重点布局上海交大科技成果转化孵化基地，导入一批高端人才和上百家人工智能、医疗机器人、新一代信息技术等重点产业板块科技创新型企业，产业集聚效应明显。弄升公司客观上成为早期政府加快推进零号湾环交大创新创业功能区建设的支撑力量之一，全力促成交大国家大学科技园闵行园区项目落地。三大园区均纳入大张江高新产业园覆盖范围，大零号湾雏形和品牌效应日益显现，取得了良好的社会效益。2019年6月29日，闵行区人民政府和上海交通大学举办"零号湾"全球创新创业集聚区"为梦启航"主题活动，剑川路930号交大医疗机器人产业园同步开园，进一步推动了核心技术研发和关键技术转化落地。2020年，闵行区委提出，聚焦上海南部科创中心核心区建设，剑川路930号、950号、955号三个园区作为滨江管委会要求重点推进的园区，进一步推进智造业高质量发展。在剑川路930号的交大医疗机器人产业园、上海人工智能研究院实体化运作后，深入跟踪研究院科研项目进展和成果转化情况，承接了扶持政策支持。剑川路950、955号提升园区服务能级，结合横泾港周边环境整治，提升区域形象。发挥关联公司闵行交大科技园公司资源优势、专业服务，还有交大师生和校友的优质资源作用，弄升公司高效促进学校教育科研和区域科技产业优势资源的整合，为剑川路930号、950号、955号园区导入14家优质科创项目，集聚产业化平台和资源，优化投资环境，助力解决零号湾科创载体空间和环境痛点问题，提升零号湾辐射影响力，吸引科技部、教育部、市委、市政府、市人大，上海交通大学，区委、区政府等各级领导的关注和调研，园区相继接待近70次调研考察活动。至2021年，弄升公司以剑川路930号、950号、955号园区作为科创载体，面向人工智能、医疗机器人、新材料、先进制造等领域，紧贴上海交大电院、机动院、材料院、生医工院、人工智能研究院、医疗机器人研究院等工科学院的科技成果转化需求，建设交大科技成果转化项目孵化基地。在瞄准重点领域培育特色产业道路上，承接上海交大医疗、人工智能产业及双创资源，助力环交大医疗和智能制造产业公共服务平台的建设。

【上海闵行交大科技园运营有限公司】

  2019年7月12日，上海闵行房地（集团）有限公司（持股55%）、上海交大科技园有限公司（持股35%）、上海南滨江投资发展有限公司（持股10%）合资成立上海闵行交大科技园运营有限公司，作为交大科技园闵行园区的运营主体，打造创新策源地。公司坚持大学科技园发展目标定位，加强运营管理，强化科技成果转化、科技企业孵化、科技人才培养、集聚辐射带动等核心功能，塑造品牌、形成特色、提升能级，助力加速高校科技成果转化项目以及优秀科创项目的成长。2021年，在剑川路600号、930号、950号、955号园区基础上，上海交大科技园闵行园区扩容金领谷基地、蓝海引擎·淡水河畔科创园、华谊万创·新所基地等，面积约11.4万平方米。2022年，交大科技园闵行园区各基地累计入驻企业93家（不含虚拟注册），构建起涵盖"创业苗圃—众创空间—孵化器—加速器"全链条培育体链。其中,"创想600"是最早运营的园区项目,作为上海交大师生、校友科技成果创新策源地,拥有企业54家;弄升基地入驻高校高分子材料研发中心、交大国家重点实验室平台以及节卡协作机器人、术锐手术机器人等智能机器人领域的"硬科技"成果转化项目,拥有企业/项目12家;金领谷基地聚焦智能光学领域,打造高水平光学产业基地,入驻企业11家;华谊万创·新所基地2021年底启动,关注先进制造、新能源、新材料等产业领域。2021年,上海闵行交大科技园运营有限公司董事长吴杏仙,副董事长郭作鹏,总经理陈史杰,副总经理华涛、郭超、范心均。

【上海沧马企业管理有限公司】

2018年8月15日,上海沧马企业管理有限公司成立,法定代表人王亦鸣;注册资本2 000万元,上海东方飞马投资管理有限公司持股70%,上海则晖企业管理合伙企业持股20%,上海沧源科技园发展有限公司持股10%。该公司所运营项目位于闵行区剑川路953弄154号,由2个地块组成。其中,菱博地块占地面积3 937平方米,宝龙地块占地面积18 862平方米,均属于国有产权,原为加工、生产型业态,效率低、高能耗。由上海沧马企业管理有限公司进行统一规划改造后,总建筑面积为28 000平方米,产业定位为智能化(人工智能、智能制造)和泛健康(生物医疗、生命健康、健康管理),重点聚焦智能化服务、新世代文创和泛健康三大领域,构建垂直产业联盟。

园区依托飞马旅自身业态资源,坚持市场化运作,以"空间、创服、投资"三大块内容为核心,设立飞马空间、飞马创服、飞马资本运营细分板块。通过精细化的服务,多维度与企业互动交流,为入驻企业带来专业、贴心、多样化的园区体验;打造智能化管控模式,提升园区运营管理效能;打造精品服务模式,实现服务模式外拓输出,为品牌提供更广阔的发展空间和经济效益。同时,园区引进"天工之家——科学家创业服务中心",致力于帮助科学家们将最前沿的研究成果带到产业中来,打造产业园区未来发展的核心竞争力;与上海交通大学教育发展基金会(菡源资产)、金沙江创投、红杉资本、启明创投、晨晖创投、启高资本、青松基金等投融资机构深度合作,打造投资人俱乐部,助力企业顺利融资获得发展;与普华永道创新中国联合举办"普华永道创新中国×飞马旅交大科创园加速营",为创新企业在成长期的各个阶段提供多维度资源支持,助力科创企业资源匹配,更好服务上海市科创中心建设和区域经济发展,构建互联互通、融合共生的创新创业生态体系。园区自2018年11月进行装修改造,并于2019年6月6日正式开园。飞马旅交大科创园坚持以技术发展驱动,致力于打造领先的高新技术、模式、人才高地。截至2022年末,园区入驻企业45家,其中12家高新技术企业、5家专精特新企业、2家科技小巨人、1家企业技术中心,产税1 000余万元。代表企业有上海飒智智能科技有限公司、上海驹电电气科技有限公司、上海方菱计算机软件有限公司、上海天链轨道交通检测技术有限公司、上海赛威德机器人有限公司等。通过4年的发展与沉淀,园区正走向成熟期,成为智能化和泛健康行业的标杆示范项目园区,形成正向循环升级生态链。

【上海湖岫实业有限责任公司】

2019年5月22日,上海湖岫实业有限责任公司成立,法定代表人为杨军民;注册资本

2.25亿元，上海颛桥资产投资经营有限公司持股45%，上海市闵行资产投资经营（集团）有限公司持股35%，上海昌源实业有限公司持股10%，上海龙湖置业发展有限公司持股10%。该公司这种由集体资本控股、国有公司入股、市场主体充分参与的合作转型模式，为颛桥镇黄二村的整体转型提供了坚实有力的资本、管理和运营保障。

2019年，闵行区召开黄二村转型升级专题会，决定由颛桥镇牵头，引入龙湖品牌，探索"区、镇、村、社会资本"四级联动模式，将黄二村存量厂房改造纳入闵行区18个成片区域转型项目之一。为贯彻落实区委、区政府工作要求，闵行区颛桥镇着力推进黄二村地块的整体转型工作，与区级相关职能部门、黄二村和龙湖集团多方沟通，深入开展调研工作，全面推进黄二村地块整体转型成片产业结构调整工作。2019年5月，由区资产公司、颛桥镇、黄二村和龙湖集团四方成立了湖岫实业公司，这种由集体资本控股、国有公司入股、市场主体充分参与的合作转型模式，为黄二村的整体转型提供了坚实有力的资本、管理和运营保障。2020年10月9日，"龙湖蓝海引擎·淡水河畔"项目合作协议签约仪式举行，颛桥镇党委书记陈皋，党委副书记、镇长李小山，闵资集团党委书记、董事长金慧明，总经理张雄，龙湖沪苏公司总经理李尧及战略合作代表方、企业代表等出席签约仪式。区、镇、村、社会资产联动发展模式催生了老旧厂房蝶变为南部科创中心核心承载地之一。黄二村整体转型工作坚持了市场化、专业化和品牌化原则，项目整体由龙湖集团负责，并引入"蓝海引擎"产业招商团队，充分依托龙湖集团的专业素养和招商优势，推进黄二村整体设计、改造和招商等工作，以转型促进村级经济发展，全面落实乡村振兴战略。2021年5月26日，上海龙湖蓝海引擎·淡水河畔科创园，正式宣布开园。科创园定位产学研一体化创新办公园区，分东、西两区，东区定位"研发+生产"，西区定位"研发+办公"。项目地处沪南部科创中心核心区，毗邻上海交通大学、华东师范大学两所"985"高校，聚集众多科研院所及孵化实验室，连接零号湾、上海交大科技园等创新创业街区，科创氛围浓郁，资源聚集度高，是高新技术企业创新发展首选之地。科创园的成功创设，为闵行区城市更新项目树立了新的样板，为旧厂房改造升级、腾笼换鸟探索了成功路径。经过2年时间，实现了从老旧厂房到时尚科创园区的华丽转身。当天的签约仪式上，上海节卡机器人科技有限公司、上海适宇智能科技有限公司、上海先导慧能技术有限公司、术锐（上海）科技有限公司、峰云（上海）信息科技有限公司、上海宾通智能科技有限公司等20家企业客户代表与园区签约，成为龙湖蓝海引擎·淡水河畔科创园开园的首批"贵客"。

【上海沧源科技园发展有限公司】

2007年6月20日，上海沧源科技园发展有限公司成立，注册资本2 000万元，属上海南滨江投资发展有限公司全资子公司。该公司是负责大零号湾沧源科技园区域改造、管理、招商、营运的科技平台公司。2021年，公司总经理冯永荣，副总经理罗梅芳。

公司主要管理沧源科技园区域，区域面积约27万平方米，集聚"零号湾"、飞马旅、易迈、电驱动等近19万平方米的科创载体。区域内还有建设中的佳通上海科创中心、宏润上海科创中心20多万平方米科创载体。至2021年，公司坚持党建引领，充分发挥党群工作的凝聚作用，以改革创新思路突破区域主体分散、影响区域整合的瓶颈，整合区域各营运主体，拓展创新服务空间，统一区域管理和服务，为零号湾到大零号湾创新策源功能区的发展奠定工作基础。

【上海紫竹新兴产业技术研究院有限公司】

上海紫竹新兴产业技术研究院位于大零号湾科技创新策源功能区吴泾区域，成立于2010年，利用紫竹高新区和上海交通大学等创新资源，承担科技创新和新兴技术产业化研究与攻关工作，并进一步提升上海科技成果转化能力。2017年3月14日，为顺利推进紫竹产研院运营同时更好地对接市场，上海南滨江投资发展有限公司出资成立上海紫竹新兴产业技术研究院有限公司（简称"产研院公司"），注册资本6 000万元，法定代表人陆文婷。

产研院公司负责接收紫竹产研院（一期）土地和在建工程资产，并全面接管原事业单位紫竹产研院的后续工作。紫竹产研院公司目标以市场化运作方式全力推动紫竹产研院的建设和发展，旨在服务产业转型升级和培育战略性新兴产业，探索产学研资全过程协同创新机制，搭建科技成果转移转化研发和服务创新功能型平台。

二、运营管理情况选介

本节以上海闵行交大科技园运营有限公司相关内容为例，简要介绍大零号湾区域运营管理情况。

上海闵行交大科技园运营有限公司主要负责运营上海交通大学国家大学科技园（简称"交大科技园"）闵行园区。园区载体剑川路600号、930号、950号、955号，紧邻交大闵行校区，与颛桥镇合作共建蓝海引擎·淡水河畔基地、与吴泾镇合作共建金领谷光学基地，有11万平方米空间投入使用，形成"众创空间+孵化器+加速器+产业园"全链条创业生态孵化体系。以促进高校科技成果转化、孵化科技创新企业、服务区域新兴产业发展为使命，交大科技园闵行园区聚焦学校优势学科，关注新材料、医疗器械、人工智能等相关配套产业的科技成果转化项目，建设校外双创实践基地，充分利用区域科技政策和全周期的科技金融服务，为科技成果转化项目的落地和企业发展保驾护航。2020—2021年，连续2年获上海市科技企业孵化器年度考核优秀等第。2021年，助力上海交通大学国家大学科技园荣获科技部、教育部国家大学科技园绩效考评"优秀"；获得上海市企业服务云颁发的"上海企业发展志愿服务园区工作站"称号。

【基本情况】

2020年，新引进企业189家，其中：高新技术企业12家，吴泾新开业68家、迁入29家；江川新开业81家，迁入9家；颛桥迁入2家。实驻企业：新增签约企业35家，新增签约面积9 627.54平方米，待签约面积904.85平方米。2021年，新引进企业191家，其中高新技术企业30家。

【成果成效】

交流合作 2020年，与地方政府、高校、企业、科研院所、科技服务机构的交流活动达到115次，与吴泾镇、江川路街道签署三年合作协议，与上海交大机动学院、生命学院、文创学院、设计学院、媒体学院、创业学院、学生创新中心、产研院、知识产权公司确立战略合作关系。2021年，上海交大科技园闵行园区加强区校资源互动，建立公共测试和技术服务平台、院士专家工作站、企业联合实验室等，逐步形成"一园多平台"创新载体，与相关单位共同构建

图4-2-2　2020年11月2日，区委书记倪耀明（左二）一行调研位于金领谷科技产业园内的上海交大国家大学科技园智能光学产业基地企业——霖鼎光学的实验室，听取公司董事长任明俊（右一）讲解和展示产品

起各司其责、一体化成果转化服务体系，形成了从院系成果产生到学校决策上下贯通、产研院遴选审批到科技园落地转化孵化内外联动的链式成果转化机制和工作流程。参与学校科技成果转化项目立项评审，派出业务骨干担任学校科技成果转化专员，为教师提供一对一的转化项目服务；与科研院、产研院、区政府共同对接院系进行科技成果转化政策和服务宣讲，科技成果转化培训和项目辅导，拓展潜在优质项目渠道。2021年，与地方政府、高校、企业、科研院所、科技服务机构的交流活动145场。园区携手霖鼎参加2021年中国国际光业博览会，提供参展费用补贴和支持。霖鼎在展会中现场对接180家企业，达成合作24个项目，成交11单，取得预期效果。

校企合作　深化校地合作内涵和外延，发挥合作机制灵活的优势，促进资源整合，项目落地，企业、高校、社会有关方面共同创新集群发展，形成联动效应。其中，闵行房地集团与上海交大等高校"校企合作"：设立师生奖励基金、闵行房地集团发展基金和创新基地建设基金；与交大媒设学院协作，进行大楼改造、公共艺术空间建设等；共建"产学研合作基地"，在闵行房地集团国内外项目如创想600、悉尼Waterloo项目等，分别挂牌成立学生国内国外学习实践基地；开展横向科研合作，与清华大学、上海交大、同济大学、厦门大学、徐悲鸿艺术学院和新南威尔士大学、悉尼大学等多所高校开展多次项目概念设计大赛和项目合作等；开展主题课程设计,取得课程设计专利4项;与上海交大、中国工业设计协会、中国创新设计产业战略联盟及"中国好设计",合作筹建推进"SHMH设计与创新中心"项目;2019年9月,与上海南滨江公司、国盛集团、天亿集团等共建"盛闵健康智谷产业园";2019年12月,与华谊集团、万科等打造"华谊万创·新所";创想600园区设计获2020—2021"上海设计100+"、K-Design金奖(亚洲两个最重要设计大奖之一)等奖项,并探索合作搭建"中澳交流中心"平台,建立中外商贸交流对接模式等;协助吴泾镇政府初步完成4.8平方千米科技时尚特色小镇规划方案,供政府决策参考;配合江川地区要求,依托高校、文化产业、历史文化遗存、旅游、航运等资源优势,完成闵行江川滨江开发策划方案、江川水岸城(科创水街)、千代广场、轴承厂改造等概念设计方案,提升上海南部滨江空间形象。

土地转型 集聚资源优势,先行先试改善空间载体和环境面貌痛点问题。其中,南滨江公司、闵行房地集团合资成立上海弄升企业发展有限公司后,完成"上海剑川路沿线概念性城市设计"方案,积极盘活周边低效工业厂房,进行整体改造提升,先期打造剑川930号、950号、955号约5.3万平方米产业园,建设上海交大科创成果转化孵化基地,引入交大医疗机器人、上海人工智能研究院特色创新功能性平台,以及一批具有相当前景的项目,助推零号湾不断扩容。结合地铁23号线,闵行房地集团还对6万立方米的置业广场项目进行自主转型,提升综合配套能级,2020年打造云境443项目等。

宣介展示 重视品牌建设,做好企业发展、政策发布、区域动态、业务知识等宣传,组织企业参展,策划各类论坛、沙龙、路演等活动,提高园区以及明星企业的曝光度。完成《园区政策》科创、文创版宣传手册和交大科技园闵行园区宣传视频制作。建立校、市、区、镇各级宣传交流群,在《文汇报》、《解放日报》、新华网、《新民晚报》等发稿16次。园区携手重点企业节卡机器人首次参展2022年第五届中国国际进口博览会,相关案例获得新华社等知名媒体报道;拍摄霖鼎光学等创业故事宣传片,在"创业基金会""科创闵行"等平台进行宣传报道;配

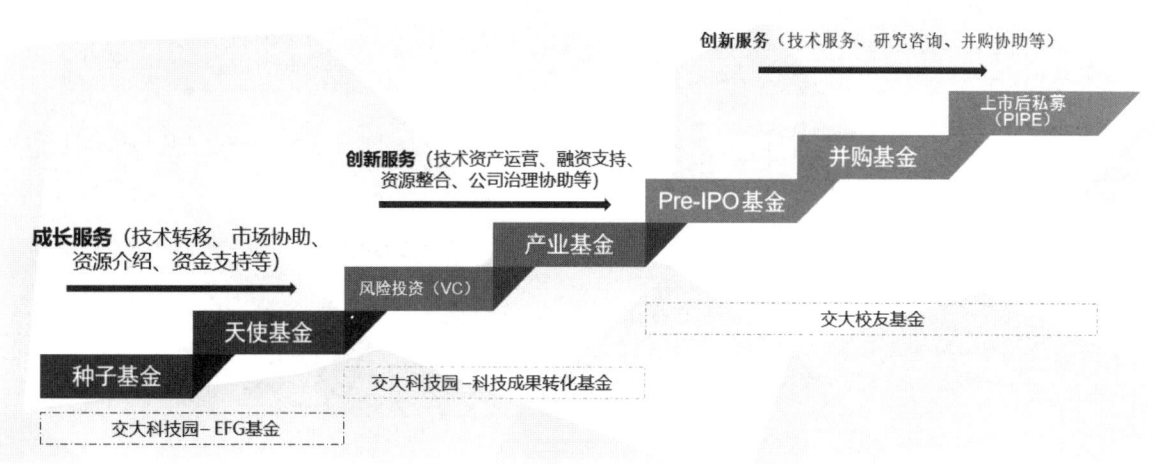

图4-2-3 上海闵行交大科技园运营有限公司科技金融服务平台示意图

合交大参与央视焦点访谈《科技成果落地生"金"》专题报道拍摄,持续提升园区及企业品牌影响力。园区在华谊万创·新所基地建设科技成果数字化展厅,展示上海交大科技园发展历史、建设成果,以及园区科技成果转化项目、优秀创业企业信息和产品等。

金融服务 通过大学生创业基金、政府引导基金、产业投资基金,与校友等外部投资机构建立合作网络等,提供便捷高效融资服务。2020年,帮助企业获得政府补贴600万元,其中:加盟市研发公共服务平台(100万元),成果完成人本区创业(500万元)。2021年,帮助霖鼎、节卡、术锐、图灵获得投资8亿元;上海市大学生科技创业基金会(EFG)和合作银行的债权融资0.25亿元。2022年园区10家企业融资14.56亿元,其中节卡机器人完成10亿元D轮融资,霖鼎光学完成2.5亿元战略融资。作为EFG闵行分基金会执行单位,助力上海市大学生科技创业基金闵行分会(交大专项)资助项目25个,总资助金额900万元。其中2021年资助项目15个,总资助金额550万元,挖掘项目80余个,助力闵行分会荣获2020年度上海市大学生科技创业基金会"天使基金""特优分会"称号。资助企业霖鼎光学获得2021年EFG天使基金优秀项目、第十届中国创新创业大赛高端装备制造全国赛优胜并晋级;上海翱坤获得2021中国创新创业大赛全国优秀奖。与汇勤资本、东方证券等投资机构合作支持科技成果转化项目的产业发展。

特色服务 联动校内成果转化机制,形成园校双向畅通的孵化培育体系。交大科技园闵行园兼具技术转移与产学研合作、创业孵化和创业投资功能服务,与交大科研院、产研院、技术转移中心、知识产权管理公司多向挂职联动,引进合作基金联合办公,成功签约入驻德企博士后创新中心、机动学院无人车研发平台、农生学院食品安全研发中心、环境学院实训基地、机动学院智邦研发中心等成果转化项目,形成重点领域交叉学科联动的生态圈。与上海交大学生创新中心、创业学院、上海交大技术转移中心有限公司、设计学院设计实践中心、媒体与传播学院智能传播研究院联合成立了校外实践基地。与交大安泰、高金合作充实科技人才培育体系。

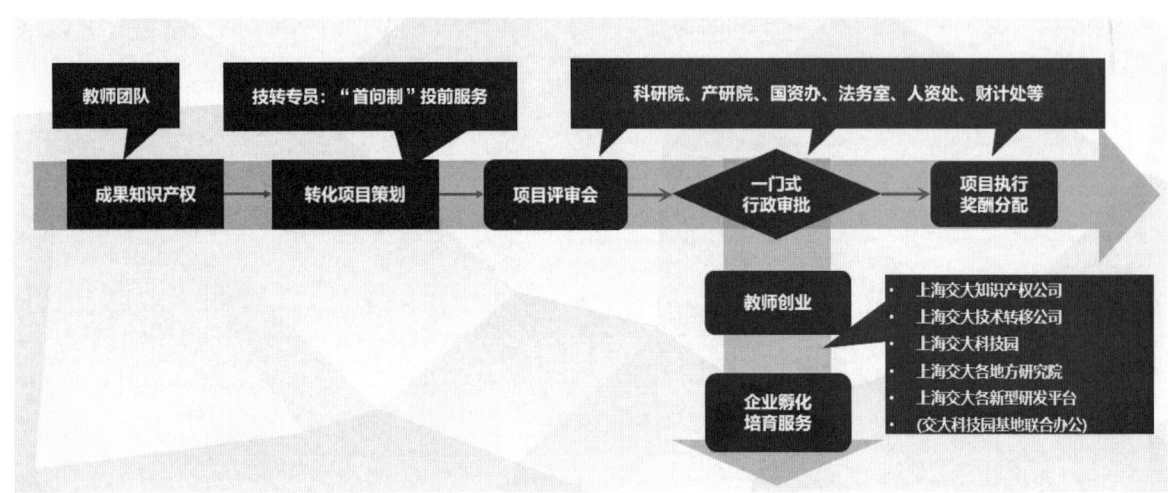

图4-2-4　上海闵行交大科技园运营有限公司成果转化服务示意图

联合交大校友会通过地方政府合作、创业大赛等形式集聚沉淀校友产业资源。建立院士专家工作站、企业联合实验室等，校内校外创新联动，形成从院系成果产生到学校决策上下贯通、产研院遴选审批到落地转化孵化内外联动的链式成果转化机制和工作流程。与学校管理部门、院系共同建构起项目发动发掘、评估筛选、审批管理、落地孵化的全链条学校科技成果转化机制。联合举办面向全校教师的"上海交通大学科技加速营"等常态化活动，为学校成果转化项目提供一揽子服务。紧紧围绕"众创空间＋孵化器＋加速器＋产业园"的孵化链条和优质空间配套这一载体，依托上海交大"交叉学科优势与知识产权数据库＋科技成果转化数据库"的技术优势，强化专业服务，引进创业人士和专业投资人为导师的运营管理、产品设计、市场营销、发展策略等方面的经验；同时通过基金等投资服务，为企业提供前期资金扩充、战略发展方向、孵化支持、短缺资源供应、设施资源共享等服务，降低创业企业的创业风险和创业成本。完善"联络员＋辅导员＋创业导师"辅导服务机制，根据企业需求开展创业咨询、辅导，提供各类创新要素对接服务。组织开展第一届高企训练营，一对一上门服务，提高申报高新技术企业的成功率。

成果转化　成立成果转化部，体系性对接学校科研院（产研院）、大零号湾专项办、知识产权公司、各院系等校内单位，参与成果转化项目调研、咨询评估和项目设计策划，通过知识产权转让/许可、完成人实施、作价投资、合规整改等形式开展成果转化，促进产学研合作及项目落地，并提供专业孵化服务。2021年，协助申报上海交大科技成果转化流程14家；服务教师科技成果转化工作，受理10项，完成5项。

第五章

科创生态建设

第一节　公共服务机构入驻
第二节　公共设施提升
第三节　科创平台汇聚
第四节　新型高水平机构涌现
第五节　双创企业发展壮大

第一节

公共服务机构入驻

一、上海市闵行区行政服务中心大零号湾分中心

2016年1月8日,上海市闵行区行政服务中心南部分中心成立,并入驻沧源路1160号(剑川路951号)零号湾1号楼南楼。作为区行政服务中心政务窗口职能的延伸和拓展,南部分中心有效整合行政资源、提高办事效率,促进相关部门对江川、吴泾、马桥、颛桥南部(老北桥地区)、闵开发、紫竹园区的企业加快审批速度,提高服务质量,促进当地项目生成、落地、投产,营造良好的企业投资发展环境,为区域经济发展提供了服务保障。

为助力大零号湾区域显示度和集中度尽快呈现,大零号湾科创大厦建成后,2021年7月26日,南部分中心更名为大零号湾分中心,并正式入驻大零号湾科创大厦一层大厅。大零号湾分中心作为区行政服务"1+3"体系布局的一环,服务服从于大零号湾区域创新创业的建设。分中心共开设9个服务窗口,其中:综合服务窗口6个(涉及企业准入"一窗通"办理、发改委综合业务、投资建设类建设事项政策咨询),税务窗口2个,人才居住证积分政策咨询窗口1个。办理模式上,主要采用前台受理、内部流转、后台审批、统一发证的方法。

图5-1-1 上海市闵行区行政服务中心南部分中心

图 5-1-2　上海市闵行区行政服务中心大零号湾分中心

二、闵行区科技创新服务中心

闵行区科技创新服务中心是区科委所属事业单位，原办公地在区科委机关内。为了"零距离"服务科技创业者和创业服务机构，优化大零号湾区域创新创业生态环境，2019年11月1日，中心整体迁出区科委机关，迁入零号湾飞马旅科创园。大零号湾科创大厦建成后，2021年7月26日，中心正式入驻大零号湾科创大厦。

闵行区科创服务中心汇集各类科创资源，为区域创新创业主体提供科技创业、科技金融、成果转化、政策咨询等零距离科创综合服务，让科创服务更高效、更便捷、更周到。至2021年，连续获"上海科技金融服务站卓越奖"。2021年，中心紧紧围绕上海市南部科创中心和大零号湾科技创新策源功能区建设，共完成闵行区122家企业3.68亿元的科技贷款，进一步降低科技企业融资成本。同时打响"金融超市"品牌3.0，开展线下科技金融超市活动11场，包括8场"债权＋股权"对接会，帮助79家科技企业对接金融机构和专业投资机构。

图5-1-3 闵行区科技创新服务中心（外部）

图5-1-4 闵行区科技创新服务中心（内部）

三、上海知识产权交易中心南部分中心

2017年1月9日，上海知识产权交易中心南部分中心正式入驻剑川路951号零号湾1号楼南楼。分中心启用后，闵行区借助上海联合产权交易所、上海交通大学的优质资源，搭建技术和知识产权交易以及科创企业成果转化、投融资服务的创新性专业市场平台，促进高校、院所科技创新成果与科技企业交流对接，推动构建政产学研资协同创新体系和知识产权转移转化服务体系，打通科技成果转化"最后一千米"的瓶颈，打造实实在在的科技成果转化服务平台，建设知识产权强区。

上海知识产权交易中心南部分中心，以军民两用技术转化服务和商标品牌运营为特色，开展知识产权交易业务及相应的资本和权益类业务，提供知识产权信息集散、交易撮合、交易鉴证、资金结算等一站式服务，以及相关的专业集成服务，服务于上海南部科创中心、闵行科技成果转移转化示范区建设以及闵行军民融合产业发展高地建设。2017年，共有401宗项目挂牌，总交易额3 600万元。2021年，完成知识产权交易154宗，成交金额近11亿元。

四、上海闵行高端人才服务中心

闵行高端人才服务中心（简称"高服中心"）是闵行区委、区政府为高端人才在闵行创新、创业、工作、生活等各方面提供专业化服务的专业机构，是闵行在高层次人才服务机制上的一项重要探索。秉承"服务第一、人才至上"的宗旨，高服中心为在闵行创新创业的高端人才提供全天候、全方位、全过程服务。高服中心作为高层次人才的一线服务团队能够密切关注到企业、人才发展中的聚焦问题，因而比传统职能部门具有更大的优势。

2021年7月26日，为更好地向人才提供"一站式"服务，闵行高端人才服务中心从莘松路380号智慧园商务大楼，搬迁至剑川路940号大零号湾科创大厦三楼，对外正式办公。

第二节
公共设施提升

一、大零号湾科创大厦启用

为完善闵行科创生态体系，提升区域科创服务水平，由闵行区政府推动、南滨江公司实施建成大零号湾科创大厦。大厦位于剑川路940号，地处"大零号湾"核心位置，紧邻地铁5号线剑川路站，与上海交通大学、华东师范大学为邻，地上面积约1.6万平方米，地下面积约1万平方米，规划政府公共服务、社会化服务、会议会展、办公配套等四大功能。2021年7月29日，大零号湾科创大厦举办启用仪式。大厦正式启用，标志着大零号湾科创生态的跨越式提升，全要素、低成本、便捷化的"一站式"服务体系基本构建。

科创大厦面向区域内近2 000家科技企业，为数万名科技人才提供服务。政府公共服务区提供行政办事受理、科创、人才服务。截至2021年，区行政服务中心大零号湾分中心、区科创服务中心、区高端人才服务中心已经整体入驻。社会化服务区提供从知识产权评估到交易转让全链条科技企业服务体系。现场配备开放式大厅和会议室用于路演、科创服务及科技成果展示和对接洽谈。会议会展区配备了2 300平方米的大会议厅以及各类中小型会议室、报告厅等，具备提供多语种同声传译等多样性服务的能力，可承接各类会议、培训、国际交流活动，举办创新大赛、人才招聘、签约仪式等。办公配套区提供办公场所及餐厅、银行、商业配套等。至2021年，中国银行-浦发硅谷金融驿站、星巴克咖啡等已经入驻。

二、紫竹创新创业走廊中心绿地一期项目建成

2017年5月9日，由SPARK思邦主创、上海现代设计集团设计的紫竹创新创业走廊中心绿地一期项目立项。2018年10月25日开工建设，现已完工。项目实施范围西至沪闵路人行道边，南至剑川路人行道边，东至剑川路940号围墙，横泾港以东北至剑川路道路规划红线以北20米，横泾港以西北至规划道路红线以北30米。项目建设内容包括：公园场地铺装工程，景观小品及雕塑工程，人行景观通道预留结构设备工程，绿化工程，建筑工程，机电安装工程等等。紫竹创新创业走廊中心绿地一期项目的实施，推进了"十三五"规划中的城市绿化建设，为促进构建生态网络、完善地区功能、优化区域交通环境起到了一定作用，提升了周边街区环境品质，改善了剑川路北侧的景观绿化形象。

图5-2-1 大零号湾科创大厦会议中心

图5-2-2 紫竹创新创业走廊中心绿地（人才公园）

图5-2-3　横泾港科创水街

三、横泾港东岸滨水景观公共空间改造

2021年，由SPARK思邦主创、上海园林工程设计公司设计的横泾港东岸滨水景观公共空间改造工程竣工开放。工程总面积23 787平方米。改造前，该河岸区域杂草丛生，环境封闭，景观凌乱。改造后，它已经成为一个充满活力的开放空间的核心场所，形成公园绿地、亲水平台，连接起包含商业、科技和复合用途的综合体，勾画了一个长达750米的休闲空间，满足了社区、园区空间场所如何更好地促进同行人相互关联的愿景，并推动了一个可持续的生活环境。硅藻是有许多美丽形式的单细胞藻类，可以清洁水质。该方案以单细胞硅藻重复出现的图案为设计理念，将硅藻的形态抽象成二维和三维的物体，使河岸充满活力，讲述河流和环境再生的故事。河岸建设包括连续的绿色带状步道、跑道和自行车道以及三座人行桥，这些设施将社区中的住宅、教育和商业连接在一起。景观的设计是通过分层的四个不同的区域来加强滨水体验的创造，并首次实现了对河流的可达性。这些线性区域采用了抽象的河岸形态，沿河岸分布着草坪、咖啡馆、体育公园和活动广场的创新活动区域。

四、白金汉爵酒店落成

2019年11月29日，按五星级标准设计的上海闵行白金汉爵大酒店开工建设。2022年12月，酒店正式开业运营。酒店地址在沪闵路1577号，紧邻轨交5号线剑川路站。酒店建筑面积10万平方米，拥有686间豪华客房、30间餐饮包厢和8间宴会厅多功能厅，能同时接纳3 600余人就餐。酒店不仅可以为闵行南部及"大零号湾"科技创新策源功能区各类企业及群体提供优质住宿、高档商务接待，还能为周边居民带来优质的就餐与住宿服务。酒店为大零号湾区域商务和居民生活服务升级提供良好的软硬件支持，助力闵行南部经济发展。

五、宜良路东二河桥梁工程开工

2018年11月13日，宜良路东二河桥梁及接坡工程立项，2022年10月17日开工建设。本项目是以园区内交通、服务沿线居民出行为主的城市支路。宜良路规划为大零号湾南端区域主要的对外通道，向北连接剑川路，向南连接景谷东路，起到对外衔接的重要作用。项目完成后将实现宜良路南北全线贯通，提高大零号湾与外界的交通便捷性，符合区域地块的开发建设需要。项目内容包含部分宜良路（长度150米）和部分景谷东路（长度150米），跨东二河桥

图5-2-4 白金汉爵酒店

图5-2-5 宜良路东二河桥梁工程施工

梁一座。路线总长度为300米，道路红线宽度20米。四至范围：北至宜良路，南至景谷东路，西至元捷电气配件厂，东至佳通地块。

六、大正地下公共车库工程开工

大正地下公共停车库位于华谊万创·新所北侧，四至范围：东至横泾港，西至沪闵路，南至华谊地块，北至剑川路。该区域停车需求量大。车库规划用地面积为16 220.3平方米，总建筑面积为14 325.44平方米，其中，地上建筑面积为367.57平方米，地下建筑面积为13 957.87平方米，场地内部设一条宽6米的汽车疏散通道。车库层高3.9米，建成后的车库将提供451个机动车泊车位。

为大零号湾区域创造良好生态环境，满足人们游憩需求，地下车库完工后，地面将建设紫竹创新创业走廊中心（零号湾）二期绿地。绿地拟实施总面积25 288平方米。其中，红线范围内建设面积为21 959平方米，绿化率76.64%。同时，在基地外新做临时绿地（规划道路红线范围）2 642平方米，防汛通道687平方米。

车库项目于2021年10月28日完成企业投资项目备案。绿地项目于2019年8月7日取得项建书批复。车库项目于2022年9月6日开工建设，绿地项目待车库建成后实施建设。

七、北苑天桥建成

2022年9月30日，连接闵行区剑川路与张家里路的北苑天桥正式建成启用，为上海交通大学闵行南北两大校区师生及附近周边人群带来通行便利。天桥全长约120米，桥面宽4米，

图5-2-6　大正地下公共车库施工现场

图5-2-7 北苑天桥建成

上跨铁路吴泾线、上粮七库线及联系河，打通铁路南北两侧交通壁垒，将绕行1.5千米的路程缩短至170米，通行时间大大缩短。

北苑天桥桥面宽4米，将设置人行和非机动车推行梯道，以及相应的防滑路面、天桥照明、标志标牌、绿化等。其中人行梯道宽2.7米，自行车推行道每边宽0.5米，防护栏杆每边宽0.15米。天桥上部结构主梁按"2跨连续钢板梁+3跨连续钢箱梁+1跨简支钢板梁"布置。

八、北鲲园建成

北鲲园位于上海交通大学闵行校区剑川路901号校门处，由上海交通大学设计、闵行区政府投资。作为校区和社区围墙打通的案例，其设计是大学空间向城市开放的一个尝试。通过重新组织校园围墙的平面、高差地形、视线的开合等关系，上海交通大学将部分内部绿地景观还于公众，同时形成校园内良好的交流空间。校园内外的景观既连续又有各自的领域感，让大学与城市空间有更多丰富多彩的互动。项目把校园围墙变成了开放式绿地公园——墙内有露天剧场，人们可以缓步拾级而上观景；墙外有镂空栅栏、景窗和可供漫步、停留和交流的空间。

九、剑川路、沧源路架空线入地项目完成

为和科技创新策源功能区城市面貌相符，落实市委推进建设"民心工程"的要求，对剑川路、沧源路实施架空线入地及杆箱整治工程，能够改善城市景观面貌、提高电网的可靠性、节约土地资源、减少电磁场的影响、改善道路杆件林立的情况。

start from Zero: unbounded creativity

图 5-2-8　北鲲园

图 5-2-9　剑川路沪闵路路口施工后

剑川路架空线入地项目于2020年10月30日立项，2021年3月16日开工建设，现已完工。沧源路架空线入地项目于2021年4月22日立项，2021年8月18日开工建设，现已完工。架空线入地包含：道路修复工程、电力站土建工程、无主架空杆线拆除工程、前期管线搬迁工程、绿化和道路恢复等。

十、闵行科创公园开园

闵行科创公园位于剑川路北侧（近中春路），占地面积225 790.4平方米，以现代生态山水为特色，24小时开放，打造以科创服务、运动游憩为主功能的彩叶植物主题特色区域公园。公园虽不设围墙，但保留了出入口的设计，主要出入口在剑川路上。进入公园后，一眼就被4.5米宽的主环路吸引。主环路围绕全园，蓝、黑两色分明的透水沥青路面，让跑步与散步的人各行其道，避免互相影响。

公园沿河而建，水资源丰富，打造了不少水上栈道。公园景观灯以暖色调为主，照明的同时还营造出怡人舒适的环境，方便夜间游园的人们。公园内种植了各种红色植物，如红枫、乌桕、枫香、红枫、鸡爪槭、朴树等，还有多种新优植物品种，如紫荆、"红火箭"紫薇、菊花桃、"凯尔斯"海棠、花叶香桃木等。

图5-2-10　闵行科创公园

第三节
科创平台汇聚

一、剑川路951号

闵行区剑川路951号"零号湾"全球创新创业集聚区孵化园，占地面积约5万平方米。2015年10月25日，孵化园主体建筑——近4万平方米的零号湾科技大楼启用暨首批机构入驻仪式举行。2016年5月，"零号湾"全球创新创业集聚区入选国家双创示范基地重点建设项目。

"零号湾"全球创新创业集聚区孵化园是由闵行区人民政府、上海交通大学、上海地产集团三方共建，园区以打造上海南部科创中心为己任，通过上海交通大学的人才科技资源，上海地产集团的产业服务、资本配置，闵行区人民政府的环境打造政策协调，打造创新创业全产业链的孵化服务。"零号湾"以改善创业环境、促进大众创业、优化创新环境、促进万众创新为宗旨，发挥科技、人才、信息、平台、资源、资本的集聚优势，为创业者提供适合初创企业起步的生态园区以及相应的创业加速器和接力园。

图5-3-1 零号湾科技大楼

二、创想600基地

【园区概况】

创想600基地位于闵行区吴泾镇剑川路600号,西至淡水河,东毗邻莲花南路,南至剑川路,北至铁路新闵线。项目占地面积18 496平方米(约28亩),总建筑面积为11 262平方米,2018年10月23日启动施工,2020年7月建成,开发历时约21个月。2020年10月21日,上海市大学科技园高质量发展推进会上,副市长陈群与创业代表一同为上海交大科技园闵行园区创想600基地启用揭牌。

创想600基地是上海闵行房地(集团)有限公司利用自身产业资源开发建设,与上海交大有关学院、上海交大科技园有限公司、吴泾镇、上海南滨江投资发展有限公司等合作共同打造的创新创业合作平台。集团公司利用创想600基地位于剑川路环交大核心地段,与交大北三门

图5-3-2 图5—3—2 2020年4月8日,市委副书记廖国勋(前排右三)调研创想600基地,上海交大校长林忠钦(左三)、闵行区委书记倪耀明(前排右二)、吴泾镇党委书记杨其景(左二)、上海交大科技园有限公司董事长曹兆敏(前排左三)等陪同

图 5-3-3　2020年11月2日，上海交大和闵行区领导在创想600基地研究工作

图5-3-4　2021年7月25日，闵行区区长陈宇剑（右一）调研创想600基地，南滨江公司董事长余建源（左一）、闵行房地集团董事长华允弟（中间）等陪同调研

零距离，也是吴泾镇科技时尚特色小镇的西大门等独特地理优势，根据上海交大急需创新创业实践平台、科技成果转移转化市场通道、每年2 000多项科技专利和师生众多双创成果亟待展示推广，以及环交大等高校和社会上创新创业的迫切需求，2018年与上海交大产业投资管理（集团）公司、上海交通大学国家技术转移中心和上海交大产业园签订战略合作协议，加快项目建设落地，缓解了零号湾建设初期科创载体空间和环境整治"痛点"问题。

园区设计获K-Design金奖等多项国内外设计大奖，园区建成后本身也成为科创文创作品。新颖的集装箱模块化建筑模式，工厂定制、全装配式生产，弹性办公空间，各类场景化体验，还可通过设备集成模块（如太阳能发电集成设备、污物生态化处理模块等）达到"孤岛运营"基本要求，降低人力成本和环境成本，符合年轻人创新创业需求。园区俯瞰像一块块散落的魔方，320个定制集装箱模块，以箱体为画布、用空间做画框，配色取自莫奈、乔治·修拉等印象派、抽象艺术世界名画，赋予科技风别样的时尚色彩，成为网红打卡地。

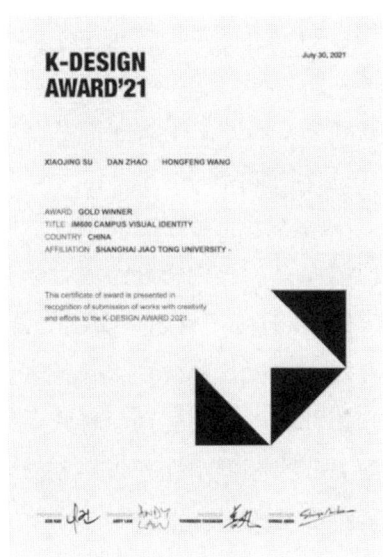

图5-3-5 "创想600"园区设计获2021年度K-Design金奖(亚洲两个最重要设计大奖之一)

园区全面接轨对接上海交大"硬核"的"众创空间+孵化器+加速器+产业园"全链条孵化体系、"载体+技术+服务+投资"四位一体园区运营机制,提升了服务能级。截至2022年11月,创想600基地注册企业300家以上。技术转移中心、知识产权管理公司、农生学院食品安全研发中心、环境学院实训基地、机动学院智邦研发中心在园区设立了工作点;上海交大技术转移中心有限公司、设计学院设计实践中心、媒体与传播学院智能传播研究院联合成立了校外实践基地;人才培养方面,与交大安泰、高金合作充实了科技人才培育体系;园区科技成果

图5-3-6 2021年10月,园区企业葡韵科技"国瑞葡——中国鲜食葡萄栽培新模式"项目团队斩获第七届"中国国际互联网+"大学生创新创业比赛国赛红旅赛道创意组金奖

转化成功案例有上海崟冠智能科技有限公司、上海交大智邦科技有限公司等，产品类型涉及车辆、葡萄酒产业、高端智能装备的研发制造、药物研发等。作为 EFG 闵行分基金会执行单位的分赛点，园区全年受理大学生科创项目申请，总资助金额已超 900 万元。

【科创孵化】

园区形成园校双向畅通的孵化培育体系，主要面向上海交大各工科学院、创业学院、学生创新中心、媒传学院、设计学院等设立众创空间，并协同其他高校、社会创新主体，加强"产学研"，对接"科创+文创"公共服务平台、创业项目孵化等。园区有共建创新创业工作室，设有知识产权管理公司、合作基金公司和项目交流展示平台，科创企业在园区不仅能享受闵行区政策补贴、财政奖励、税收返回以及专业上市辅导，还能获得思源创想基金、众汇创投等资本助力，园区机制性开展科创服务、政策服务、人才服务等创业扶持和竞赛培训等工作，促进了科技成果转化。

2020 年，完成园区 5G 信号覆盖并部署智慧园区系统，人脸识别、智慧路灯、智慧物业、视频监控、环境监测等信息感知平台和园区综合可视化管理平台，成为上海交大校外 5G 科研应用测试基地，承担智慧医疗、无人驾驶、BIM 智慧建筑等科研测试任务。园区科技成果转化成功案例有上海崟冠智能科技有限公司、上海葡韵科技有限公司、上海交大智邦科技有限公司、上海数因信科智能科技有限公司等。崟冠公司目前已完成多种高性能底盘、驱动总成及控制系统的开发，广泛用于军工、无人物流、安防以及教学科研等领域，深受国内外用户一致好评。葡韵公司集葡萄酒酿造、葡萄酒品鉴、葡萄酒文化推广、葡萄酒营销才能为一体，为葡萄酒产业及文化发展赋能。交大智邦公司已掌握了高端装备研发、数字化设计及智慧数字化生产线、数字化车间及智慧工厂建设的关键核心技术，具备了整体方案解决能力，形成了自己的核心竞

图 5-3-7 2021 年 9 月 9 日，"创·在上海"国际创新创业大赛选拔赛人工智能与集成电路专题赛在创想 600 基地分赛点圆满收官

图5-3-8 2021年6月10日，在创想600基地举办"金融赋能科技，驱动产能提升"—科技成果转化金融论坛，闵行房地集团董事长华允弟出席合作签约仪式

争力。数因信科公司是利用人工智能技术开展药物研发工作的高科技公司。2021年10月获得近千万美元天使轮融资，用于建立人工智能计算中心、人工智能制药研发中心，利用人工智能技术推动整个制药产业的智能化升级。园区自2020年5月迄今，助力上海市大学生科技创业基金闵行分会（交大专项）资助项目25个，总资助金额900万元。其中2021年资助项目15个，总资助金额550万元，挖掘项目80余个。助力闵行分会荣获2020年度上海市大学生科技创业基金会"天使基金""特优分会"称号。

【合作共建】

2020年6月4日，上海市开发区协会联合上海交大国家大学科技园闵行园区、南京大学环境规划设计研究院，在创想600基地举办"环境管理工作室"签约暨揭牌仪式，这是上海产业园区绿色制造工作驿站在全市产业园区设立的第一个"工作室"。为园区和企业提供环境影响评价、土壤污染状况调查、"一厂一案"污染防治、清洁生产技术研究、环境安全和EHS培训等一系列"环保管家"服务，并为重点行业和企业制定环保达标建设规范，助推上海交大科技园闵行园区生态文明建设，展现了"校校合作、校企联动"战略合作新模式。

2020年6月17日，"亮吧书房"在创想600基地正式揭牌，这是闵行区政协在吴泾落地的首家"亮吧书房"。该平台让政协委员亮身份、亮才华、亮观点、亮作为、亮态度、亮智慧，为政协委员提供学习的园地、交流的阵地、活动的营地、创智的天地。区政协党组书记、主席祝学军，副主席王一力，秘书长韩朝阳，专委办主任邢红光，吴泾镇党委书记杨其景，有关街镇领导，上海闵行房地集团董事长、总经理华允弟，副董事长、常务副总经理吴杏仙出席揭牌仪式，活动由吴泾镇党委副书记沈军主持。

2020年8月2日，闵行区经济委员会主任林艺，副主任沈丽、彭哲颖，外贸科科长韩莉艳，中国工业设计协会会长刘宁，原市文创办副主任贺寿昌，德必集团董事长贾波及部分闵行区民族企业代表于创想600基地开展"中澳交流中心研讨会"。闵行房地集团董事长、总经理华允弟、常务副总经理吴杏仙，副总经理王静及相关人员出席了会议。研讨会上，与会企业代表、特邀专家们对平台的搭建与交流对接模式提出了建设性的意见。

2020年9月4日，上海市闵行区企业联合会举办创想600基地园区专家服务站揭牌暨签约仪式。专家服务站为方便科创企业了解、掌握、享受各类科技创新政策，联合区相关部门，组织各方面专家，围绕企业关心、政府关注的科技创新政策等，常态化提供及时性强、内容丰富、更具实战性的全方位政策培训。

2020年11月14日，上海交通大学安泰MBA校友会"创想600基地工作站"揭牌，并将常务会议会址选定在创想600基地。目前人工智能研究院、材料学院、电院、机械动力学院等机构，学院的医疗器械、工业机器人等新项目，科技研发成果的校友企业已在园区布局。科技园和校友会强强联手，形成商学和工学的资源交流平台，将共同孵化出具有影响力的创新研发中心和科技成果转化企业，为MBA校友创新创业提供更多政策和资源，同时通过校友会聚合校友力量助力硬科技，使交大科研成果更好地转化。安泰MBA校友会活动站，以"加强互动、合作活动、服务校友、共同发展"为宗旨，还可以让有能力、有经验、有热情的校友成为科技园的创业导师，和园区一起扶持早期项目，孵化更多优质项目，形成环交大人才"聚宝盆"，资源"强磁场"，积极发挥园区孵化培育经验，借助丰富的交大校友资源，促进科技成果转化高效落地。

2021年4月20日，上海闵行交大科技园运营有限公司与企查查科技有限公司在创想600基地签署了战略合作协议。双方发挥各自优势所长，资源共享、互融共通，为入驻园区企业打造创造良好的创业和服务生态环境，以专业丰富各种形式服务助力企业快速成长，为闵行区经济发展提供有力支撑。

2021年4月27日，上海交通大学国家大学科技园创立20周年系列活动之一——策源信息共享·助力创新转化基地论坛暨上海交通大学图书馆与上海交大科技园有限公司战略合作签约仪式在创想600基地举行。活动旨在充分整合三方优势，共享创新资源，助力成果转化。上海市知识产权局公共服务处副处长王圣、上海交通大学图书馆馆长李新碗、上海交通大学图书馆副馆长潘卫、上海交通大学先进产业技术研究院院长金隼、上海交大科技园有限公司董事长曹兆敏、上海交大科技园有限公司总经理杜松宁，以及来自学校图书馆、产研院、科技园的嘉宾和园区企业代表60余人出席。曹兆敏指出，交大科技园深入贯彻市委市政府关于高质量建设大学科技园的指示要求，与图书馆探索建立创新资源共享机制，推动学校学术文献信息资源服务科技创新策源；与产研院探索建立科技成果供需信息共享机制，加强对科技成果的梳理、跟踪与挖掘，为科技成果转化贡献力量。李新碗表示图书馆要充分发挥高校信息资源和人才资源优势，为知识产权的运用、保护、管理提供全流程服务，不断完善知识产权信息服务体系，丰富知识产权服务内容，搭建高校科技创新与成果转化的桥梁平台。金隼院长强调，交大正着力构建科技成果转化"1+5+20"政策体系。希望通过合作为学校探索构建可复制可推广的科技成果转化模式开展新尝试、做出新贡献。曹兆敏董事长与李新碗馆长还共同为"上海交通大学知识产权信息服务中心大学科技园分中心"揭牌。上海交通大学知识产权信息服务中心是为学校创新人才培养、学科建设以及成果转化提供高质量知识产权信息服务的专业机构，为将中心资源向科

图5-3-9　920启源科技园

技园充分开放，为区域创新主体提供专利申请前预检索、知识产权分析评议等专项服务，分中心落地科技园。

三、920启源科技园

920启源科技园位于闵行区剑川路920号。建筑面积1.25万平方米，原为上海飞乐股份公司所属工厂。现作为科创园区运营，代表性入驻机构有上交启源（上海）数字科技有限公司、上海易选生物科技有限公司、上海交大机电实验室等。

四、剑川路930号

剑川路930号科创园区，原为上海索广公司生产车间，权属上海仪电资产管理集团，由南滨江公司整租，弄升公司负责改建、装修并运营。园区建筑面积20 987平方米。2019年6月29日，上海交大医疗机器人产业园成功开园，初步形成以医疗机器人、人工智能等产业为导向的创新创业集聚效应，已成功落地转化逾十家医疗机器人相关项目，可为相关产业提供7 300平方米的孵化空间，以及共享洁净室等配套设施。未来将形成极具特色的高端医疗机器人初创企业集聚地，形成集研发、测试和孵化为一体的多功能众创空间。代表性的项目：术锐（上海）科技有限公司已完成数千万元A轮融资，其研发的柔性臂内窥镜下手术机器人系统已达到国际领先水准，被称作中国自己的"达芬奇机器人"；精劢医疗科技有限公司开发的胸腹腔肿瘤穿刺手术机器人系统，有望投入临床试验；2019年8月，上海人工智能研究院近6 600平方米的载体空间建成，建立了创新生态中心、综合运营中心、学术智库中心、培训中心等四个子平台，及智能网联中心、链网协同中心两个创新中心为主的人工智能产业平台，承担上海市人工智能研发与转化培育建设任务，重点开展人工智能领域基础与核心技术研发、关键与共性技术应用、成果转化与人才培养等工作。

五、剑川路950号

剑川路950号科创园区，原为上海仪电集团启源科技园，权属仪电资产集团，由南滨江公司整租，弄升公司负责运营。建筑面积17 499平方米，通过外墙改造、绿植、户外广告牌等整修，提升了形象。承接上海交大师生创业孵化和科技成果转移转化项目，依托交大材料学院等智能资源，引进新材料、生物医药等产业项目，引进的具有代表性的项目有交大陶铝3D打印项目、谛宝诚（上海）医学影像科技有限公司等。

图5-3-10　剑川路930号科创园区

图5-3-11　剑川路950号科创园区

图5-3-12　剑川路955号科创园区（灰黑色大楼）

六、剑川路955号

剑川路955号科创园区，原权属上海吉思美家纺有限公司，由弄升公司整租并负责运营。2021年，弄升公司100%股权并购吉思美家纺公司，实现对剑川路955号资产的长期持有和孵化基地的稳定运营。园区建筑面积17 709.44平方米。根据上海南部科创中心核心区重点发展"4+2"产业的要求，重点引进上海交大量子医学研究中心、引进接力空间等孵化器。此外还重点引进软件开发企业、教育科技公司，代表性企业有上海软科教育信息咨询有限公司、上海易校信息科技有限公司、上海云扩信息科技有限公司等高新企业等。同时对入驻企业腾笼换鸟，提升园区产业能级，调整清退不符合园区产业定位的租户26户，释放6 256.6平方米载体空间，成为大零号湾区域科创类企业孵化基地。抓住横泾港景观改造契机，完成955底层商业布局及局部区域改造，提升了公共环境。

七、飞马旅交大科创园

飞马旅交大科创园位于闵行区剑川路953弄134号、154号、184号，空间面积2.8万平方米。运营机构是上海沧马企业管理有限公司。飞马旅交大科创园聚焦科技成果转化，专注运营服务，助推企业成长，通过搭建完整、专业的创业服务平台和成长培育生态体系，依托上海交大、华东师大两所"985"高校资源以及航天、航空、船舶系统十多所专业院所，做强高校师生创业孵化、科技成果转化的功能，以培育和孵化科技型创业企业为目标，建设成为高校科技成果转移转化的首先承载区，区域创新创业集聚的重要功能区，形成了以"智能化""泛健康"为核心的特色产业集群。

园区依托飞马旅自身业态资源，坚持市场化运作，以"空间、创服、投资"三大块内容为核心，设立飞马空间、飞马创服、飞马资本运营细分板块。通过精细化的服务，多维度与企业互动交流，为入驻企业带来专业、贴心、多样化的园区体验；打造智能化管控模式，提升园区运营管理效能；打造精品服务模式，实现服务模式外拓输出，为品牌提供更广阔的发展空间和经济效益。

园区将着力打造科学家创业服务中心，帮助科学家们将最前沿的研究成果带到产业中来，打造产业园区未来发展的核心竞争力；与上海交通大学教育发展基金会（菡源资产）、金沙江创投、红杉资本、启明创投、晨晖创投、启高资本、青松基金等投融资机构深度合作，打造投资人俱乐部，助力企业顺利融资获得发展；与普华永道创新中国联合举办普华永道创新中国 x 飞马旅交大科创园加速营，为创新企业在成长期的各个阶段提供多维度资源支持，助力科创企业资源匹配，更好服务上海市科创中心建设和区域经济发展，构建互联互通、融合共生的创新创业生态体系。

自 2018 年开园以来，飞马旅交大科创园坚持以技术发展驱动，致力于打造领先的高新技术、模式、人才高地，现已累计成功实体孵化创业项目 70 余个，带动就业 1 000 余人，其中，12 家高新技术企业、5 家专精特新企业、2 家科技小巨人、1 家企业技术中心；另外，园区自成立以来共协同 15 家创新企业相继完成了 8 个业态创新项目，助力 20 多家企业融资总金额约 11 亿元人民币。

图 5-3-13　飞马旅交大科创园

图 5-3-14　上海易迈研发大楼

图 5-3-15　电驱动园区

八、易迈科创园

易迈科创园位于剑川路沧源路口，与上海交大仅一墙之隔，原属上海易迈纤维有限公司生产车间，股东为香港太平洋宝丽纤维有限公司。原厂房总建筑面积将近1万平方米。根据大零号湾科技创新策源功能区的统一规划，鼓励港资在上海企业转型。由股东方出资对老厂房进行改造，并成功转型为科技园区。科创园成功引进上海骄成超声技术有限公司等一批高科技企业。

九、电驱动园区

电驱动园区权属上海电驱动股份有限公司，位于剑川路953弄322号，建筑面积约2.5万平方米，是沧源科技园内最早的孵化园之一，吸引了多家上海交大系企业入园。园区代表企业有上海和伍精密仪器股份有限公司等，园区还成功孵化了主板上市公司上海柏楚电子科技股份有限公司。

十、思源创新园

思源创新园位于闵行区沧源路1200号，为沧源科技园内最早的孵化园之一，与上海交大仅一墙之隔，吸引了多家交大系创业团队入驻。主要入驻机构有上海锐创达生物医药有限公司、上海研琛科技有限公司、上海存烨光电子技术有限公司等。

图5-3-16 思源创新园

图5-3-17 龙湖蓝海引擎·淡水河畔

十一、龙湖蓝海引擎·淡水河畔

　　龙湖蓝海引擎·淡水河畔位于剑川路，与上海交大一墙之隔。上海交大科技园闵行公司在该项目空间载体内积极扶持交大产业资源及孵化创新创业团队。2021年5月26日，龙湖淡水河畔基地启动。园区新增载体运营面积2万平方米，截至2021年底，已实现90%以上入驻率。龙湖淡水河畔基地引进了如上海图灵智算量子科技有限公司、上海节卡机器人科技有限公司等一批有技术含量的交大系科技成果转化典型企业。

　　这一科创园是政企合作的代表性城市更新项目，位于闵行南部科创中心核心区剑川路888号，占地面积81 130平方米，建筑面积46 313平方米。项目分东、西两区，东区定位"研发+生产"，西区定位"研发+办公"，东西两区共46栋。项目定位智造型2.5产业园，聚焦高新技术、航空航天、生物医药等智能制造产业领域。

项目前身是村集体主导建设的黄二村工业园，在闵行区建设沪南科创中心的发展背景下，由龙湖集团联合闵行区、颛桥镇、黄二村及区资产公司对其进行改造升级。园区定位2.5产业园，担负着区域产业转型升级、经济结构优化调整的时代使命与责任。

十二、华谊万创·新所

华谊万创·新所原为大中华正泰橡胶厂，坐落在沪闵路1441号，总占地面积69 895平方米，建筑面积86 359平方米。项目地处"大零号湾"全球创新创业集聚区核心区，为盘活存量资源，支持区域社会经济发展，按照闵行区政府第50期《关于南滨江地区工作推进专题会会议纪要》精神，由华谊实业、上海万科和弄升公司共同出资成立上海谊智企业发展有限公司，依据区域产业定位和发展要求，利用现有土地属性和现状厂房，对项目进行存量装修改造和产业转型，打造具有国际影响力和产业带动力的科创产业园。三方股东于2019年10月15日正式签署合作协议，公司自2019年12月6日正式成立，注册资本32 000万元人民币。其中，弄升公司占股10%，应出资3 200万元，截至目前，累计已完成出资2 730万元。

项目装修改造工程于2021年10月竣工交付，园区自2021年11月30日正式启幕。目前招商签约率已完成约55%，闵行公司运营面积2.7万平方米，功能定位为加速器，重点吸引智能制造、高端装备、新一代信息技术、新材料等产业领域的科技成果转化企业入驻。以下为基地引进成果：交芯科（上海）智能科技有限公司、上海氪尘科技有限公司。

十三、上海紫竹新兴产业技术研究院

上海紫竹新兴产业技术研究院（以下简称"紫竹产研院"）成立于2010年，利用紫竹高新区和上海交通大学等创新资源的实力，承担科技创新和新兴技术产业化研究和攻关工作，并进一步提升上海科技成果转化能力。

图5-3-18　华谊万创·新所

图5-3-19 上海紫竹新兴产业技术研究院

紫竹产研院（一期）占地约20 000平方米，建筑面积约42 360平方米，可租面积约33 000平方米，已全部建成投入使用。地处大零号湾科技创新策源功能区，紧邻上海交通大学、华东师范大学、紫竹国际教育园区等高校机构，自然及人文环境优越，区位优势显著，交通便捷，地铁15号线已通车。结合闵行区产业重点领域及产研院产业发展基础，从未来经济增长动力集中的领域选择人工智能、生物医药等作为主要发展方向。作为上海智能医疗创新示范基地建设先期项目载体，紫竹产研院一期打造智能医疗及生物医药产业研发办公、专业孵化器、路演会议中心、配套企业服务平台。毗邻园区的大零号湾科创大厦，更是集聚了行政服务中心、科创服务中心、人才服务中心、高端人才服务中心等部门，综合服务能力完善，满足科创企业的各类需求。园区出租率近95%，有中科新生命、英基生物、氪就医疗、致臻志臣等28家行业领先企业入驻。2021年园区实现税收贡献约7 000万元。园区内拥有科技小巨人企业2家，专精特新企业5家，企业技术中心1个，估值超10亿元的企业2家，高新技术企业11家。为营造更优质的办公科研环境，园区物业不断升级改造，一楼大堂区域建设展厅、休闲空间及党群服务中心，利用大堂挑高空间搭建夹层，方便园区员工休憩洽谈。同时，华东师大创业创新孵化器也在建设中，预计2023年5月投入使用，为华东师大师生提供良好创业环境，加速科研成果转化。

紫竹产研院（二期）项目名称"大零号湾国际智能医疗创新中心"，项目建设地块位于一期项目北侧，上海市闵行区吴泾镇MHPO-1001单元03A-06A地块。规划建设指标：用地面积19 972平方米，约30亩，总建筑面积89 053平方米（地上建筑面积59 916平方米，地下建筑面积29 137平方米），停车位约580个。建设内容为：6栋科研综合楼、地下车库及辅助用房。项目拟于2025年竣工交付。园区6栋载体中，1-1栋（13层）、1-2栋（17层）为自持办公，2-1栋（11层）为租转售办公，3-1栋（8层）、3-2栋（5层）、3-3栋（5层）均可对外销售。该项目是大零号湾科技创新策源功能区智能医疗板块加快推进优质科创载体建设的重要项目，重点布局发展基于大数据、云计算、人工智能和生物科技的智能医疗行业领域，通过与高校、科研机构合作以及导入行业领军企业，建设智能医疗产业五大公共技术服务平台，包括前沿检测技术公共服务平台、智能医疗机械及软件公共服务平台、创新治疗技术公共服务平台、医学大数据公共服务平台、医疗互联网公共服务平台；以五大公共服务平台为引擎，打造创新诊断、智能医疗、干细胞再生医学、医疗机器人等四大产业集群，及以生物医药、人工智能、智能医疗为主导的三大类重点战略新兴产业。形成上海南部科创区智能医疗、生物医药、医疗大数据等行业的人才高地、技术高地、战略高地和国内一流、国际领先的智能医疗创新中心、服务中心和产业中心，将大零号湾建设成为上海全球影响力科创中心和国家科学中心建设的重要组成部分。

十四、佳通夏日创园

2021年6月6日，佳通夏日创园启动开工。项目由（一期）和（南区）两个地块组成，占地面积约42 670平方米，规划建筑面积约19万平方米，项目与上海交通大学闵行校区仅一墙之隔，全部为地下三层结构，由原业主佳通集团自主转型投资建设。

图5-3-20 佳通夏日创园施工现场

图5-3-21 佳通夏日创园鸟瞰效果图

夏日创园（一期）项目，地块将转型为集各项产业产品平台，建筑设计、文创、手工艺品等研发设计，高端时尚创意设计平台，产品展示推广平台等于一体的"现代创意设计产业集聚平台"。（南区）项目，地块将转型为集新材料、集成电路、人工智能、云计算、网络信息、传感控制与仪器仪表研发平台等产业为一体的"新一代信息技术产业研发平台"。项目目前处于建设阶段，将成为大零号湾又一科创新"地标"。

十五、宏润科创中心

宏润科创中心项目2021年8月9日开工。该项目建设单位为上海泰阳绿色能源有限公司，隶属浙江宏润建设集团。本项目为2021年度闵行区重大产业项目，是工业转研发的存量转型项目，规划用地面积1.27万平方米，新建2幢16层建筑，总建筑面积7.14万平方米，总投资6.5亿元，预计2024年竣工。项目建成后将导入宏润集团既有功能业务板块，包括建筑信息化模型（BIM）设计中心、新能源产业中心、轨道交通技术研发中心、智能机器人研发中心、盾构

图5-3-22　宏润科创中心施工现场

图5-3-23　宏润科创中心效果图

图5-3-24 云境443

机研发中心、设计管控中心等,未来宏润建设集团还将围绕智能制造、高端制造领域积极拓展新的产业增长极。达产后,预计年纳税总额将达5 700万元。

十六、云境443

由上海弄尚实业发展有限公司打造的云境443科创园区位于沪闵路443、445号,为上海南部科创中心焦点区域,毗邻上海交大、华东师大,坐拥轨道5号线、23号线交汇优越的交通枢纽条件,项目用地面积约13 000平方米,总建筑面积约16 000平方米,由9栋楼宇组成。园区打造开放式的数字经济产业社区,并将数字化生活、创意办公、社区生活有机结合起来,积极导入高校数字产业专家委员会产业资源,汇集了国家文旅部、上海交大等知名高校和企业资源,上海市社会科学创新研究基地交大智能传播研究院、世界华文传播研究中心也将在园区挂牌,还与交大设计学院共建零碳智慧园区联合研究中心,形成数字经济产业集群,同时国际化加速孵化基地三大孵化场景,创业服务、投融资服务、知识产权等十大企业科创服务提升能级,助力大零号湾提质加速。在横泾港贯通后,这里还将成为"科创水街"的一部分,不仅对园区企业开放,更对周边市民敞开大门。这里每年还将举办多场公开演讲(TED演讲)、脱口秀、数字艺术品展览、项目路演等活动,为周边地区带来更多元的文化创意体验。

十七、云境383/427

由上海弄尊智能科技有限公司筹建的云境383/427科技大厦位于沪闵路383号、427号,

图5-3-25　云境383/427效果图

东至横泾港，南至上海市民政干部学校，西至沪闵路，北至新闵村。土地面积26 310平方米（约39.46亩），项目规划土地性质为教育科研设计用地（C6），容积率3.6，建筑高度80米。将打造"智能智造研发总部产业园"，项目未来将与上海交通大学国家大学科技园闵行园区创想600基地联动，导入数字产业，赋能产业升级；引入文创和创意孵化器具体成果，落地硬核项目，打造未来城市地标；实现产业集聚化、土地集约化，进一步提升区域产业发展质量。

十八、大零号湾·国盛健康云城

根据上海市打造具有全球影响力科创中心战略部署和闵行区承接上海南部科创中心建设的总体要求，为发挥上海张江国家自主创新示范区核心示范作用，进一步加快大零号湾开发建设，提升项目引入质量和水平，经闵行区政府第47次常务会议审议同意，闵行区人民政府与上海国盛（集团）有限公司（简称"国盛集团"）于2018年底签订了合作框架协议。协议中明确支持南滨江公司与国盛集团所属上海国盛集团置业控股有限公司主导上海智能医疗创新示范基地一期3、5、7号地块的开发，围绕南部科创中心核心区建设，联手打造国际化、专业化的高质量创新示范基地，项目案名定为"国盛闵行·健康云城"（后改名为"大零号湾·国盛健康云城"）。

由上海国盛集团置业控股有限公司、上海天亿实业控股集团有限公司、上海南滨江投资发展有限公司、上海闵行房地（集团）有限公司、上海平付健康咨询有限公司以及宝藤福安医药科技（上海）有限公司签订关于上海智能医疗创新示范基地一期3、5、7号地块项目的合作协议，并共同出资成立上海盛闵智能医疗科技开发有限公司，负责上海智能医疗创新示范基地3、5、7号地块的开发建设和招商运营等职能。项目总投资约20亿元，投入使用后年营业收入约20亿元，税收约2亿元。

大零号湾·国盛健康云城项目整体占地63 422平方米，总规划建筑面积约180 000平方米，项目拟于2024年底竣工交付。

该项目位于大零号湾科技创新策源功能区范围内，享受"张江"和"大零号湾"双重政策，属于吴泾镇核心区域位置，距离地铁15号线永德路站200米，毗邻上海交通大学、华东师范大学、紫竹高新区、闵行开发区和莘庄工业区等，拥有丰富的创新创业资源。项目采用"基金＋产业＋基地＋智库"模式打造产业生态圈，开展前沿检测、智能医疗器械及软件、创新治疗技术等三大前沿产业集群建设。大零号湾·国盛闵行健康云城整合大型国资运营平台，拥有卓越服务团队，为入驻园区企业提供专业化的企业服务。项目产品规划充分考虑生物医药、医疗行业的研发办公需求，地下室6米层高，首层研发大堂6米层高，标准层研发办公4.2米层高，顶层预留7.9米层高。同时，园区配备市政双路供电，保证企业用电量和用电安全，充分满足生物医药企业的实际需求。

图5-3-26　大零号湾·国盛健康云城施工现场

图5-3-27　大零号湾·国盛健康云城效果图

十九、大零号湾·海联智谷

大零号湾·海联智谷科创园坐落于闵行区华宁路3333号，处于上海莘庄工业区的核心区域，是距离市区最近的104地块之一，区位优势明显。园区总占地面积138亩（约9.2万平方米），规划设计总面积21.4万平方米，其中地上面积18.4万平方米，由双子塔和独栋厂房组成，15%的商业配套主要集中于双子塔，涉及人才公寓、咖啡餐饮、运动休闲、影音阅读、会议培训等配套设施，地下面积3.6万平方米。园区已获得平台资质，用地年限为50年产权。为支持大零号湾产业转移和孵化，本园区已完成大环评，园区建筑可用于研发和生产，且50%建筑可分割转让。园区聚焦于大健康、协同创新、新材料、智能制造等产业。目前园区已建成生物医药实验室共享型孵化器、加速器等。已挂牌"大零号湾·科创孵化器""复旦上医生物医药创新产业基地"及"上海市生物医药技术研究院科研成果孵化基地"，2023年被评为闵行区民营企业高质量示范园。园区提供专业化服务，为入驻企业发展提供全方位服务保障，打造专业服务平台，平台有：创业辅导平台、金融服务平台、法律咨询平台、信息管理平台、运营服务平台、政策扶持平台、销售渠道平台、党群联系平台等。园区提供政策扶持，作为闵行区"一体多翼一基地"产业载体空间布局中的重要一翼和大零号湾产业转移用地，战略地位突出。除享受国家级的协同创新产业特惠政策外，还能享受大张江、大零号湾、人才服务等相关政策，多重政策叠加，为企业提供优厚的产业扶持。

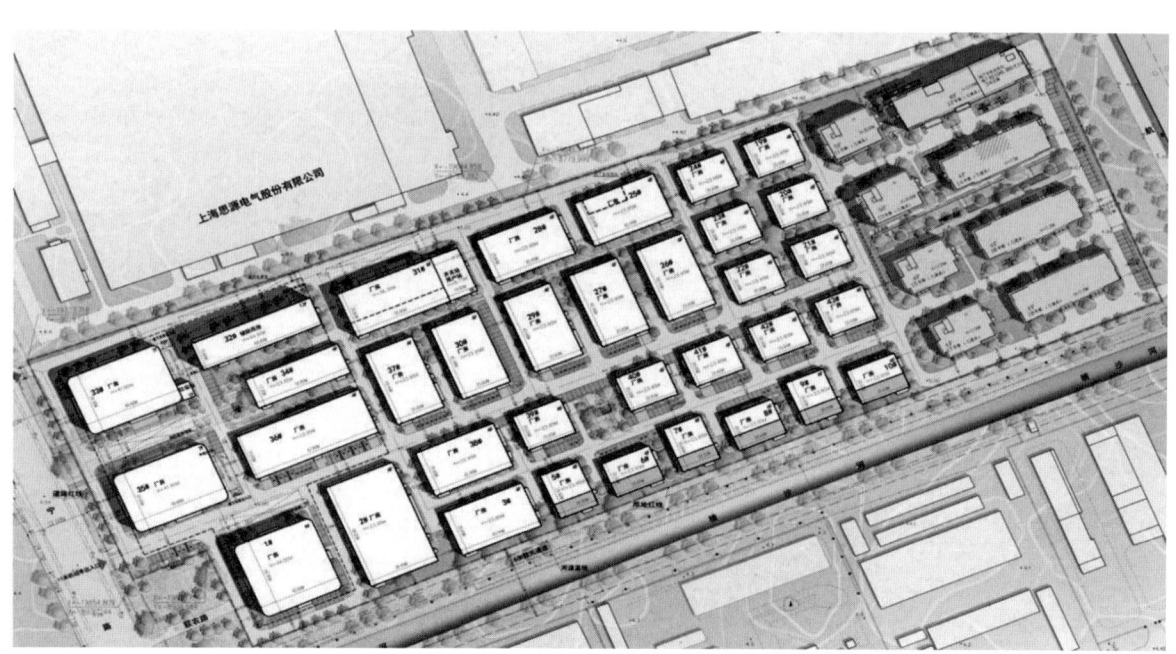

图5-3-28 大零号湾·海联智谷科创园平面图

第四节

新型高水平机构涌现

一、上海交通大学医疗机器人研究院

2017年12月21日，由闵行区政府和上海交通大学合作共建的上海交通大学医疗机器人研究院揭牌成立。围绕国家重大医学需求，在"健康中国"战略规划引领下，闵行区政府结合打造上海南部科创中心，重点布局生物医药产业。作为上海交大多学科交叉的高水平校级研究平台，医疗机器人研究院的建成，可以进一步发挥医药产业的影响力、产业集聚和带动效应。

根据闵行区和上海交大商定的《医疗机器人研究院共建资金使用和管理办法》，闵行区支持上海交通大学医疗机器人研究院共建资金规模为2.5亿元。闵行区成立医疗机器人平台公司作为上海交通大学医疗机器人研究院的共建主体。2018年4月19日，成立上海南飕机器人科技发展有限公司，注册资金人民币2.5亿元。其中，南滨江公司占80%股权，上海闵行房地（集团）有限公司占20%股权。

研究院对接"健康中国"国家战略，围绕国家重大医学需求，服务大健康产业发展，面向微创手术、康复治疗、生活辅助等各类医疗应用，开展医疗机器人技术的基础和应用研究。研究院涉及生物、医学、机械、材料、信息、控制、计算机等不同学科，集研究、教育、开发、临床、转化及服务等于一体，基于手术机器人、康复与辅助机器人、医院自动化机器人三大研究方向，建设手术机器人，康复与辅助机器人，医院自动化与高通量机器人，微纳系统，感知与认知，智能复合材料，生物电子、生物混合与仿生系统，生物光子学，精密机电与制造及机器人视觉与影像介入等十大中心。发展愿景：瞄准医疗机器人技术国际前沿研究方向，对接国家高端医疗器械装备产业发展战略需求，建设国内领先、国际一流的医疗机器人核心技术研发平台，支撑上海建设医疗机器人产业关键技术转化平台，推动我国医疗机器人技术的创新研究、技术转化和产业发展；建立多学科多领域交叉融合的人才培养机制，创建国家医疗机器人产业的高端人才培养基地。汇聚国际一流研发人才，建设具有国际影响力的医疗机器人前沿研究的大师荟萃地、产业创新转化的人才集聚地。主要任务：发展攻克肿瘤、心血管、脑卒中等重大疾病的智能、微创医疗机器人前沿技术，实现精准诊断与微创治疗；开展校地、校企合作，推进产学研医工结合，实现研究成果的快速转化，建设成为上海"南部科创中心"的重要载体，支撑上海全球科创中心建设；支撑和服务中国医疗机器人产业发展。

2019年6月29日，上海交大-闵行医疗机器人产业园正式启动成立。上海交大-闵行医疗机器人产业园位于上海市闵行区剑川路930号，建筑面积7 000平方米。产业园依托上海交通大学医疗机器人研究院，紧密结合闵行区创新驱动发展战略和战略性创新产业布局，通过校地企医政产学研用新模式，以"高校研发、在地孵化、有组织的转化"的方式，秉承"产业孵化、积聚双创资源"，打造一套完整的医疗机器人产业生态系统和医疗机器人产业链，为闵行区医疗机器人产业培育火种。

二、上海人工智能研究院

2018年10月25日，上海交通大学、闵行区政府、上海临港经济发展（集团）有限公司和博康控股集团有限公司举行"上海人工智能研究院"合作签约仪式，四方共同签署了共建"上海人工智能研究院"的合作协议和成立上海人工智能研究院有限公司的股东协议，标志着四方就推进建设"上海人工智能研究院"建立了互信共融的伙伴关系。上海人工智能研究院是人工智能技术研发与转化功能型平台，落户于"零号湾"全球创新创业集聚区剑川路930号。

2019年8月31日，上海市委副书记、市长应勇为上海人工智能研究院有限公司等四家人工智能产业机构揭牌。上海人工智能研究院有限公司由上海交大科技园公司、上海交大知识产权管理公司、临港集团、博康集团（后由商汤科技收购博康全部股权）和南滨江公司共同投资组建。

图5-4-1　上海人工智能研究院

上海交通大学在人工智能领域具有雄厚的学科基础。根据2020年QS世界大学学科排名，上海交通大学计算机科学与信息系统学科排第34名，电子电气工程学科排第29名，数学学科排第39名；在第四次国家一级学科评估中，支撑人工智能核心领域的计算机科学与技术、信息与通信工程、控制科学与工程科学均评为A。上海交通大学在人工智能领域汇集了一支50人左右的高水平师资队伍，包括3名两院院士、4名国际电子电气工程师学会会士（IEEE Fellow）、2名长江学者、4名国家杰出青年基金获得者等在内的30余名国家级人才。

上海人工智能研究院作为新型研发机构，承担上海市人工智能研发与转化培育建设任务，重点开展人工智能领域基础与核心技术研发、关键与共性技术应用、成果转化与人才培养等工作。研究院肩负助力上海科创中心建设人工智能板块战略发展的重要使命，致力于机制体制创新、先试先行，打造多元共建、开放合作、国际协同的新型研发机构。

三、宁德时代未来能源（上海）研究院

2021年2月，在上海交大积极协调下，闵行区正式启动引进宁德时代未来能源研究院事宜，委派南滨江公司与宁德时代项目方开展工作对接。经过多次现场考察，最终确定选址南滨江智能医疗创新示范基地8号地块，并与上海交大未来技术学院建立人才输送与协作创新联动。此后，上海市经济和信息化委员会、闵行区人民政府、宁德时代新能源科技股份有限公司、上海交通大学签订四方战略合作框架协议，在闵行布局建设上海交通大学未来技术学院和宁德时

图5-4-2　宁德时代未来能源（上海）研究院效果图

代未来能源研究院，远期建成全球未来能源创新中心。2021年8月，宁德时代未来能源（上海）研究院有限公司注册落户大零号湾区域。2022年1月8日，宁德时代未来能源（上海）研究院正式入驻大零号湾。

宁德时代未来能源研究院致力于新能源科技及新材料领域内的科学研究、技术服务、技术开发、新兴能源技术研发、软件开发等内容，将发挥新能源行业的技术及产业引领作用，带动区域发展。未来目标建设成为"科研创新"和"人才培养"相结合的前沿平台，通过快速引进国际一流的人才及资源，加速科研布局，争取率先突破关键核心技术，提升改造现有的产业和业务结构，拉动全面高质量发展。

2022年11月25日，《科技部 教育部关于批复未来产业科技园建设试点的函》印发，全国仅10个科技园获批建设试点，上海交通大学、闵行区人民政府、宁德时代未来能源（上海）研究院有限公司共同建设的"未来能源与智能机器人未来产业科技园"成功获批建设试点。"未来能源与智能机器人未来产业科技园"（简称"未来产业科技园"）将充分发挥宁德时代、国家电投、天合光能等龙头企业的产业技术前瞻布局和创新需求的牵引作用，依托上海交大未来技术学院、智慧能源创新学院等校企共建的交叉创新平台整合支撑学科基础前沿研究资源，校企协同布局应用研究重点方向、开展关键核心技术攻关。同时，发挥未来产业科技园孵化优势和龙头企业的产业链吸附优势，集聚未来能源方向学校科技成果转化项目和业界创新企业，使园区大中小企业得以高效利用产业链资源。未来产业科技园将充分发挥上海交大在机器人方面科研实力国内领先的优势，与交大元知机器人研究院、医疗机器人研究院密切联动，为园区智能机器人企业提供技术创新服务。发挥孵化服务优势，利用节卡机器人、术锐科技等为代表的"交大系"智能机器人成果成功转化企业的集聚示范效应，吸引更多的智能机器人方面新锐企业和领军企业，构建依托学校源头创新的百花齐放的智能机器人产业孵化生态。

四、上海交大元知机器人研究院

为推动机器人理论与技术交叉创新，加快培养机器人领域高端人才，助力上海市全球科创中心建设，2021年9月上海交通大学成立元知机器人研究院。研究院获元知科技集团捐赠。

研究院作为学校探索新时期学科交叉模式的平台之一，将联合机械、材料、计算机、数学、物理等多个学科，重点开展机器人学基础理论、新材料及功能器件、机器人机构与结构、人工智能与自助式系统、人机交互与生机电系统等方向的研究，研发关键部件与创新机器人本体，并在工业、国防、服务等行业开展系统集成与应用示范。

研究院以"研机器形元，知拟人未来"的理念，开展机制体制创新，将在全球范围内招募一批顶尖科学家与专业人才，集聚并形成具有全球影响力的研究团队，广泛吸纳社会支持，建立合作共赢体系，成为机器人领域的原创科学技术的策源地，形成人才培养、科学研究与成果转化的融合示范。

图5-4-3 上海交大元知机器人研究院

五、上海交通大学未来技术学院

2021年5月，教育部公布了首批未来技术学院名单，包括上海交通大学在内等12所国内高校入选。2021年8月18日，上海市经济和信息化委员会、上海市闵行区人民政府、宁德时代新能源科技股份有限公司、上海交通大学四方签订战略合作框架协议，在闵行布局建设上海交通大学未来技术学院和宁德时代未来能源研究院，远期建成全球未来能源创新中心。8月19日，上海交通大学未来技术学院（后冠名为"溥渊未来技术学院"）正式揭牌成立。闵行与宁德时代共建创新研究院，是基于产业发展的研究，将在应用转化方面发挥更多作用，两个研究院（上海交大未来技术学院和宁德时代未来能源研究院）之间将会更好地相互协作、相互促进，在未来的能源发展方面做出更大努力。

上海交通大学未来技术学院瞄准前沿科学，着眼于未来能源和未来健康技术，开设可持续能源和健康科学与技术两个新专业。

上海交通大学未来技术学院将人才培养理念从面向当前转为面向未来，建立以学生为中心、以学生能力培养为导向的人才培养体系。开展E3（Experiential、Engineering、Education）体验式工程教育，在传统的课程教育模式基础上，加强基于科研和实践项目以及课外活动的学习方式，聚焦学生数理知识的应用、工程问题的解决、创新设计、合作沟通、领导、批判性思维、人文素养、职业道德、社会责任意识、终身学习等能力的培养。此外，上海交通大学未来技术学院还将打破现有传统专业之间的壁垒，为学生提供跨专业选课的便利。合理设计培养计划，真正以兴趣驱动为导向，提供细颗粒度模块化、定制化的课程选择，给予学生更加充分的自主选择权。同时，制定过程化、制度化人才培养质量控制体系，形成一套持续自我改进的机制，确保人才培养的质量。

第五节

双创企业发展壮大

"大零号湾"科技创新策源功能区集聚了数千家双创企业,本节收录629家主要代表性入驻企业名单,并简要介绍其中25家。

一、上海诺通新能源科技有限公司

上海诺通新能源科技有限公司入驻创想600基地,成立于2021年5月,是国内著名企业山东力诺瑞特新能源有限公司与上海交大的产业化成果,致力于提供先进新能源低碳技术的社会服务平台。由上海交通大学机械与动力工程学院王如竹教授带队研发。王如竹教授任上海交通大学制冷与低温工程研究所所长,"万人计划"领军人才,数次获国家、教育部、上海市科技进步奖。公司法人代表朱林军,总经理胡斌。公司以空气能、太阳能等可再生能源为基础,集研发、组装、服务于一体,可以为广大客户提供低碳、绿色的分布式工业蒸汽设备和综合能源解决方案,满足各类用能需求。目前拥有23项专利,其中实用新型10个,发明13个。

二、奕目（上海）科技有限公司

奕目（上海）科技有限公司成立于2019年,是国内唯一、国际唯二的光场相机厂商。公司入驻零号湾、华谊万创·新所基地,企业核心技术源自上海交通大学,创始人李浩天为学校2016届机械动力与工程学院校友,在多项自然科学基金、国家重大专项的资助下,自主掌握了复眼仿生光场成像技术的全链路核心技术,发展了具有完全自主知识产权的VOMMA®系列光场相机。该产品革新了机器视觉行业,通过采用紫外光刻技术,在邮票大小的芯片上集成制造百万至千万颗微小透镜单元,来模拟昆虫复眼,从而赋予相机精准快速感知三维信息的能力。结合计算成像技术,实现对多维度光线信息的瞬时解算,达成单次拍摄、微纳级精度、瞬时三维建模的独特性能。VOMMA光场相机完美地解决了半导体、3C（计算机类、通信类和消费类电子产品的统称）、新能源电池、航空发动机等高端制造行业"透明、反光、微深孔"等复杂产品三维缺陷检测的痛点,已成功应用于各大龙头企业的生产线。短短两年时间内,奕目受到了投资界广泛的青睐与认可,获得经纬创投、原子创投、苏州华兴源创科技股份有限公司（SH.688001）、深圳市力合创业投资有限公司（深圳清华大学研究院旗下基金）等多家知名机构及上市公司近亿元的投资。

奕目科技的光场相机智能三维缺陷检测系统,其载体为光场相机。通过仿生昆虫复眼成像，将几十万至几百万个微小复眼传感器精密封装成一台相机，采用三维光场成像技术作为产品关键技术，实现了"单相机、单次拍摄、三维成像"，解决了"透（玻璃）、薄（薄膜）、微（微精密金属）"三维缺陷，以及三维尺寸快速精密检测的难题。目前，奕目科技已推出多款不同型号的光场相机产品，可广泛应用于屏幕缺陷三维检测、实时手势识别、工件三维检测等现实场景。

自成立以来，奕目科技受到了投资界广泛的青睐与认可，近日，公司又完成了数千万元的Pre-A+加轮融资，投资方为东瑞投资旗下基金。

三、上海享爱健康科技有限公司

上海享爱健康科技有限公司入驻紫竹产研院，是医学仿真行业综合方案提供商，一家运用3D打印技术、仿真人体技术、虚拟现实和人工智能技术于临床医学仿真模型器械制造和实训的公司，为医学实训提供一种崭新的虚实结合教育模式。公司创始团队和光韵达集团（股票代码300227）医疗板块公司于2019年12月合作成立该公司。公司经营产品和服务分为三类，分别为3D打印仿真人体、手术训练平台、虚拟现实/混合现实医学应用和开发。3D打印仿真人体能够替代尸体、优于尸体，并且能够仿真各种患者病灶，结合视觉仿真、术学仿真和触觉仿真，体验真实手术场景，可以用于基础及专业训练。手术操作训练平台提供真实手术模拟操作训练，分别有脊柱系列仿真手术训练平台、关节系列仿真手术培训平台、介入系列仿真手术训练平台和胸腔系列仿真手术训练平台等。

四、上海中科新生命生物科技有限公司

上海中科新生命生物科技有限公司成立于2004年12月，2018年入驻紫竹产研院，专注于质谱技术在科技服务、生物医药、精准医疗领域的应用开发（服务、产品）。已建科技服务（蛋白/修饰/代谢研究）、生物医药及精准医疗三大服务平台，获得中国计量认证（CMA）、邓白氏认证及ISO9001质量认证。已完成A轮融资约2亿元，现正进行B轮融资约4亿元，未来每年营收计划40%增长率，2024年计划科创板上市。

五、术锐（上海）科技有限公司

术锐（上海）科技有限公司入驻剑川路930号交大医疗机器人产业园，公司发展后迁至淡水河畔科创园，由上海交通大学徐凯教授创立，是一家拥有核心自主知识产权的手术机器人

高科技创业公司。专注于第三代单多孔通用型的微创腔镜手术机器人系统的自主研发、生产和销售，入选创世技"2019年最具颠覆性创新潜力榜"企业。2021年3月，自主研发的术锐单孔腔镜手术机器人，完成中国首例纯单孔下执行的外科手术，标志着国产手术机器人打破了美国达芬奇单孔腔镜手术机器人的垄断地位。

六、上海图灵智算量子科技有限公司

上海图灵智算量子科技有限公司于2021年2月成立，是我国率先开展光量子芯片和光量子计算机商业化的公司。公司成立后入驻淡水河畔科创园和剑川路930号科创园。公司首轮融资近亿元，成为当前国内首轮融资估值最高的量子计算科技公司。团队经过多年积累，自力更生，掌握了自主知识产权的三维和超高速光子芯片核心技术和工艺，可以完成光量子计算芯片从设计、流片，到封装测试，再到系统集成和量子算法实现的全链条研发。已发布国内首款商用科研级光量子计算机，用于量子优化算法、量子搜索算法等前沿科技领域的研究，具备国际领先的光量子芯片研发能力。

七、上海光玥生物科技有限公司

上海光玥生物科技有限公司入驻淡水河畔科创园，致力于构建直接利用温室气体二氧化碳作为原料的负碳细胞工厂，用更加绿色的方式来赋能产业链，立志成为碳中和大趋势下的新一代合成生物技术引领者。光玥的商业模式是结合了服务和自研/合作产品线的混合模式，可以通过数据网络效应创造额外的价值。光玥拥有自研产线生产高值产物，同时也为客户提供菌株工程、酶工程、设计和技术输出（license out）的服务。自研产线方面，搭建2 000平方米的研发中心，拥有自动化平台和300 L以上的发酵设备，为羟基酪醇、麦角硫因和新型聚酯等自研管线的落地和进一步产业化验证提供了条件。光玥已承接可降解塑料、香料和负碳农业的菌株开发项目。

八、霖鼎光学（上海）有限公司

霖鼎光学（上海）有限公司入驻淡水河畔科创园，经上海交通大学科技成果转化而成立，获得了小米等相关产业龙头企业的战略性投资，已建成具有国际一流水准的超精密光学制造技术研发中心，是国内唯一具备从超精密微纳光学制造装备、核心工艺，到规模量产的微光学制造全制程解决方案公司。霖鼎总部位于上海市闵行区金领谷科技产业园，已建成约3 000平方米的综合研发中心。公司与上海交通大学联合成立"微纳光学制造装备与工艺联合研发中心"，形成了一支以院士为顾问，以长江学者特聘教授、国家杰出青年科学基金获得者为带头人的成果转化平台。

霖鼎光学（上海）有限公司是一家专注于光学制造与测量的科技公司，在极复杂光学元件高效率加工、耐高温陶瓷材料高精度加工、全制程智能化闭环质量调控等方面拥有世界领先的专业技术。公司拥有总面积约3 000平方米的超精密加工及检测实验室、光学成型洁净实验室及设计与方案展示中心,向光通信、消费电子产品和半导体行业等众多关键行业和领域提供产品和服务。霖鼎拥有一支光学加工、检测以及应用研究的专家团队,获得上海交通大学、上海智能制造功能平台中英智能测量研究中心、英国国家未来计量联盟和新加坡制造技术研究院的支持。

2020年12月,霖鼎光学完成天使轮融资,获得小米战略投资1000万元。2021年9月9日,"创·在上海"国际创新创业大赛选拔赛人工智能与集成电路专题赛在剑川路600号举办,园区3家企业入选培育企业,其中霖鼎光学(上海)有限公司获得成长6组第一名,挺进全国50强。

九、上海节卡机器人科技有限公司

上海节卡机器人科技有限公司入驻淡水河畔科创园,是一家聚焦于新一代协作机器人本体与智慧工厂创新研发的高新技术企业,目前已在驱控一体化、一体化关节、拖拽编程、无线互联等应用等方面取得了众多突破。节卡机器人以"用机器人解放双手"为使命,将机器人由"专业装备",变为简单易用的"工具",进而"普及到世界的每一个角落"。公司已在全球部署了逾万台机器人,服务于汽车、电子、半导体等生产线,同样也在众多商业新消费领域从事与消费者直接接触的服务工作。

节卡诞生于上海交通大学机器人研究所。该研究所成立于1979年10月,成立时由六机部批准成立,命名为"上海交通大学机械手与机械人研究室",最初的研究方向为:"工业机器人"(国防工办支持)、"肌电假肢"(民政部项目),是我国最早机器人从事机器人技术研发的专业机构之一。在交大科技园的建议和策划下,一群工程师和教授集合在一起,以创始人李明洋为团队代表,2014年7月,上海节卡机器人科技有限公司正式注册成立,音译自英文名"JAKA"(Just Always Keep Amazing),有永葆卓越之意,是一家聚焦于新一代协作机器人本体与智慧工厂创新研发的高新技术企业。在学校和科技园帮助下,节卡机器人一路"高歌猛进",2016年成为高新技术企业,2017年公司营收已达数千万元,同时获得1500万元的A轮投资及6000万元的A+轮投资,2019年4月获得亿元级B轮融资,当年9月成为上海市"科技小巨人"。2019年度上海市科学技术奖励大会上,节卡机器人与交大机器人研究所共同合作研发的"协作型工业机器人与柔性工件精准作业技术"项目获得上海科技进步一等奖。2021年1月14日,节卡机器人完成C轮融资,融资金额超3亿元人民币,本轮融资由中信产业基金旗下基金和国投招商共同领投,老股东方广资本跟投,华兴资本担任本轮融资的独家财务顾问。这是近年全球协作机器人行业最大的单笔融资。

从最早采用机器人技术实现礼品型高端牛奶的包装自动化,到通过机器人及工业信息技术解决化纤包装自动化和信息化,再到协作机器人领域突破技术封锁,帮助新能源、汽车零部件等企业实现柔性制造,找到中国工业机器人"弯道超车"的机遇。节卡系列协作机器人已成功在汽车、电子、先进制造、新能源、医疗器械等众多行业应用。在汽车行业,节卡机器人已成为丰田、本田、大众等汽车巨头的全球协作机器人供应商;在3C电子行业,节卡被全球行业头部企业引入，助力小批量多品种类消费电子产品生产智能化改造和升级。节卡创业团队一步步切入工业协作机器人市场，研发出有市场影响力的国产机器人。

节卡机器人深度融合人工智能、大数据等新兴技术，向多维升级的智能化发展，即从单一感知向全域感知提升，从感知智能向认知智能升级，从单机智能向集群智能演进，推动协作机器人向更柔性智能时代迈进。通过多元技术开发和创新方案拓展，节卡机器人已实现九大核心技术、六大核心算法、六大系列协作机器人矩阵，并在搬运、码垛、机加、检测、涂胶、螺丝锁付、抛光打磨、焊接等场景上积累了大量的实践案例，加速全球生产力变革和生产模式的重构。近年来，节卡机器人在国内建立多个办事处和分公司，打造 JAKA S^3（Speed 快速响应、Solutions 解决方案、Skill-up 客户赋能）完善的服务保障体系。在全球化战略推动下，节卡机器人在亚太、欧洲、北美等地建立技术中心，同时与全球优秀合作伙伴合作，致力于为全球客户提供本地化服务。本次全球知名投资机构的高额加持，将推动节卡机器人全球化进一步发展。

十、峰云智造（上海）科技有限公司

峰云智造（上海）科技有限公司入驻淡水河畔科创园，是从事工业设计、原型机定制、钣金零组件一站式高水平服务平台，针对多品种小批量的需求趋势，配备柔性定制与先进智造解决方案，在很多技术方面填补了国内空白。

十一、上海天鹜科技有限公司

上海天鹜科技有限公司成立于 2021 年 9 月，致力于通过人工智能技术赋能医药产业，加速药物的发现和开发，是一家以"AI+ 计算"为主导，自主高通量实验协同闭环迭代进行创新药物研发的服务平台。公司入驻剑川路 955 号科创园，已获得耀途资本、商汤科技等 3 000 万元种子轮融资。创始团队负责人洪亮是教育部长江学者、上海交通大学自然科学研究院教授，在生物大分子、高分子动力学领域深耕多年，具有丰富的理论及技术经验。项目核心技术包括创新物理算法（RBE）和 AI 先进技术模块［分子生成、活性预测、药物动力学（ADMET）成药性评估］，赋能创新药物分子的快速研发，为新药研发提供更低成本和更少时间的解决方案，探索创新药研发新范式。

十二、上海飒智智能科技有限公司

上海飒智智能科技有限公司成立于 2017 年 11 月底，致力于智能移动共融机器人技术及产品的研发、集成与应用，是一家专业提供人工智能和机器人结合核心底层技术开发与应用的系统解决方案的高新技术企业，也是少数在航天、医疗、电力、日化、馆藏等行业均实现典型创新型应用案例解决方案的厂商之一。公司成立后入驻零号湾科技大楼，后又在易迈科创园、飞马旅科创园增加场地。目前产品覆盖从机器人控制器、机器人操作系统、人工智能与大数据处理、云传输与云存储应用、应用软件到整机产品等各个方面。核心团队为来自上海交通大学、浙江大学等"985"高校及美国和德国等海内外知名高校的工学博士和硕士，硕博占比达60%，具有发那科、新时达、霍尼韦尔、特斯拉等世界500强企业智能机器人和自动化项目丰富的研发和管理经验。

十三、上海骄成超声波技术股份有限公司

上海骄成超声波技术股份有限公司成立于2007年，主要从事超声波焊接、裁切设备和配件的研发、设计、生产与销售，并提供新能源动力电池制造领域的自动化解决方案。产品主要应用于新能源动力电池、橡胶轮胎、汽车线束、功率半导体、无纺布等领域，是专业提供超声波设备以及自动化解决方案的供应商。公司入驻易迈科创园。2022年9月27日，公司在科创板上市，股票名称：骄成超声，股票代码：688392，是国内超声波设备第一股。公司是国家专精特新小巨人企业，建有上海市企业技术中心、上海市专家工作站、中国长三角劳模创新工作室，先后获上海市高新技术企业、上海市"专精特新"企业、闵行区"最具创新活力企业"、上海市科技小巨人企业、上海市专利工作试点企业等荣誉。公司重视研发，截至2022年9月，公司有各项知识产权240多项，其中发明专利45项。

十四、上海易校信息科技有限公司

上海易校信息科技有限公司成立后入驻零号湾科技大楼，公司发展后迁移至易迈科创园。旗下产品"轻流"是一个无代码系统搭建平台，无须代码开发即可搭建专属管理系统，帮助管理者实现管理理念的数字化转型升级。

十五、上海钙蓝时代光电科技有限公司

上海钙蓝时代光电科技有限公司入驻华谊万创·新所，是一家专注于钙钛矿单结组件研发的公司，旨在通过不断创新与创造，攻克钙钛矿太阳能电池产业化中的各项难题，批量化生产大面积、长寿命、低成本的钙钛矿太阳电池组件。目前已完成首轮2 000万元融资。

十六、交芯科（上海）智能科技有限公司

交芯科（上海）智能科技有限公司成立于2021年8月，入驻华谊万创·新所。公司依托上海交通大学科技成果转化政策，将国家重点实验室基础科研和技术攻关成果，在"大零号湾"进行成果转化。公司的主营业务是高端光模数转换（AD）芯片，主要面向移动通信、先进雷达、自动驾驶、高端示波器等应用领域，解决宽带信号接收及射频毫米波直采的缺"芯"困境。

十七、上海电气集团智慧能源科技有限公司

上海电气集团智慧能源科技有限公司成立于2021年，入驻华谊万创·新所，并建立智慧能源赋能中心。该中心充分发挥制造龙头企业上海电气装备和工业软件领头羊企业西门子能源

的优势，打造电力能源行业智能制造4.0服务、智能运维工业软件、数字化服务等三大核心业务板块，目标是建设为国内乃至全球能源领域数字化和能源服务的行业头部工业互联网高科技企业。

十八、和华瑞博（上海和华科泰医疗科技有限公司）

北京和华瑞博科技有限公司成立于2018年，由协和医院骨科专家发起，依托清华大学精密仪器专业技术优势力量，已完成核心技术攻关，形成自主知识产权。2020年，和华瑞博被评为高新技术企业、上榜中关村前沿技术企业，并入选第十批中关村金种子企业名单，还被认定为北京市"专精特新"中小企业，目前已完成"A+"轮近5亿元融资。现已入驻"大零号湾"华谊万创·新所，建立1 000平方米手术机器人研发中心，注册名为上海和华科泰医疗科技有限公司。主要从事关节手术机器人、脊柱手术机器人等国产化手术机器人研发生产，具体包括关节手术机器人、脊柱手术机器人等，同时面向医护人员提供技术培训、系统检修维护等服务。

十九、上海氦尘科技有限公司

上海氦尘科技有限公司入驻华谊万创·新所，是一家以激光终端、核心器件、SAT 5G接收器等硬件设备为支撑的通信服务公司。团队成员均毕业于国内外顶级学府，并服务于全球顶级企业/单位，具备多年商业卫星通信网络等相关项目和工作经验，其中创始团队博士成员占比近50%，拥有完整的空间激光通信、高速通信互联网组网以及微光一体化研制与量产能力。企业为国内首家拥有低轨在轨验证经验，具有宇航级芯片、核心光电器件、激光通信载荷、5G星接收器等核心产品。面向低轨互联网的小卫星荷载平台在光学、通信、器件、网络和系统各方面均有优势技术和卡位技术。

二十、上海励响网络科技有限公司

上海励响网络科技有限公司入驻零号湾科技大楼，是专注于生物制药领域的一站式综合服务平台，深度合作的生产企业覆盖国内主要的疫苗、血液制品及其他知名生物制品生产厂家；励响平台注册会员企业包括设备厂商、材料厂商、工程和技术服务提供商等，平台协同各方优势，稳步提升在制药用水系统、空调系统、自控系统、检验验证、实验室等多个板块的综合服务水平。自成立以来，励响专注于促进生产和流通环节的深度融合，准确及时传导信息，以实现需求、库存和物流等信息的共享和协同，协助生产企业优化配置生产资源，加速技术和产品创新。同时，励响通过不断向产业上下游延伸，拓展综合运行保障、设备配件库存管理、物流与追溯、工程项目技术交流、工程师统筹等多样化服务板块，构建覆盖生物制药产业上下游的综合服务平台。

二十一、上海东富龙科技集团股份有限公司

上海东富龙科技集团股份有限公司成立于1993年，是一家为全球制药企业提供制药工艺核

心装备、系统工程整体解决方案的综合化制药装备服务商,产品应用于注射剂、固体制剂、化学原料药、生物工程、中药、医疗、食品等领域的主板上市公司。公司入驻常青工业区,已有超过近万台无菌注射剂的关键制药设备、600多套无菌药品制造系统服务于全球40多个国家和地区的近3 000家制药企业。

二十二、上海泰则半导体有限公司

芯英科技2018年成立于深圳南山区,2020年芯英科技创始人杨龚轶凡响应母校上海交大打造大零号湾的号召,将公司团队整体搬迁至零号湾科技大楼,成立上海泰则半导体有限公司。泰则公司致力于自主研发高性能AI通用芯片,打造完整的软硬件一体化系统,为AI企业提供训练效率及模型精度双提升的解决方案,间接推动云服务器、智能终端乃至人工智能产业的变革性发展,让机器更好地理解和服务人类。公司技术自主可控,研发坚持自主创新,有望解决国产化训练新品的"卡脖子"难题。泰则团队汇聚了众多高学历人才,教育背景涵盖斯坦福、佐治亚理工、南加州、普渡、约翰斯·霍普金斯、清华、北大、上海交大、浙大等国内外知名高校;核心技术团队曾就职于硅谷的谷歌、苹果、甲骨文、三星、亚马逊、英特尔等企业,拥有丰富的行业经验。自2020年5月入驻零号湾以来,零号湾将泰则公司列为明星项目重点孵化,围绕泰则创业初期的资金、场地、人才以及生活配套等方面,提供全链条式的创业孵化服务,推荐其进入CCTV-2"创业英雄汇"栏目选拔及多项创业赛事,展示其团队创业风采,取得不俗成绩。公司创始人杨龚轶凡获斯坦福大学计算机架构硕士,春申金字塔杰出人才认定,上海市浦江人才、第七届上海市十佳创业新秀、第三届闵行区创客行家一等奖、闵行区青年创业英才。上海泰则半导体有限公司在2022年第五届"中国创翼"创业创新大赛上获得全国总决赛三等奖(主体赛制造业组)。三年来,零号湾见证了泰则成长为80多人的高科技企业,完成了三轮融资,年营收接近亿元。

二十三、星猿哲科技(上海)有限公司

星猿哲科技(XYZ Robotics)2018年6月成立于零号湾,致力于推进机器人自主感知与操作,用创新的机器人和传感技术变革生产。凭借全球前沿的3D视觉、机器人运动规划和夹具设计等技术,星猿哲提供深筐无序上下料、装配、拆码垛、小件分拣等机器视觉产品及解决方案,这些方案目前已广泛应用于汽车、锂电、金属机加、医药、电商、日化、消费品等行业头部企业。公司目前近300人,工程师占比70%,累计交付800多个应用,年增长率200%以上,为全球"3D视觉+机器人赛道"落地案例最多、应用范围最广的初创公司之一。孵化培育4年内连续获得多家头部风险投资(VC)基金投资,目前已完成"B+"轮,累计融资超1亿美元,融资额度及产品落地速度方面均领跑所处赛道。公司获评闵行区科技创业新锐企业、第三届闵行区创客行家三等奖、2021高工机器人金球奖"年度投资价值企业"、36氪评选"2021年度硬核企业"、钛媒体评选"年度潜在价值先锋企业"、2021年度制造业最佳SaaS服务商等荣誉。

二十四、上海柏楚电子科技股份有限公司

上海柏楚电子科技股份有限公司2007年9月11日于紫竹国家高新技术产业开发区成立，是一家高新技术的民营企业，创办之初获得了上海市大学生创业基金及闵行区科委扶持。公司所在地毗邻上海交通大学和华东师范大学，位于上海市闵行区吴泾镇（上海市闵行区兰香湖南路1000号）。公司主要从事激光加工自动化领域的产品研发及系统销售，主攻激光加工技术及相关理论科学的研发，在计算机图形学、运动控制及机器视觉核心算法和激光加工工艺等方面拥有自主研发能力，同时也是国内光纤激光行业的先驱者。2018年，首次在国内市场正式推出高功率激光切割控制系统产品。2019年，成为闵行区首家科创板上市企业。2021年，启动再融资，布局智能焊接、超高精密驱控一体技术等多个新领域新方向。

二十五、精励医疗科技有限公司

精励医疗科技有限公司是一家专门从事高端智能医疗技术研发的高科技企业，致力于精准手术领域医疗设备的研发、生产和销售，公司创始人和管理层由相关领域科学家和医疗行业的资深人士构成。植根于上海交大医疗机器人研究院的科研沃土，不断为我国医疗科技的自主创新和临床转化开疆扩土，领航远行。

公司总部位于上海市"大零号湾"科技创新策源功能区，生产基地位于南通市崇川区。伴随着临床医学向微创、高精度和智能化领域的快速发展，围绕不断增长的精准医疗的临床需求，公司重点研发生产低成本高精度的外科手术和介入治疗的手术机器人系统，致力于引领微创精准手术和治疗市场的全策略解决方案，瞄准肿瘤和心血管疾病研发和生产高精度图像智能引导的专科型、多品种的手术机器人及其耗材产品。

精励医疗目前主打产品是基于电磁导航精确定位和器械示踪的胸腹部穿刺介入手术的诊疗系统，用于肺结节的活体检测中经皮穿刺的精确手术的导航、规划和评估，具备基于CT三维影像的肺区自动分割、病灶的自动检测、病灶结构的分析、手术规划、术中电磁导航下的穿刺针示踪、呼吸的组织飘移矫正、目标区定位、手术导航以及术后评估的功能。

公司依托上海交通大学生物医学工程学院的科研成果，实现高科技成果的临床转化，具备国际领先的研发、临床和产业化团队，从技术到管理形成了稳定的、良性的运行模式，为追求更高、更精、更准的产品目标不断努力奋斗。

附: **2022年"大零号湾"主要代表性入驻企业一览表**

序号	楼宇名称	企业名称
1	零号湾科技大楼	上海励响网络科技有限公司
2	零号湾科技大楼	上海信茂教育科技有限公司
3	零号湾科技大楼	上海六禾创业投资有限公司
4	零号湾科技大楼	上海炫尺信息科技有限公司
5	零号湾科技大楼	上海沪疗通信息科技有限公司
6	零号湾科技大楼	上海元宿科技有限公司
7	零号湾科技大楼	北京逐风科技有限公司
8	零号湾科技大楼	上海光织科技有限公司
9	零号湾科技大楼	上海赛俊体育科技有限公司
10	零号湾科技大楼	中金珠宝智能设计联合研究中心
11	零号湾科技大楼	益博(上海)供应链科技有限责任公司
12	零号湾科技大楼	上海浦源科技有限公司
13	零号湾科技大楼	上海晏谷科技有限公司
14	零号湾科技大楼	上海交通大学-中金珠宝智能设计联合研究中心
15	零号湾科技大楼	上海锐弈科技有限公司
16	零号湾科技大楼	上海钊晟传感技术有限公司
17	零号湾科技大楼	上海交途科技有限公司
18	零号湾科技大楼	上海镌凌医疗科技有限公司
19	零号湾科技大楼	达碧清诊断技术(上海)有限公司
20	零号湾科技大楼	上海零号湾创业投资有限公司
21	零号湾科技大楼	上海珈有信息科技有限公司
22	零号湾科技大楼	上海慧成知识产权服务有限公司
23	零号湾科技大楼	上海彼择软件技术有限公司
24	零号湾科技大楼	上海吉伦体育文化发展有限公司
25	零号湾科技大楼	上海蒂麦医疗科技有限公司
26	零号湾科技大楼	上海仁路科技有限公司
27	零号湾科技大楼	上海巨相文化传播有限公司
28	零号湾科技大楼	上海夏熵周新材料科技有限公司
29	零号湾科技大楼	上海颐兜汇信息科技有限公司
30	零号湾科技大楼	上海北落师门医疗科技有限公司
31	零号湾科技大楼	上海道多生物科技有限公司
32	零号湾科技大楼	上海锋涡航空科技有限公司
33	零号湾科技大楼	上海亭斯国际货运代理有限公司
34	零号湾科技大楼	洱畔科技(上海)有限公司
35	零号湾科技大楼	上海影鸟科技有限公司
36	零号湾科技大楼	上海嘀嗒嘀数字科技有限公司
37	零号湾科技大楼	上海富钟节能环保科技有限公司
38	零号湾科技大楼	上海隽美医疗科技有限公司
39	零号湾科技大楼	上海紫琬电子商务有限公司
40	零号湾科技大楼	上海盈趣文化传播有限公司
41	零号湾科技大楼	上海维特斯教育科技有限公司
42	零号湾科技大楼	嘉娱(上海)信息技术有限公司

(续表1)

序号	楼宇名称	企业名称
43	零号湾科技大楼	上海哇咔体育文化发展有限公司
44	零号湾科技大楼	上海早叶信息科技有限公司
45	零号湾科技大楼	上海三昌电子科技有限公司
46	零号湾科技大楼	上海乐博生物科技有限公司
47	零号湾科技大楼	上海锐求财务咨询有限公司
48	零号湾科技大楼	上海南鑫恺尔信息科技有限公司
49	零号湾科技大楼	上海谱幂精密仪器科技有限公司
50	零号湾科技大楼	上海熠广能源科技有限公司
51	零号湾科技大楼	上海耀映企业管理有限公司
52	零号湾科技大楼	上海交珵智能技术发展有限公司
53	零号湾科技大楼	微电子芯片高效冷却设备研发与产业化
54	零号湾科技大楼	上海专宽测控技术有限公司
55	零号湾科技大楼	上海旦旦信息科技有限公司
56	零号湾科技大楼	上海百易基因科技有限公司
57	零号湾科技大楼	上海明长网络科技有限公司
58	零号湾科技大楼	上海轻杰新能源科技有限公司
59	零号湾科技大楼	上海沛电新能源有限公司
60	零号湾科技大楼	上海易骥智能科技有限公司
61	零号湾科技大楼	上海业劲自动化科技有限公司
62	零号湾科技大楼	慧伯特（上海）智能科技有限责任公司
63	零号湾科技大楼	上海昱程医疗科技有限公司
64	零号湾科技大楼	上海史脉可电机有限公司
65	零号湾科技大楼	上海趣有网络科技有限公司
66	零号湾科技大楼	上海圆动信息科技服务有限公司
67	零号湾科技大楼	长升牛（上海）信息技术有限公司
68	零号湾科技大楼	上海零欧信息科技有限公司
69	零号湾科技大楼	上海柱石医疗科技有限公司
70	零号湾科技大楼	设迹之城（上海）科技有限公司
71	零号湾科技大楼	佐健（上海）生物医疗科技有限公司
72	零号湾科技大楼	上海已承信息科技有限公司
73	零号湾科技大楼	上海衍拓智能科技有限公司
74	零号湾科技大楼	上海适之信息科技有限责任公司
75	零号湾科技大楼	上海海角网络科技有限公司
76	零号湾科技大楼	上海八象网络科技有限公司
77	零号湾科技大楼	上海筑安信息技术有限公司
78	零号湾科技大楼	上海格曙科技有限公司
79	零号湾科技大楼	敬善生物科技（上海）有限公司
80	零号湾科技大楼	上海益源工业开发有限公司
81	零号湾科技大楼	上海伯禹教育科技有限公司
82	零号湾科技大楼	上海医瞳智能科技有限公司
83	零号湾科技大楼	深圳融昕医疗科技有限公司
84	零号湾科技大楼	上海求本信息技术有限公司
85	零号湾科技大楼	上海傲典企业管理咨询有限公司

(续表2)

序号	楼宇名称	企业名称
86	零号湾科技大楼	上海文韬策智科技有限公司
87	零号湾科技大楼	知己研选(上海)电子商务有限公司
88	零号湾科技大楼	克莱门特捷联制冷设备(上海)有限公司
89	零号湾科技大楼	上海舜慕智能科技有限公司
90	零号湾科技大楼	上海银秩信息技术有限公司
91	零号湾科技大楼	上海军鹰电子科技有限公司
92	零号湾科技大楼	上海中锡设计工程有限公司
93	零号湾科技大楼	上海木美实业有限公司
94	零号湾科技大楼	上海搜化信息科技有限公司
95	零号湾科技大楼	上海航数信息科技有限公司
96	零号湾科技大楼	上海三帆净化科技有限公司
97	零号湾科技大楼	上海泰则半导体有限公司
98	零号湾科技大楼	上海悦驰供应链管理有限公司
99	零号湾科技大楼	上海能网优联电力科技有限公司
100	零号湾科技大楼	上海千沐智能科技有限公司
101	零号湾科技大楼	上海领务科技有限公司
102	零号湾科技大楼	亿慈(上海)医疗科技有限公司
103	零号湾科技大楼	潍焦创投(上海)技术服务有限公司
104	零号湾科技大楼	上海益启生物科技有限公司
105	零号湾科技大楼	上海逸刻新零售网络科技有限公司
106	零号湾科技大楼	上海赛舍投资管理有限公司
107	零号湾科技大楼	上海航数智能科技有限公司
108	零号湾科技大楼	上海深杳智能科技有限公司
109	零号湾科技大楼	上海久飒科技有限公司
110	零号湾科技大楼	上海朔尚电子科技有限公司
111	零号湾科技大楼	上海信维本生物科技有限公司
112	零号湾科技大楼	上海微庚信息科技有限公司
113	零号湾科技大楼	上海瓶钵信息科技有限公司
114	零号湾科技大楼	上海花文花国际贸易有限公司
115	零号湾科技大楼	濂溪乡居(上海)文化发展有限公司
116	零号湾科技大楼	上海北冕信息科技有限公司
117	零号湾科技大楼	上海旭陌网络科技有限公司
118	零号湾科技大楼	上海霄云信息科技有限公司
119	零号湾科技大楼	上海竞况信息科技有限公司
120	零号湾科技大楼	晟瑞船舶科技工程(上海)有限公司
121	零号湾科技大楼	上海太的信息科技有限公司
122	零号湾科技大楼	上海网化化工科技有限公司
123	零号湾科技大楼	上海易势化工科技有限公司
124	零号湾科技大楼	联感微电子(上海)有限公司
125	零号湾科技大楼	上海中元浩微新材料有限公司
126	零号湾科技大楼	沃丁科技(上海)有限公司
127	零号湾科技大楼	上海利淘豪斯机器人有限公司
128	零号湾科技大楼	上海圣尔生物科技有限公司

(续表3)

序号	楼宇名称	企业名称
129	零号湾科技大楼	上海瑞一医药科技股份有限公司
130	零号湾科技大楼	上海贩厘科技有限公司
131	零号湾科技大楼	上海酷一信息科技有限公司
132	零号湾科技大楼	上海交大慧谷信息产业股份有限公司
133	零号湾科技大楼	上海数字大脑科技研究院有限公司
134	零号湾科技大楼	上海晨闵投资管理有限公司
135	零号湾科技大楼	上海交仙汇商务咨询有限公司
136	零号湾科技大楼	上海技启信息科技有限公司
137	零号湾科技大楼	上海聚真生物科技有限公司
138	零号湾科技大楼	上海那一科技有限公司
139	零号湾科技大楼	上海佩丁顿教育科技集团有限公司
140	零号湾科技大楼	上海英用机械有限公司
141	零号湾科技大楼	上海隔镜信息科技有限公司
142	零号湾科技大楼	上海企页湾信息科技有限公司
143	零号湾科技大楼	上海市闵行区机关事务管理局
144	零号湾科技大楼	鱼海网络科技（上海）有限公司
145	零号湾科技大楼	沐驰（上海）智能科技有限公司
146	零号湾科技大楼	上海闵行商务管理有限公司
147	创想600基地	上海魔识信息科技有限公司
148	创想600基地	上海优序教育科技有限公司
149	创想600基地	上海鸣智教育科技有限公司
150	创想600基地	上海苟岂科技有限公司
151	创想600基地	元鹿（上海）科技有限公司
152	创想600基地	上海行桠教育科技有限公司
153	创想600基地	上海添音生物科技有限公司
154	创想600基地	上海数因信科智能科技有限公司
155	创想600基地	上海数湍会务有限公司
156	创想600基地	太仓市人力资源和社会保障局
157	创想600基地	上海今朝数字有限公司
158	创想600基地	上海葡韵科技有限公司
159	创想600基地	上海泰沃丰农业科技有限公司
160	创想600基地	交禾（上海）工程技术有限公司
161	创想600基地	上海鑫钰生物科技有限公司
162	创想600基地	上海典钰文化发展有限公司
163	创想600基地	上海医高云创医学科技有限公司
164	创想600基地	上海神玑医疗科技有限公司
165	创想600基地	云荟（上海）数字科技有限公司
166	创想600基地	上海交大智邦科技有限公司
167	创想600基地	上海羿海投资中心（有限合伙）
168	创想600基地	上海谛默智能科技合伙企业（有限合伙）
169	创想600基地	正达鸿（上海）科技有限公司
170	创想600基地	常州功燃能源科技有限公司
171	创想600基地	上海奕宬法律咨询工作室

(续表4)

序号	楼宇名称	企业名称
172	创想600基地	上海钟诚信息科技有限公司
173	创想600基地	上海水之三慢生物科技有限公司
174	创想600基地	上海交大技术转移中心有限公司
175	创想600基地	上海诺通新能源科技有限公司
176	启源科技园	上交启源（上海）数字科技有限公司
177	启源科技园	上海易选生物科技有限公司
178	启源科技园	上海交大机电实验室
179	启源科技园	泰兴市东圣生物科技有限公司上海分公司
180	启源科技园	上海雪岩消防器材有限公司
181	启源科技园	上海康盛环保能源科技有限公司
182	启源科技园	上海奥通激光技术有限公司
183	启源科技园	上海迈腾电子有限公司
184	启源科技园	上海来益生物药物研究开发中心有限责任公司
185	启源科技园	上海途亚国际贸易有限公司
186	启源科技园	上海铂石机电科技有限公司
187	启源科技园	上海致冠信息技术有限公司
188	启源科技园	上海臂兴机电设备有限公司
189	启源科技园	上海震旦办公自动化销售有限公司
190	启源科技园	上海治信汽车科技有限公司
191	启源科技园	上海承倬机器人科技有限公司
192	启源科技园	上海妙聚生物科技有限公司
193	启源科技园	中国联合网络通信有限公司上海市分公司
194	启源科技园	馥颂食品（上海）有限公司
195	启源科技园	上海兆赫物流有限公司
196	启源科技园	普砺机电设备（上海）有限公司
197	启源科技园	上海真喜贸易有限公司
198	启源科技园	上海肽欣生物科技有限公司
199	启源科技园	上海交通大学材料学院
200	启源科技园	上海科能电气科技有限公司
201	启源科技园	术锐（上海）科技有限公司
202	剑川路930号	上海朴源餐饮管理有限公司
203	剑川路930号	诚康大药房连锁（上海）有限公司
204	剑川路930号	上海福满家便利有限公司剑川路三店
205	剑川路930号	上海交通大学化工学院
206	剑川路930号	上海诺赫医疗科技有限公司
207	剑川路930号	众悦兴智能科技（上海）有限公司
208	剑川路930号	上海超立安科技有限责任公司
209	剑川路930号	上海弄升企业发展有限公司
210	剑川路930号	上海泰斯拉超导材料有限公司
211	剑川路930号	上海联河光子信息技术有限公司
212	剑川路930号	上海科置超导材料科技发展有限公司
213	剑川路930号	上海德芬生物科技有限公司
214	剑川路930号	上海聆强管理咨询合伙企业（有限合伙）

(续表5)

序号	楼宇名称	企业名称
215	剑川路930号	上海七久新材料科技有限公司
216	剑川路930号	上海长郡医疗科技有限公司
217	剑川路930号	盈康（上海）环保科技有限公司
218	剑川路930号	上海昱东智能科技有限公司
219	剑川路930号	交弘生物科技（上海）有限公司
220	剑川路930号	上海睿介机器人科技有限公司
221	剑川路930号	上海偌劦机器人科技有限公司
222	剑川路930号	法罗适（上海）医疗技术有限公司
223	剑川路930号	上海南甐机器人科技发展有限公司
224	剑川路930号	上海夸吾智能科技有限公司
225	剑川路930号	上海领本智能科技有限公司
226	剑川路930号	上海念通智能科技有限公司
227	剑川路930号	上海念通医疗科技有限公司
228	剑川路930号	上海格古通机器人科技有限公司
229	剑川路930号	上海研申检测科技有限公司
230	剑川路930号	上海人工智能研究院有限公司
231	剑川路930号	上海图灵智算量子科技有限公司
232	剑川路950号	上海上电电子元件有限公司
233	剑川路950号	谛宝诚（上海）医学影像科技有限公司
234	剑川路950号	上海永健仪器设备有限公司
235	剑川路950号	上海上士实业有限公司
236	剑川路950号	上海变金科技有限公司
237	剑川路950号	上海宏翊实业有限公司
238	剑川路950号	量维传线（上海）设计工程有限公司
239	剑川路950号	上海牟尚实业有限公司
240	剑川路950号	上海艾卡化工有限公司
241	剑川路950号	艾力艮实业（上海）有限公司
242	剑川路950号	上海翊通信息技术有限公司
243	剑川路950号	青岛东盛高科模塑技术有限公司
244	剑川路950号	金圭劳务派遣（上海）有限公司
245	剑川路950号	上海翰音实业有限公司
246	剑川路950号	上海曼坦英动力设备有限公司
247	剑川路950号	上海育行实业有限公司
248	剑川路955号	全点网络技术（上海）有限公司
249	剑川路955号	上海载桓建筑设计有限公司
250	剑川路955号	爱铝仕（上海）贸易有限公司
251	剑川路955号	上海集业建设工程有限公司
252	剑川路955号	上海颂广科技有限公司
253	剑川路955号	上海叶大生态环境科技有限公司
254	剑川路955号	上海捷灵网络科技有限公司
255	剑川路955号	上海锦家置业有限公司
256	剑川路955号	上海爱喏建材科技有限公司
257	剑川路955号	上海鹰逸机电有限公司

(续表6)

序号	楼宇名称	企业名称
258	剑川路955号	上海秦苍企业登记代理有限公司
259	剑川路955号	上海兴炎环境科技有限公司
260	剑川路955号	有风餐饮管理（上海）有限公司
261	剑川路955号	上海我咖科技有限公司
262	剑川路955号	上海宜拓电力设备有限公司
263	剑川路955号	上海兴冬环保科技有限公司
264	剑川路955号	上海交通大学－上海国家应用数学中心
265	剑川路955号	辛米尔视觉科技（上海）有限公司
266	剑川路955号	合肥英赛智能科技有限公司
267	剑川路955号	上海沃太智能科技有限公司
268	剑川路955号	上海翼轩仪器有限公司
269	剑川路955号	上海艾梭纳能源科技有限公司
270	剑川路955号	上海屹持光电技术有限公司
271	剑川路955号	上海宜棉环保科技有限公司
272	剑川路955号	上海言生机电工程技术有限公司
273	剑川路955号	上海炽马照明设计有限公司
274	剑川路955号	上海首振建筑装饰工程有限公司
275	剑川路955号	上海帕浦新材料科技有限公司
276	剑川路955号	上海易凝景观建筑设计有限公司
277	剑川路955号	上海费米磨具磨料有限公司
278	剑川路955号	怡客（上海）环保科技有限公司
279	剑川路955号	上海求正化学有限公司
280	剑川路955号	上海数如技术有限公司
281	剑川路955号	上海了物网络科技有限公司
282	剑川路955号	上海汇闵能源科技有限公司
283	剑川路955号	上海百琪迈科技（集团）有限公司
284	剑川路955号	上海微巨实业有限公司
285	剑川路955号	融合传感芯片实验室
286	剑川路955号	杭州皮克皮克科技有限公司
287	剑川路955号	瑾瑜（上海）广告有限公司
288	剑川路955号	上海礼克国际贸易有限公司
289	剑川路955号	上海浩为环境工程有限公司
290	剑川路955号	上海熹为信息技术有限公司
291	剑川路955号	上海冠木国际贸易有限公司
292	剑川路955号	上海赞诚信息科技有限公司
293	剑川路955号	灵鹿（上海）智能科技有限公司
294	剑川路955号	创壹（上海）信息科技有限公司
295	剑川路955号	上海雨鸿信息科技有限公司
296	剑川路955号	上海三祥澄明冶金材料销售中心
297	剑川路955号	上海紫航电子科技有限公司
298	剑川路955号	上海力沣光电科技有限公司
299	剑川路955号	上海家潭投资管理咨询有限公司
300	剑川路955号	上海梦幻百岁量子科技有限公司

(续表7)

序号	楼宇名称	企业名称
301	剑川路955号	上海简象网络科技有限公司
302	剑川路955号	晴翰科技（上海）有限公司
303	剑川路955号	上海维宏电子科技股份有限公司
304	剑川路955号	上海谂福莱特仪器有限公司
305	剑川路955号	上海峰远生物技术有限公司
306	剑川路955号	上海蓝英医疗技术服务有限公司
307	剑川路955号	上海海上文仓创意服务有限公司
308	剑川路955号	上海柚灿饮料设备有限公司
309	剑川路955号	上海权恒文化科技有限公司
310	剑川路955号	上海哺灵健康科技有限公司
311	剑川路955号	科零科技（上海）有限公司
312	剑川路955号	上海嘉沐成科技有限公司
313	剑川路955号	上海介拓信息科技有限公司
314	剑川路955号	上海子亮量子共振科技有限公司
315	剑川路955号	上海天骜科技有限公司
316	飞马旅交大科创园	溱者（上海）智能科技有限公司
317	飞马旅交大科创园	宁波丞智科技有限公司
318	飞马旅交大科创园	涅利诺（上海）医疗器械有限公司
319	飞马旅交大科创园	上海天链轨道交通检测技术有限公司
320	飞马旅交大科创园	江苏镱极特种设备有限公司
321	飞马旅交大科创园	上海赛威德机器人有限公司
322	飞马旅交大科创园	上海可吃网络科技有限公司
323	飞马旅交大科创园	上海鸣桦环境科技有限公司
324	飞马旅交大科创园	上海瑞科健康科技有限公司
325	飞马旅交大科创园	上海昂酶生物科技有限公司
326	飞马旅交大科创园	上海就博信息科技有限公司
327	飞马旅交大科创园	上海点持信息科技有限公司
328	飞马旅交大科创园	鼎牛文化传媒（上海）有限责任公司
329	飞马旅交大科创园	上海离草科技有限公司
330	飞马旅交大科创园	上海聚威医药科技有限公司
331	飞马旅交大科创园	上海梅锦安防装备工程有限公司
332	飞马旅交大科创园	上海若盾电子科技有限公司
333	飞马旅交大科创园	上海堡芯电子科技有限公司
334	飞马旅交大科创园	上海炂汉信息科技有限公司
335	飞马旅交大科创园	上海杰开扬医疗器械有限公司
336	飞马旅交大科创园	上海纽科生物科技有限公司
337	飞马旅交大科创园	上海大井食品销售有限公司
338	飞马旅交大科创园	上海合井生物工程有限公司
339	飞马旅交大科创园	上海銮瑞纺织品有限公司
340	飞马旅交大科创园	上海若谷教育信息咨询有限公司
341	飞马旅交大科创园	上海联济科技发展有限公司
342	飞马旅交大科创园	上海木白网络科技有限公司
343	飞马旅交大科创园	上海适德康复器材有限公司

(续表8)

序号	楼宇名称	企业名称
344	飞马旅交大科创园	上海星沪电子科技有限公司
345	飞马旅交大科创园	拉玛机器人（上海）有限公司
346	飞马旅交大科创园	上海培林生物科技有限公司
347	飞马旅交大科创园	上海璟因生物科技有限公司
348	飞马旅交大科创园	上海初研工业设计咨询有限公司
349	飞马旅交大科创园	浙江好易点智能科技有限公司
350	飞马旅交大科创园	上海驹电电气科技有限公司
351	飞马旅交大科创园	上海方菱计算机软件有限公司
352	飞马旅交大科创园	上海交菱数控科技有限公司
353	飞马旅交大科创园	上海航毓贸易有限公司
354	飞马旅交大科创园	瑞幸咖啡（上海）有限公司
355	飞马旅交大科创园	上海屋伦餐饮管理有限公司
356	飞马旅交大科创园	上海交羽印刷科技有限公司
357	飞马旅交大科创园	上海老惠满餐饮管理有限公司
358	飞马旅交大科创园	上海远佳餐饮管理有限公司
359	飞马旅交大科创园	上海晟韵餐饮管理有限公司
360	飞马旅交大科创园	上海顶典投资发展有限公司
361	易迈科创园	上海易迈纤维有限公司
362	易迈科创园	上海易校信息科技有限公司
363	易迈科创园	上海骄成超声波技术股份有限公司
364	电驱动园区	上海睿筑环境科技有限公司
365	电驱动园区	上海洲讯信息科技有限公司
366	电驱动园区	上海岱金科技有限公司
367	电驱动园区	上海谱华森生物科技有限公司
368	电驱动园区	上海元懿实业有限公司
369	电驱动园区	上海笙子教育科技有限公司
370	电驱动园区	上海佐霖科技有限公司
371	电驱动园区	钏澜科技（上海）有限公司
372	电驱动园区	上海驹彩实业有限公司
373	电驱动园区	上海扶摇空天智能科技有限公司
374	电驱动园区	上海研匠生物科技有限公司
375	电驱动园区	曼廷金属材料（上海）有限公司
376	电驱动园区	上海立景生物科技有限公司
377	电驱动园区	柏迪发瑞（上海）医药科技有限公司
378	电驱动园区	上海津通焊接器材有限公司
379	电驱动园区	上海抛物线数字科技有限公司
380	电驱动园区	上海一集教育科技有限公司
381	电驱动园区	上海文景能源科技有限公司
382	电驱动园区	上海京房生物科技有限公司
383	电驱动园区	上海莱壳企业管理有限公司
384	电驱动园区	日立（中国）研究开发有限公司上海分公司
385	电驱动园区	宜澈电气（上海）有限公司
386	电驱动园区	上海荣石投资管理有限公司

(续表9)

序号	楼宇名称	企业名称
387	电驱动园区	宜兴市创新精细化工有限公司
388	电驱动园区	上海旭燃生物科技有限公司
389	电驱动园区	上海臻净国际贸易有限公司
390	电驱动园区	上海今果机器人科技有限公司
391	电驱动园区	上海交通大学约翰·霍普克罗夫特计算机科学研究中心
392	电驱动园区	上海横艾新材料科技有限公司
393	电驱动园区	谦衡动力科技（上海）有限公司
394	电驱动园区	赞光智能科技（上海）有限公司
395	电驱动园区	上海鸿珊光电子技术有限公司
396	电驱动园区	上海科乃特激光科技有限公司
397	电驱动园区	芙莱柯椥新材料科技（上海）有限公司
398	电驱动园区	上海六拓新材料有限公司
399	电驱动园区	上海津昆新能源科技有限公司
400	电驱动园区	书涯电子商务（上海）有限公司
401	电驱动园区	上海飞链医疗科技有限公司
402	电驱动园区	上海颐观光电科技有限公司
403	电驱动园区	上海牧晨电子技术有限公司
404	电驱动园区	上海懿坤机电设备有限公司
405	电驱动园区	上海巽鸣智能科技有限公司
406	电驱动园区	上海炘榕进出口有限公司
407	电驱动园区	上海宏存光电科技有限公司
408	电驱动园区	上海荷仪电气有限公司
409	电驱动园区	上海贤中贸易有限公司
410	电驱动园区	上海荣云精密模具有限公司
411	电驱动园区	上海鑫梭服饰辅料有限公司
412	电驱动园区	上海君立衡知识产权代理事务所
413	电驱动园区	上海钢睿实业有限公司
414	电驱动园区	上海梦马商贸有限公司
415	电驱动园区	上海荔志文化传播有限公司
416	电驱动园区	研迈电子材料（上海）有限公司
417	电驱动园区	上海趋兴信息服务有限公司
418	电驱动园区	和伍智造营（上海）科技发展有限公司
419	电驱动园区	上海和伍精密仪器制造有限公司
420	电驱动园区	上海和伍精密仪器股份有限公司
421	思源科技园	上海市闵行区香宇便利店
422	思源科技园	上海如为电力科技有限公司
423	思源科技园	上海锐创达生物医药有限公司
424	思源科技园	上海研琛科技有限公司
425	思源科技园	上海存烨光电子技术有限公司
426	思源科技园	上海芷雨艺术景观工程有限公司
427	思源科技园	上海港莘管理咨询有限公司
428	思源科技园	上海载恩乐科技有限公司
429	思源科技园	上海寰毅实业有限公司

(续表10)

序号	楼宇名称	企业名称
430	思源科技园	上海聪实电子科技有限公司
431	思源科技园	上海沧诚实业有限公司
432	思源科技园	上海沧琛实业有限公司
433	思源科技园	上海量嗨网络科技有限公司
434	思源科技园	上海蒂爵自动化科技有限公司
435	思源科技园	上海商锦商务咨询有限公司
436	思源科技园	上海紫微健康管理有限责任公司
437	思源科技园	上海屿谷电子有限公司
438	思源科技园	上海众唐电子有限公司
439	思源科技园	上海自如企业管理有限公司
440	思源科技园	上海龙闻广告有限公司
441	思源科技园	哥俩行生物科技（上海）有限公司
442	思源科技园	上海闻奇电子股份有限公司
443	思源科技园	上海闻亭实业有限公司
444	思源科技园	上海戎拓体育娱乐发展有限公司
445	思源科技园	上海钢之源建筑劳务有限公司
446	思源科技园	上海晶威化工科技有限公司
447	思源科技园	骇弗智能科技（上海）有限公司
448	思源科技园	上海撒尔曼尔服饰有限公司第一分公司
449	思源科技园	上海金翅半导体科技有限公司
450	思源科技园	上海觅辙电子材料有限公司
451	思源科技园	上海涂敏新材料科技有限公司
452	思源科技园	先导薄膜材料（江苏）有限公司
453	思源科技园	上海源兹生物科技有限公司
454	思源科技园	上海美轩生物科技有限公司
455	思源科技园	交大王富教授科技有限公司
456	思源科技园	上海翼年密封科技有限公司
457	思源科技园	上海思弋工业产品设计有限公司
458	思源科技园	上海沐灵实业有限公司
459	思源科技园	上海尹科倍特企业服务有限公司
460	思源科技园	上海交大振兴教育服务产业有限公司
461	蓝海引擎	上海傲仕实业发展有限公司
462	蓝海引擎	福建莆田佳通纸制品有限公司
463	蓝海引擎	上海优澜国际旅行社有限公司
464	蓝海引擎	明喆集团股份有限公司上海分公司
465	蓝海引擎	上海箴德文化科技有限公司
466	蓝海引擎	上海阜浸新材料科技有限公司
467	蓝海引擎	上海忻享汇电子科技有限公司
468	蓝海引擎	上海跞稚消防工程有限公司
469	蓝海引擎	上海皇创电子科技有限公司
470	蓝海引擎	未来宇航（上海）航天科技有限公司
471	蓝海引擎	材慧新材料（上海）有限公司
472	蓝海引擎	富士胶片采购咨询（深圳）有限公司上海分公司

(续表11)

序号	楼宇名称	企业名称
473	蓝海引擎	上海美业之家品牌管理有限公司
474	蓝海引擎	上海格烽生物科技有限公司
475	蓝海引擎	上海蜇语信息科技有限公司
476	蓝海引擎	上海沐芃国际货运代理有限公司
477	蓝海引擎	枫泊模板科技（上海）有限公司
478	蓝海引擎	上海炽源生物科技有限公司
479	蓝海引擎	上海名程建设工程有限公司
480	蓝海引擎	上海幸阳食品有限公司
481	蓝海引擎	建信人寿保险股份有限公司上海分公司
482	蓝海引擎	上海大漠电子科技股份有限公司
483	蓝海引擎	中科院沈苏公司上海办事处
484	蓝海引擎	上海恒慧知识产权代理事务所
485	蓝海引擎	青岛乾上泉私募基金管理有限公司
486	蓝海引擎	上海知加信息科技有限公司
487	蓝海引擎	中国平安人寿保险股份有限公司上海分公司
488	蓝海引擎	上海冬狮电子商务有限公司
489	蓝海引擎	上海盛也网络技术有限公司
490	蓝海引擎	晏卓（上海）供应链管理有限公司
491	蓝海引擎	上海志宥信息咨询有限公司
492	蓝海引擎	浙江广盛环境建设集团有限公司上海分公司
493	蓝海引擎	上海亿力聚科技有限公司
494	蓝海引擎	上海长财达臻企业咨询有限公司
495	蓝海引擎	上海纬鸿实业有限公司
496	蓝海引擎	上海止零科技有限公司
497	蓝海引擎	上海悦力健身馆
498	蓝海引擎	上海牛能农业科技有限公司
499	淡水河畔	上海宾通智能科技有限公司
500	淡水河畔	岸峰（上海）设计咨询有限公司
501	淡水河畔	鲁皖贸易（上海）有限公司
502	淡水河畔	上海鄂尔多斯工业技术有限公司
503	淡水河畔	河南纽迈特科技有限公司
504	淡水河畔	上海沃兰特航空技术有限责任公司
505	淡水河畔	上海唐锋能源科技有限公司
506	淡水河畔	上海远熙检测技术有限公司
507	淡水河畔	上海凤羲鹏翔教育科技有限公司
508	淡水河畔	上海元知未来智能科技有限公司
509	淡水河畔	上海交材智能设备有限公司
510	淡水河畔	上海伶机智能科技有限公司
511	淡水河畔	上海墨向机械科技有限公司
512	淡水河畔	上海衡望智能科技有限公司
513	淡水河畔	上海睿制开源实验室装备有限公司
514	淡水河畔	上海博廊新材料科技有限公司
515	淡水河畔	上海元革新材料科技有限公司

(续表12)

序号	楼宇名称	企业名称
516	淡水河畔	上海小吉互联网科技有限公司
517	淡水河畔	上海适宇智能科技有限公司
518	淡水河畔	上海先导慧能技术有限公司
519	淡水河畔	上海昌源实业有限公司
520	淡水河畔	浙江蓝箭航天空间科技有限公司上海分公司
521	淡水河畔	峰云智造（上海）科技有限公司
522	淡水河畔	节卡机器人股份有限公司
523	淡水河畔	霖鼎光学（上海）有限公司
524	淡水河畔	上海光玥生物科技有限公司
525	淡水河畔	上海图灵智算量子科技有限公司
526	淡水河畔	术锐（上海）科技有限公司
527	华谊万创·新所	上海闵行交大科技园运营有限公司
528	华谊万创·新所	上海钛忆科技有限公司
529	华谊万创·新所	海通证券
530	华谊万创·新所	上海也丘实业有限公司
531	华谊万创·新所	上海九壹科技有限公司
532	华谊万创·新所	上海腾达科技有限公司
533	华谊万创·新所	上海美帆办公家具有限公司
534	华谊万创·新所	城象建筑设计（上海）有限公司
535	华谊万创·新所	上海深视信息科技有限公司
536	华谊万创·新所	上海豫甫化工科技有限公司
537	华谊万创·新所	中国银河证券股份有限公司上海闵行区沪闵路证券营业部
538	华谊万创·新所	橙狮体育科技（上海）有限公司
539	华谊万创·新所	日置（上海）科技发展有限公司
540	华谊万创·新所	上海穹隆科技有限公司
541	华谊万创·新所	上海伍宫阁餐饮管理有限公司
542	华谊万创·新所	上海韵蕊园林绿化工程有限公司
543	华谊万创·新所	上海竞邑贸易有限公司闵行第一分公司
544	华谊万创·新所	上海子传实业有限公司
545	华谊万创·新所	上海允钶商贸工作室
546	华谊万创·新所	上海兄鼎贸易有限公司
547	华谊万创·新所	富奥智研（上海）汽车科技有限公司
548	华谊万创·新所	方奔科技（上海）有限公司
549	华谊万创·新所	上海南滨江商务发展有限公司
550	华谊万创·新所	大音科技（上海宫响技术有限公司）
551	华谊万创·新所	歌尔光学科技（上海）有限公司
552	华谊万创·新所	上海上牧环保设备有限公司
553	华谊万创·新所	上海斐腾新材料科技有限公司
554	华谊万创·新所	上海氪尘科技有限公司
555	华谊万创·新所	和华瑞博（上海和华科泰医疗科技有限公司）
556	华谊万创·新所	上海电气集团智慧能源科技有限公司
557	华谊万创·新所	交芯科（上海）智能科技有限公司
558	华谊万创·新所	上海钙蓝时代光电科技有限公司

(续表13)

序号	楼宇名称	企业名称
559	紫竹产研院	上海微彩生物科技有限公司
560	紫竹产研院	上海乔鑫实业有限公司
561	紫竹产研院	上海瓴就医疗科技有限公司
562	紫竹产研院	武汉明德生物科技股份有限公司上海分公司
563	紫竹产研院	上海镁善斯健康科技有限公司
564	紫竹产研院	浙江东方基因生物制品股份有限公司上海闵行分公司
565	紫竹产研院	上海万玑智能科技有限公司
566	紫竹产研院	上海中科新生命医学检验所有限公司
567	紫竹产研院	上海中科新生命医疗科技有限公司
568	紫竹产研院	上海赛乐威生物科技有限公司
569	紫竹产研院	上海复动医疗管理有限公司
570	紫竹产研院	杰库（上海）生物医药研究有限公司
571	紫竹产研院	上海悦亭星豪餐饮有限公司
572	紫竹产研院	上海高迪生物科技有限责任公司
573	紫竹产研院	上海南滨江细胞生物科技有限公司
574	紫竹产研院	上海英基生物科技有限公司
575	紫竹产研院	上海蔚之星生物科技有限公司
576	紫竹产研院	上海莲广实业有限公司
577	紫竹产研院	上海闵滔实业有限公司
578	紫竹产研院	上海致臻志臣科技有限公司
579	紫竹产研院	上海抗码芯瑞生物科技有限公司
580	紫竹产研院	上海华谊检验检测技术有限公司
581	紫竹产研院	上海洋灵投资咨询有限公司
582	紫竹产研院	上海盛闵智能医疗科技开发有限公司
583	紫竹产研院	上海皓桦科技股份有限公司
584	紫竹产研院	上海釉骊贸易有限公司
585	紫竹产研院	上海紫竹新兴产业技术研究院有限公司
586	紫竹产研院	上海中科新生命生物有限公司
587	紫竹产研院	上海享爱健康科技有限公司
588	常青工业区	金可儿国际（上海）床具有限公司
589	常青工业区	上海文港文具有限公司
590	常青工业区	凯黎安全玻璃有限公司
591	常青工业区	上海东富龙科技股份有限公司
592	常青工业区	上海法拉莉鞋业有限公司
593	常青工业区	上海秉寰重工机械有限公司
594	常青工业区	上海端砚广告有限公司
595	常青工业区	泰拉尔通用机械（上海）有限公司
596	常青工业区	丽凯精密电子工业（上海）有限公司
597	常青工业区	上海莱温商贸有限公司（春晓物资）
598	常青工业区	上海凡宜科技电子有限公司
599	常青工业区	上海机用皮带扣总厂（上海华冉科技）
600	常青工业区	上海西典贴合制品有限公司
601	常青工业区	上海博凯工业皮带有限公司

(续表14)

序号	楼宇名称	企业名称
602	常青工业区	上海永裕塑胶有限公司
603	常青工业区	上海立景国际物流有限公司（上海碧缘机械制造公司）
604	常青工业区	上海港浩塑业有限公司
605	常青工业区	上海康保机电有限公司（上海华汇机电）
606	常青工业区	上海华汇机电有限公司
607	常青工业区	上海东华高压均质机厂
608	常青工业区	上海北加实业有限公司（闵科建设）
609	常青工业区	士商（上海）机械有限公司
610	常青工业区	上海铭贵科技发展有限公司
611	常青工业区	上海赐方印务有限公司
612	常青工业区	上海东富龙科技股份有限公司
613	常青吴泾	上海市工商外国语学校
614	常青吴泾	上海宗剑模具机械有限公司
615	常青吴泾	上海华俐石化工程技术有限公司
616	常青吴泾	上海泰高开关有限公司
617	常青吴泾	上海三亚常锦展览设计服务有限公司
618	常青吴泾	上海聚翔箱包有限公司
619	常青吴泾	东方国际创业闵行服装实业有限公司
620	常青吴泾	上海乔治白实业有限公司
621	常青吴泾	上海君燊实业有限公司
622	常青吴泾	上海舜鹏实业有限公司
623	常青吴泾	外来人口居住中心一期（紫竹科学园区吴泾镇开发办）
624	常青吴泾	外来人口居住中心二期（紫竹科学园区吴泾镇开发办）
625	淡水河畔、创想600	上海崟冠科技有限公司
626	零号湾科技大楼、剑川路950	上海通亦呈机械设备有限公司
627	零号湾科技大楼、飞马旅交大科创园	上海衍梓智能科技有限公司
628	零号湾科技大楼、华谊	奕目（上海）科技有限公司
629	零号湾科技大楼、易迈、飞马旅交大科创园	上海飒智智能科技有限公司

第六章
工作日志选录

"大零号湾"科技创新策源功能区是在工作实践中逐渐达成共识并形成品牌的,是方方面面共同努力的成果。南滨江公司(区滨江办)受闵行区委、区政府委托,作为南部科创中心核心区的实施主体之一,是大零号湾开发建设的重要实施主体。本章"工作日志选录"侧重于以时任闵行区发改委党委书记、区滨江办主任、南滨江公司董事长余建源的工作笔记为主线,辅以部分相关公司活动新闻,记述与大零号湾科技创新策源功能区开发建设相关的工作、大事。

2015年
2016年
2017年
2018年
2019年
2020年
2021年

图6-1-1 2016年春,闵行区滨江办人员合影(一排左起依次为:翁晓菁、王建春、计鹰、俞文扬、余建源、郭晓静、王顺健、舒剑峰、任巍、高雪峰,二排左起依次为:陶继光、顾文明)

图6-1-2 2021年9月,闵行区滨江办(南滨江公司)人员合影

2015年

1月8日　在区机关会议中心101会议室，召开闵行滨江开发"十三五"发展大讨论第一场讨论会议。区委副书记戴骅主持会议。区委书记赵奇，市社科院、区人大代表、区政协委员以及区委办、区府办、区发改委、区经委、区建交委、区规土局、区房管局、区绿容局、区环保局、区水务局、浦江镇、吴泾镇、马桥镇、梅陇镇、江川路街道分管领导，区滨江办相关人员参加会议。

1月13日　在区滨江办召开闵行滨江开发"十三五"发展大讨论第二场讨论会议。市浦江办、华东师大、上海交大、电气集团、地产集团、华谊集团、纺织集团、国际港务、上海城建、百联集团、国盛集团、交运集团、电力股份、紫竹高新区、城投开发等闵行滨江开发联席会议成员单位联络员，以及区滨江办、区发改委相关人员参加会议。

4月11日　上海交通大学、闵行区政府、上海地产集团签订"零号湾"全球创新创业集聚区共建备忘录。根据备忘录，三方拟通过搭建完整的创业服务平台和成长培育生态体系，吸引国内外高校在校生、校友以及青年教师落户创业。当天的签约仪式上，6个学生创新创业团队首批入驻"零号湾"，从零开始，在这里开启他们的创业之旅。

6月9日　闵行滨江地区开发建设联席会议第三次联络员会议在纺织集团下属上海国际时尚中心召开。联席会议办公室领导余建源和任巍、高雪峰、俞文扬等办公室全体员工，以及市浦江办、华东师大、上海交大、地产集团、华谊集团等15家联席会议成员单位联络员共二十余人参加会议。会议邀请上海市城市规划设计研究院对滨江主干区块的结构规划和交通规划课题进行介绍，并向参会单位进行书面意见征询。

6月18日　由上海交通大学、上海市闵行区人民政府及上海地产（集团）有限公司合作共建的"零号湾"全球创新创业集聚区启动仪式暨上海零号湾创业投资有限公司揭牌仪式在闵行区沧源科技园举行。

6月25日　区发改委党委书记、区滨江办常务副主任余建源，区滨江办副主任、蓝天白云公司总经理任巍，区滨江办副主任、蓝天白云公司副总经理高雪峰，前往市浦江办参加闵行滨江地区结构规划专题会。

7月2日　高雪峰参加市发改院牵头召开的"十三五"闵行滨江地区发展定位及开发体制机制研究课题专家评审会。

10月25日　"零号湾"全球创新创业集聚区科技大楼启用暨首批机构入驻仪式举行。上海

图6-1-3　2015年11月16—20日，区滨江办常务副主任余建源（左四）赴韩国仁川市对松岛新城等地区进行考察

创业接力集团、晨晖创投等创投服务机构相继入驻，上海零号湾园区和辽宁大学生就业创业服务基地、四川成都电子科技大学"一校一带"园区签署战略合作协议。

11月16—20日　区滨江办常务副主任余建源赴韩国仁川市对松岛新城等地区进行考察。

12月14日　市人大常委会主任殷一璀、副主任钟燕群调研"零号湾"全球创新创业集聚区，了解创新创业服务平台建设情况，并听取上海交通大学校长张杰等作有关情况介绍。

2016年

2月18日　副市长周波率市相关部门来到零号湾，就创新创业工作情况进行调研，并与大家座谈交流。市政府副秘书长金兴明，市经信委副书记陈鸣波、副主任徐子瑛，市发改委副主任张素心，市教委副主任袁雯，市科委秘书长林旭伟，市国资委负责同志，及上海交通大学校长张杰、零号湾创投公司总经理张志刚、零号湾创业导师程抒一等参加调研及座谈。

3月7日　区发改委党委书记、区滨江办常务副主任余建源，区滨江办副主任、蓝天白云公司副总经理高雪峰，向区委常委、副区长张国坤汇报有关"紫竹创新创业走廊"建设初步方案。

3月15日　区发改委党委书记、区滨江办常务副主任余建源，区滨江办副主任、蓝天白云公司总经理任巍，参加区委专题会议，汇报滨江地区情况，区领导赵奇、张国坤、于勇等出席会议。

3月17日　余建源、任巍参加区委专题会议，汇报"紫竹创新创业走廊"建设情况。

4月5日　区经委到区滨江办对接"紫竹创新创业走廊"建设工作方案事宜，高雪峰参加会议。

4月11日　余建源参加五届区委第94次常委会，会上审议通过《滨江地区统筹发展管理体制方案》。

5月12日　余建源、任巍参加区政府召开的"紫竹创新创业走廊"建设专题会议。

5月23日　区政府办公室发布《关于成立上海市闵行区滨江地区综合开发管理委员会的通知》。

5月25日　区经委主任林艺、副主任史宏超等一行到区滨江办对接"紫竹创新创业走廊"建设工作任务、规划等相关事宜，余建源、任巍、高雪峰参加会议。

5月27日　区滨江办组织召开闵行滨江地区综合开发项目三年行动计划编制推进会，区发改委、区建设委、区交通委、区规土局、区房管局、区绿化市容局、区环保局、区水务局、区教育局、浦江镇、颛桥镇、马桥镇、吴泾镇、梅陇镇、江川路街道、浦锦街道等分管领导，余建源、高雪峰参加会议。

5月31日　闵行区在紫竹高新区召开建设上海南部科技创新中心核心区"1+4"政策（"1"即《闵行区关于建设上海南部科技创新中心核心区的框架方案》，"4"即有关鼓励人才创新创业、发展众创空间、创新创业引导基金、科技创新和成果转化的四个专项配套政策）发布会。

5月　零号湾入选首批国家双创示范基地重点建设项目，建立起了完整的高校服务产业与地方经济的新体系。

6月1日　区委书记赵奇，区委常委、副区长张国坤，区规土局张海丽一行赴区滨江办调研，余建源、任巍、俞文扬、高雪峰参加调研会议。

6月7日　区委常委、组织部部长王观宝到区滨江办，宣布余建源就任蓝天白云公司董事长，许延岭任蓝天白云公司监事长。

6月13日　余建源、高雪峰前往仪电集团对接"紫竹创新创业走廊"建设工作事宜。

6月16日　余建源、高雪峰前往华东师范大学对接"紫竹创新创业走廊"建设工作事宜。

6月24日　余建源、任巍、许延岭、高雪峰前往江川街道调研。

6月27日　组织召开闵行滨江地区综合开发项目三年行动计划编制推进会，区发改委、区经委、区建管委、区交通委、区规土局、区房管局、区绿化市容局、区环保局、区水务局、区教育局分管领导和相关部门负责人，余建源、高雪峰参加会议。

7月7日　余建源参加区政府第106次常务会议，列席区国资委关于成立上海南滨江投资发展有限公司（暂定名）的汇报议题。

7月12日　闵行区分管副区长、雷鸣强到区滨江办调研，区府办、区经委、区科委、紫竹产研院等相关人员陪同，余建源、任巍、许延岭、俞文扬、高雪峰参加会议。

7月14日　余建源参加由闵行区分管副区长主持召开的紫竹产研院资产处置事宜协调会。

7月22日　任巍参加五届区委第101次常委会，列席区国资委通报《关于成立上海南滨江投资发展有限公司（暂定名）的报告》议题。

7月27日　收到《关于成立上海南滨江投资发展有限公司（暂定名）的抄告》。

7月28日　余建源、任巍、高雪峰参加区委、区政府召开的南滨江地区开发专题会议，讨论滨江统筹发展三年行动计划，区领导赵奇、张路加、祝学军、张国坤、于勇等出席会议。

8月11日　闵行区分管副区长在沧源科技园召开"零号湾"相关会议，任巍、高雪峰参加。

8月22日　余建源参加区长主持召开的全智智能制造创新中心建设方案专题会。

8月25日　市浦江办副主任朱剑豪及市浦江办相关人员，到区滨江办就近阶段重点工作和"南滨江地区统筹发展三年行动计划"等工作进行专题对接，余建源、任巍、高雪峰参加会议。

同日　余建源、高雪峰参加由闵行区分管副区长主持召开的研究紫竹创新创业走廊沧源片区城市设计方案汇报会。

8月29日　上海南滨江投资发展有限公司正式注册成立，取得工商营业执照。

9月8日　上海闵行房地（集团）有限公司与上海交通大学媒体与设计学院战略合作协议签约仪式在上海交通大学举行，媒体与设计学院院长李本乾，闵行房地集团董事长、总经理华允弟分别在签约仪式上致辞。

9月13日　余建源、任巍参加闵行区2016年区城经济统筹暨上海南部科创中心核心区重点招商项目签约仪式，南滨江公司与联东集团、华鑫公司签订园区运营合作协议。

9月14日　余建源、高雪峰参加闵行区分管副区长支持召开的紫竹创新创业走廊沧源片区城市设计方案汇报会议。

9月18日　余建源参加闵行区分管副区长召开的零号湾调研会议。

同日　接区政府文件，余建源为南滨江公司董事长，许延岭为南滨江公司监事长，任巍为南滨江公司总经理，高雪峰、叶隆为南滨江公司副总经理。

9月26日　余建源参加推进闵行区统筹城市工作专题会议，区领导赵奇等参加会议。

同日　任巍主持召开紫竹创新创业走廊沧源片区招商工作讨论会，高雪峰，区经委、区科委、江川路街道分管领导参加会议。

10月11日　任巍、南滨江公司副总经理叶隆前往区资产经营公司，对接紫竹产研院、零号湾等资产收购事宜。

10月19日　任巍、叶隆接待区国资委预算科负责人，商议市社保中心下属临沧路和沧源路的2块资产的转让事宜。

10月20日　余建源、叶隆参加闵行区分管副区长主持召开的瑞安地产"INNOSPACE+"项目落地沧源事宜方案专题会议。

同日　余建源陪同闵行区分管副区长赴上海仪电集团调研。

10月21日　闵行滨江地区开发建设领导小组2016年度会议在区政府召开，闵行区分管副区长出席会议，余建源、任巍、许延岭、叶隆参加会议。

10月24日　瑞安集团一行来访，商议"INNOSPACE+"落地沧源项目事宜，叶隆参加会议。

10月26日　余建源参加闵行区分管副区长主持召开的龙湖公司专题汇报会。

同日　叶隆参加区府办副主任岳崇召开的紫竹产研院相关事宜协调会。

11月2日　召开闵行滨江地区开发设计方案汇报会，宝麦蓝公司汇报滨江启动区城市设计方案、现代设计院汇报沧源片区城市设计方案中期成果，区领导赵奇等出席会议，余建源参加会议。

11月11日　余建源、任巍、高雪峰接待纯达纺织一行。

2017年

1月3日　区滨江办主任、南滨江公司董事长余建源，区滨江办副主任、南滨江公司副总经理高雪峰，听取现代设计院汇报剑川路两侧景观提升设计方案。

1月9日　区滨江办常务副主任、南滨江公司总经理任巍参加在"零号湾"召开的上海联合知识产权交易中心南部分中心启用暨闵行区建设国家知识产权示范城区授牌仪式。

1月11日　高雪峰、陆晓蔚等前往"零号湾"参观调研，举行头脑风暴。

1月16日　纯达纺织公司董事长一行来访商议资产评估事宜，高雪峰，区滨江办副主任、南滨江公司副总经理叶隆参加会议。

1月19日　余建源、叶隆接待上海交通大学生物医学工程学院党委书记季波，商议有关医用机器人产业化事宜。

1月24日　高雪峰前往宝麦蓝公司对接江川中心地区城市设计方案。

1月25日　叶隆参加闵行区分管副区长主持召开的闵行建设国家科技成果转移转化示范区专题研讨会。

2月4日　高雪峰主持召开沧源片区转型路径研究会，区经委、区科委、江川路街道相关负责人参加会议。

2月8日　区委常委、副区长曹扶生，区人力资源和社会保障局、江川路街道办事处相关领导至零号湾现场调研。

2月9日　董事长余建源、高雪峰听取SPARK公司对剑川路两侧景观提升设计方案的汇报。

同日　区人大常委会主任倪耀明、副主任潘丽萍带队调研滨江开发建设情况，余建源、任巍、高雪峰、叶隆参加调研。

2月14日　余建源出席华谊集团领导拜访闵行区领导会议。

2月15日　闵行区区长在江川路街道召开专题调研会议，讨论江川地区城市更新建设方案，余建源、高雪峰参加。

2月17日　区发改委调研滨江地区2017年工作计划等相关事宜，高雪峰、叶隆参加。

同日　高雪峰主持召开沧源片区转型路径研究会工作例会。

2月21日　余建源参加闵行区分管副区长主持召开的剑川路商务区推进情况暨龙湖剑川路项目方案汇报会。

2月23日　宝麦蓝公司汇报江川中心地区城市设计方案，余建源、任巍、高雪峰，江川路街道党工委书记王文辉等参加。

同日　叶隆带队前往上海交大生物医学院进行拜访。

2月24日　思邦设计公司汇报沧源片区剑川路两侧景观提升设计方案，余建源、任巍、高雪峰参加。

同日　华谊集团一行到南滨江公司对接工作，任巍、高雪峰参加。

3月7日　闵行区分管副区长主持召开闵行区滨江地区综合开发管理委员会2017年第一次会议，区领导张路加等，华谊集团、上海交通大学、仪电集团、地产闵虹应邀参会，余建源、许延岭、高雪峰、叶隆参加会议。

3月10日　组织区经委、区规土局、江川路街道、中规院召开关于江川地区城市更新和沧源片区转型规划沟通会，高雪峰参加会议。

同日　借区发改委会议室，与纯达纺织召开资产评估洽谈会，余建源参加会议。

3月10日　颛桥镇领导来访，商议黄二村地块转型升级事宜，余建源、任巍、高雪峰、叶隆参加会议。

3月15日　波司登公司相关人员来访，商议"我享我家"资产评估等相关事宜，沧源子公司罗梅芳参加。

3月17日　思邦公司汇报沧源片区剑川路两侧景观提升设计方案，余建源、陆晓蔚参加。

同日　龙湖地产公司来访，高雪峰接待。

3月27日　思邦公司汇报沧源片区剑川路两侧景观提升设计方案，余建源、高雪峰、陆晓蔚，现代设计院、申鑫公司参加会议。

3月28日　任巍、叶隆前往黄二村参加区经委组织召开的推进上海南部科创中心黄二村片区发展建设交流座谈会。

4月1日　组织思邦公司、华建集团等召开沧源片区剑川路两侧景观提升工程推进会，余建源、高雪峰参加会议。

4月5日　市政府办公厅区政处处长方巍一行到零号湾进行科创工作调研。

4月7日　区国资委织召开沧源片区有关房地产和股权情况专题协调会，叶隆参加会议。

同日　闵行区分管副区长主持召开"紫竹创新创业走廊"沧源片区样板段建设专题推进会，余建源、高雪峰参加。

4月11日　上海交通大学党委副书记朱健、地产闵虹冯晓明、江川路街道王文辉等一行到滨江办，对接零号湾合作开发、生物医工专业孵化器筹备进展等事宜，余建源、任巍、许延岭、高雪峰、叶隆参加会议。

4月12日　闵行区分管副区长带队赴华谊集团调研，余建源参加。

4月15日　上海零号湾创业投资有限公司"零号湾创业无忧平台"正式上线。

4月18日　零号湾获2016年度闵行区众创空间服务绩效评价"优秀孵化器"和上海市创新创业服务体系建设评定"优良科技企业孵化器"。

4月20日　组织锦和、亿达集团、德比、半岛湾、飞马旅、圣博华康、中锐国际等七家专业园区公司，召开黄二村工业园区转型升级规划方案初步评审会，区经委、区科委、颛桥镇、黄二村村委相关人员，任巍、高雪峰、叶隆参加会议。

同日　区委书记赵奇赴江川街道调研，余建源汇报江川中心地区城市设计情况。

4月24日　余建源、高雪峰赴上海仪电集团对接相关工作。

同日　叶隆参加"2017首届国际科创园区（上海）博览会"筹备会议。

4月25日　零号湾和Xnode正式达成战略合作协议。

4月27日　思邦公司汇报"上海市智慧医疗示范基地项目"概念城市设计方案，余建源、陆晓蔚参加。

同日　陆晓蔚参加颛桥镇召开的闵行区MHPO-1101单元05-02地块（剑川路二期）出让前评估调研会议。

4月28日　闵行区区长等赴张江管委会考察调研，余建源参加。

5月2日　闵行区分管副区长主持召开闵行区滨江地区综合开发管理委员会专题推进会议，余建源、高雪峰参加会议。

5月3日　余建源参加闵行区与上海交通大学座谈会。

5月4日　区政协主席祝学军到滨江办调研，余建源、高雪峰参加。

5月5日　江川路街道到滨江办对接相关工作，余建源、高雪峰以及浦锦街道相关人员参加。

5月6日　共青团中央领导牵线新加坡国家青年联合会，与零号湾签订战略合作协议。

5月10日　波司登集团来访，洽谈"我享我家"大厦资产评估等事宜。

5月16日　宝龙机械来访，商议整租事宜。

5月19日　佳通集团来访讨论改造方案，余建源、高雪峰参加。

同日　余建源参加第9次区政府常务会议，汇报闵行区政府与华谊集团签订合作协议的情况。

5月19日　以"走向深蓝——全面建设上海南部科创中心核心区"为主题的闵行科技节在闵行重点科创产业孵化基地零号湾众创空间开幕。闵行区政协主席祝学军，上海市科委副主任干频，上海交通大学党委副书记朱健，上海地产闵虹集团有限公司执行董事、总经理冯晓明，上海市科协科普部部长刘健，闵行区委组织部副部长姚计华，闵行区科技党委书记、科委主任李丽，闵行区科协主席宋运堂，江川路街道党工委书记王文辉等领导出席科技节开幕式。

5月23日　高雪峰主持召开黄浦江两岸地区公共空间建设三年行动计划（2018—2020年）前期对接会，叶隆以及浦锦街道相关人员参加。

同日　紫竹高新区来访商议紫竹产研院事宜，叶隆参加。

5月24日　交大泰阳公司就太阳能项目来滨江办进行洽谈，高雪峰参加。

5月31日　思邦公司汇报上海市智慧医疗示范基地项目概念城市设计方案，余建源、叶隆以及宝藤生物科技公司相关人员参加会议。

6月6日　任巍列席区政府第10次常务会,汇报关于剑川路940号及相关社保基金实物资产处置情况和关于上海益源工业开发有限公司40%股权划转情况。

6月7日　余建源、高雪峰前往华谊集团对接合作协议等事宜。

6月9日　高雪峰主持召开沧源开放式街区智慧园区建设与综合管理及剑川路940号功能建设会议。

同日　波司登公司来访进行商务洽谈。

6月9日　区人大常委会主任张路加赴江川路街道调研,余建源、高雪峰参加调研。

6月13日　区人大常委会主任张路加赴吴泾镇调研,余建源、高雪峰参加调研。

同日　华建设计公司汇报紫竹创新创业走廊中心绿地一期示范段工程设计方案,余建源、高雪峰参加。

6月19日　高雪峰参加江川路街道城市更新规划研讨会议。

6月20日　飞马旅公司到滨江办进行洽谈,任巍参加。

6月22日　江川路街道相关人员来访,商议沧源科技园接收工作事宜,高雪峰参加。

同日　华谊集团王锦淮一行来访,商议合作协议签约等相关事宜,余建源、高雪峰,江川路街道办事处副主任张峰、发展办范斌参加。

7月10日　"2017 neoShow Week 梦想加速——零号湾路演周"系列活动正式拉开帷幕。上海交大提供500万元创新券扶持,共72个创业团队获得资助。

7月12日　高雪峰主持召开沧源片区项目推进会,区经委李伟、区科委副主任徐亚云、江川路街道办事处副主任张峰参加。

7月14日　闵行区分管副区长主持召开全区16个成片区域转型升级方条专题会议,高雪峰参加。

7月18日　闵行区分管副区长主持召开智能医学大数据产业基地建设专题会议,余建源、高雪峰参加。

7月25日　区领导倪耀明等来滨江办调研,区相关职能部门,余建源、许延岭、高雪峰参加。

7月　闵行区政府与上海华谊(集团)公司签署合作协议,将大正作为首发转型项目。

8月3日　代区长倪耀明与上海仪电集团、索尼(中国)公司主要负责人进行会晤,余建源参加。

8月8日　区领导接待上海电气集团领导一行,余建源参加。

8月24日　高雪峰主持召开紫竹双创走廊规划评估和优化调整启动会。

9月1日　区国资委党委书记王备军对剑川路940号进行安全检查,叶隆参加。

9月5日　高雪峰参加区科委组织召开的零号湾二期合作备忘录签订专题讨论会议。

9月6日　华谊集团资产公司相关领导来访,余建源、高雪峰参加会议。

9月7日　闵行区分管副区长主持召开专题会议,高雪峰参加并汇报沧源科技园转型升级方案。

9月12日　区规土局组织召开闵行区剑川路2期05-02地块出让条件沟通会,高雪峰参加。

9月16日　全国大众创业万众创新活动周系列活动"闵行区创新创业七日谈——文化的厚植",在零号湾全球创新创业集聚区正式拉开帷幕。闵行区分管副区长、零号湾创投公司总经理张志刚等出席活动。

9月18日　2017年全国大众创业万众创新活动周"上海交大-闵行"专场活动启动仪式举行,余建源、高雪峰参加。

同日　市发改委组织召开今后五年重点地区发展目标调研专题工作会议,叶隆参加。

9月20日　"海纳百创2017创客节"启动仪式举行,"零号湾"全球创新创业集聚区受邀参加,并被授予"2017年市级创业孵化示范基地"荣誉称号。

9月21日　余建源主持召开剑川路940号上海南部科创城公共服务中心装修改造项目推进会。

10月30日　闵行区分管副区长接待启迪控股公司,叶隆陪同。

10月31日　余建源、叶隆接待启迪控股公司。

11月1日　市浦江办副主任朱剑豪等一行来滨江办调研黄浦江两岸公共空间建设新一轮三年行动计划,并前往纺织集团仓库进行现场考察,余建源、叶隆参加。

11月3日　余建源参加六届区委第31次常委会,汇报关于与上海交通大学合作共建医疗机器人研究院和产业化平台的情况。

同日　区科委组织召开深入推进上海南部科创中心核心区建设专题研讨会议,叶隆参加。

11月6日　闵行区分管副区长带队赴花桥创新服务业基地调研,余建源参加。

11月7日　冠捷公司、上海交通大学生物医学工程学院党委书记季波来访调研,余建源参加。

11月8日　余建源、高雪峰前往龙湖公司对接剑川路商务区建设进展、思购地块规划方案

图6-1-4　2017年11月1日,市浦江办副主任朱剑豪(左三)一行调研闵行区黄浦江两岸公共空间建设工作。区滨江办主任余建源(左四)陪同

等相关工作。

11月9—12日　分别召开经济产业、城市建设、社会事业、街镇专场紫竹创新创业走廊规划评估和优化调整方案汇报会。

11月13日　六届区委第32次常委会审议关于合作共建上海智能医疗大数据产业基地项目相关事宜，余建源出席并做汇报，叶隆参加。

11月14日　上海交通大学生物医学工程学院党委书记季波带队来滨江办对接医疗机器人项目相关事宜。

11月14—15日　佳世展览、励展、金明公司汇报南上海科创和展示中心设计初步方案。

11月15日　上海交通大学、闵行区人民政府、上海地产（集团）有限公司共同签署深化"零号湾"全球创新创业集聚区合作共建备忘录。上海交大党委书记姜斯宪、校长林忠钦、副校长张安胜、党委副书记顾峰，闵行区区长倪耀明、闵行区分管副区长，上海地产集团副总裁薛宏，地产闵虹党委书记汤伟军、副总经理张志雄等领导出席签约仪式。

同日　闵行区分管副区长签署闵行区政府与上海交通大学关于合作共建医疗机器人研究院和产业化平台框架协议，余建源参加。

11月20日　宝滕公司来访商议智能医疗创新地基事宜，余建源、叶隆参加。

同日　新加坡管理大学校长等人参访零号湾，上海零号湾创业投资有限公司总经理张志刚等园区管理团队与其进行了热烈的沟通。

11月27—29日　余建源前往重庆龙湖集团总部，对接剑川路商务区合作开发事宜。

11月29日　江川路街道、上海闵行房地集团牵头邀请上海市交通委员会水运处、上海市航务管理处、上海市旅游促进中心、上海海事大学、闵行区文广局等单位20余人，组团到江川区域内的黄浦江岸线进行实地深入考察，并就谋划推进江川区域内黄浦江岸线资源的综合开发利用进行了探讨交流。

12月1日　宏润公司汇报交大泰阳地块存量工业用地转型方案，高雪峰参加。

同日　区经委组织召开2018年成片区域土地转型计划安排专题会，高雪峰参加。

12月7日　余建源参加区政府第25次常务会议，汇报闵行区政府与上海电气（集团）总公司合作协议相关情况。

同日　紫竹创新创业走廊规划评估和优化调整专题会议暨咨询委员和专家受聘仪式举行，区领导张路加出席，闵行区分管副区长主持，余建源参加。

12月8日　区领导张路加组织召开滨江地区相关工作沟通推进会，吴泾镇、颛桥镇、江川路街道、区滨江办相关负责人参加。

12月12日　区政府组织召开"哈工大上海军民融合人工智能及机器人研究院和产业基地项目"及"上海朱光亚战略科技产业研究院项目"专题会议，余建源参加。

12月14日　剑川路940号改建方案协调会召开，区规土局、区绿容局相关负责人参加会议。

同日　区科委组织召开智慧医疗技术创新峰会，叶隆参加。

图6-1-5 2017年11月29日,市人大、江川路街道、上海闵行房地集团邀请市交通委、上海海事大学等单位考察江川区域内的黄浦江岸线。

图6-1-6 上海海事大学校长、中国航海学会理事长黄有方(右三),悲鸿艺术学院院长乐震文(左三)与闵行房地集团董事长华允弟(左一)研究平湖班码头开发工作。

12月19日 闵行区召开紫竹创新创业走廊沧源片区推进专题会。区领导倪耀明出席。余建源汇报紫竹创新创业走廊沧源片区实施改造计划。

12月21日 余建源、叶隆赴上海交通大学参加医用机器人研究院揭牌仪式。

12月26日 上海电气与闵行区政府举行合作协议签约仪式,区领导倪耀明等出席,余建源参加。

12月27日 上海零号湾创业投资有限公司参加上海科技企业孵化协会第四届第一次会员大会暨第一次理事会,并荣膺常任理事。

12月28日 区政府组织召开关于加快推进上海闵行国家科技成果转移转化示范区建设专题研讨会,余建源参加。

2018年

1月9日　区滨江办主任、南滨江公司董事长余建源随区政府考察团赴四川绵阳市调研军民融合科技成果转化工作。

1月12日　余建源主持召开黄二村工业园转型升级和剑川路940号改建工作专题会。

同日　闵行区分管副区长主持召开哈工大相关工作专题会，区滨江办副主任、南滨江公司副总经理叶隆参加。

1月14日　区人大常委会原主任、滨江管委会顾问张路加带队赴颛桥镇调研，余建源参加。

1月17日　余建源听取励展公司汇报南上海科创和高新制造产业集群展示馆方案。

1月18日　区府办副主任岳崇牵头召开剑川路940号公共服务中心项目协调会，余建源参加。

1月24日　余建源听取佳通集团汇报转型方案。

同日　区滨江办副主任、南滨江公司副总经理高雪峰听取飞马旅公司汇报产业方案。

1月26日　2018"创业在上海"国际创新创业大赛暨闵行创新创业大赛在"零号湾"全球

图6-1-7　2018年1月14日区人大常委会原主任、滨江管委会顾问张路加带队赴颛桥镇调研

创新创业集聚区启动，上海市科委副巡视员刘勤、上海市科技创业中心主任朱正红、中国航空无线电电子研究所党委副书记火国锋、闵行区科委主任李丽、上海维宏电子科技股份有限公司创始人汤同奎、上海慕帆动力科技有限公司创始人林钢、上海思路迪医学检验所有限公司创始人熊磊等出席。

2月1日　闵规院作紫竹创新创业走廊规划评估和优化调整初步方案汇报，高雪峰、南滨江公司总规划师陆晓蔚，区规土局、吴泾镇、颛桥镇、马桥镇、江川街道相关人员参加。

2月24日　余建源陪同区领导接待上海电气电站集团领导一行。

2月26日　江川街道领导来访对接工作，高雪峰接待。

2月27日　余建源主持召开智能医疗产业基地城市设计推进会。

3月7日　佳通公司来访对接转型方案相关事宜，余建源、陆晓蔚参加。

3月9日　法国工程师职衔委员会专家认证团在上海交大-巴黎高科卓越工程师学院领导及其工作人员的陪同下赴零号湾参观访问。

3月13日　余建源列席区政府第32次常务会中的区生物医药产业发展三年行动计划议题。

3月19日　上海交通大学医疗机器人研究院管委会第一次全体会议在交大召开，上海交通大学党委书记姜斯宪、校长林忠钦，闵行区区长倪耀明等出席，余建源参加。

3月22日　中共中央政治局委员、上海市委书记李强到沧源科技园调研"零号湾"全球创新创业集聚区。市委常委、市委秘书长诸葛宇杰参加调研。

同日　华谊集团来访，明确吴泾二期绿化动迁、新建景川泵站、载重轮胎及大正橡胶转型方向，高雪峰参加。

3月22—23日　2018"创业在上海"国际创新创业大赛暨第七届中国创新创业大赛（上海赛区）零号湾分赛点比赛举行。"创业在上海"以大赛为平台集聚国内外创新企业、创新要素和人才，激发全社会的创新创业热情，打造一批科技创业明星。零号湾在此次大赛中获"上海市优秀赛点"称号。

3月27日　余建源主持召开紫竹创新创业走廊规划评估和优化调整初步方案咨询委员会议，咨询委员会全体成员单位、相关委办局、规划部全员参加。

3月　零号湾与中央电视台"创业英雄汇"强强联合，输送零号湾明星项目，12家企业参与路演，8家企业入选。

图6-1-8 2018年3月22—23日，2018"创业在上海"国际创新创业大赛暨第七届中国创新创业大赛（上海赛区）零号湾分赛点比赛举行

4月2日 余建源、高雪峰前往闵行房地集团对接剑川路沿线整体规划方案事宜。

4月3日 张路加、余建源调研上海重型机器厂。

4月4日 上海交大医疗机器人研究院（交大-闵行）召开工作推进会议。闵行区分管副区长，区经委主任林艺、区科委主任李丽，南滨江公司董事长余建源，交大医疗机器人研究院院长杨广中、生医工学院党委书记季波等参加会议。

4月13日 华东师大来访，区领导张路加、滨江办余建源接待。

4月19日 闵行区委书记调研智能医疗创新示范基地推进情况，区领导张路加陪同调研，余建源、叶隆参加会议。

5月3日 闵行区分管区领导等专题调研沧源开放式街区剑川路以北地块转型情况，余建源、高雪峰参加。

同日 余建源列席区政府第35次常务会议关于投资建设南部科创中心的情况汇报议题。

5月4日 区长倪耀明主持召开区产业布局规划专题会议，高雪峰参加。

5月15日 余建源接待新华社记者。

同日 高雪峰参加2018年区政府投资计划项目推进工作专题会。

5月15日 区委常委、组织部部长王观宝现场调研紫竹创新创业走廊沧源片区工作推进情况，随后到滨江办召开座谈会，余建源，南滨江公司监事长许延岭，高雪峰、叶隆参加会议。

5月17日 市政府办公厅印发《上海市建设闵行国家科技成果转移转化示范区行动方案

(2018—2020年)》。

5月21日　区领导张路加等专题调研沧源科技园转型工作推进情况，余建源、高雪峰参加。

6月5日　华谊集团副总裁顾立立一行到滨江办对接相关工作，余建源、高雪峰、陆晓蔚参加。

同日　高雪峰主持召开沧源科技园凌博地块打造园区配套服务中心事宜协调会，区市场监督管理局、区消防支队、江川路街道参加。

6月7日　叶隆列席区委第49次常委会闵行建设国家科技成果转移转化示范区行动方案议题。

同日　上海南甋机器人科技发展有限公司2018年第一次董事会召开，余建源、闵行房地集团董事长华允弟、常务副总经理吴杏仙、南甋机器人公司总经理刘婷婷等参加。

6月11日　闵行区委书记带队专题调研华谊集团相关地块转型工作情况，华谊集团党委书记、董事长刘训峰，集团总裁王霞，余建源、高雪峰参加。

6月12日　余建源参加上海闵行国家科技成果转移转化示范区建设推进动员会。

6月15日　上海交通大学医疗机器人研究院与闵行区政府在交大徐汇校区总办公厅召开第一届理事会第一次会议，闵行区分管副区长，上海交通大学党委书记姜斯宪，党委常委、副校长徐学敏，党委常委、副校长奚立峰，医疗机器人研究院院长杨广中，南滨江公司董事长余建源等参加会议。

6月21日　高雪峰主持召开易普森公司土地置换事宜协调会。

图6-1-9　2018年4月3日，闵行区领导张路加（左二）等调研上海重型机器厂

6月28日 "创赢未来——最好的我们"科技企业孵化器代表主题头脑风暴暨上海科技企业孵化器30年巡礼专题活动成功举办。零号湾创投公司作为上海科技企业孵化器的10位代表之一派代表上台发言。

7月4日 闵行区委书记赴江川路街道专题调研，余建源参加。

7月10日 高雪峰主持召开紫竹创新创业走廊科创项目对接会，介绍紫竹创新创业走廊相关重点招商项目。区科委、区经委相关人员，叶隆、陆晓蔚、沧源科技园公司总经理冯永荣参加会议。

7月12日 上海闵行房地集团与上海交大产业投资管理（集团）有限公司、上海交大技术转移中心、上海交大科技园有限公司在上海交通大学签署战略合作协议，标志着校地共同打造环交大双创走廊，推动区域产业升级、高新技术培育研发和改善城市空间形象等战略部署，进入实质启动阶段。

7月13日 区领导张路加、南滨江公司董事长余建源前往颛桥镇与镇党委书记陈皋等相关领导对接黄二村项目。

同日 闵行区分管副区长主持召开推进哈工大军民融合创新研究院（上海）项目加快落地专题会，叶隆参加。

7月15日 区领导张路加主持召开落实区委书记专题调研会议要求情况推进会，余建源、高雪峰、叶隆参加。

7月16日 高雪峰主持召开闵行区闵行新城MHPO-1101单元11街坊11-09地块（宏润地块）存量工业用地转型方案汇报会，相关委办局和街镇参加。

图6-1-10 2018年6月28日，"创赢未来——最好的我们"科技企业孵化器代表主题头脑风暴暨上海科技企业孵化器30年巡礼专题活动

图6-1-11 2018年7月31日，余建源参加2018年江川区域发展论坛

7月18日　高雪峰主持召开横泾港东岸景观提升工程协调会，协调借地动迁等相关事宜。

7月20日　陆晓蔚参加区经委组织的研究讨论2018年成片区域土地转型推进情况及推进难点会议。

7月25日　余建源、陆晓蔚听取SPARK公司汇报横泾港景观设计初步方案。

7月26日　上海弄升企业发展有限公司成立，主要负责落实推进剑川路930号、950号、955号三个项目的产业招商和形象提升等工作。

7月30日　闵行区分管副区长主持召开智能医疗创新示范基地建设专题推进会、剑川路940号公共服务中心项目专题推进会，余建源、高雪峰、叶隆参加。

7月31日　余建源参加2018年江川区域发展论坛，并做"江川地区发展与南科创建设"主题演讲。

8月4日　在2018年（第35届）全国医药工业信息年会开幕式上，上海智能医疗创新示范基地正式揭牌，中国工程院院士杨胜利、闵行区分管副区长、宝藤生物医药董事长楼敬伟、区科委主任李丽、南滨江公司董事长余建源参加揭牌仪式。

8月7日　区科委主任李丽率队到滨江办对接工作，余建源、叶隆参加。

8月13日　上海益源工业开发有限公司召开2018年第二次股东会暨董事会，上海零号湾创业投资有限公司召开股东会及董事会，高雪峰作为股东代表参加会议。

8月22日　高雪峰主持召开紫竹创新创业走廊规划评估和优化调整专家及部门咨询会。

8月24日　国盛集团副总裁戴敏敏调研智能医疗基地。

9月7日　区领导张路加参观南上海创新与高新产业集群展示馆，并提出展示馆调整方案。

9月17日　余建源主持召开沧源片区转型推进会，分管领导及相关部门人员参加。

9月18日　余建源陪同区领导张路加参加市政府召开的黄浦江两岸公共空间贯通后的后续

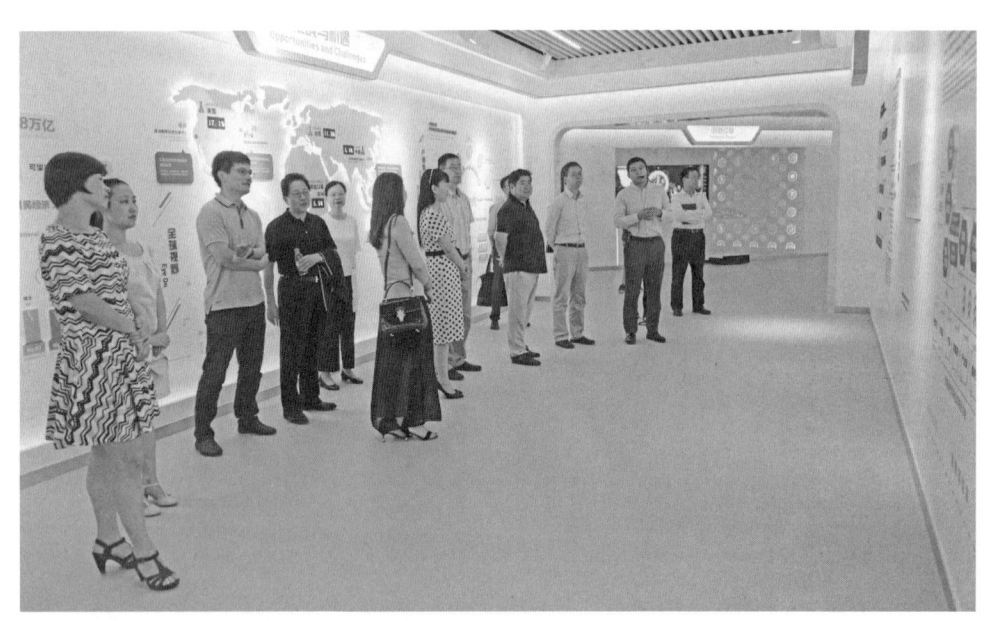

图6-1-12 2018年8月24日，国盛集团副总裁戴敏敏调研智能医疗基地

规划和开发课题专题研讨会。

9月20日 由上海市科委指导，闵行区科委主办，上海交通大学与"零号湾"全球创新创业聚集区承办的"硬科技·创未来"2018上海国际创客大赛智能硬件专题赛在上海交通大学学生创新中心举行。此次大赛获上海市科委颁发的"赛事优秀组织奖"。

9月21日 由科学技术部火炬高技术产业开发中心、上海市科学技术委员会指导，上海市科技创业中心主办，上海科技企业孵化协会和东方财经·浦东频道联合承办的"创·三十年"上海科技企业孵化器发展论坛暨表彰大会在上海科技馆4楼圆厅举行，对为上海科技孵化事业做出杰出贡献的单位和个人予以表彰。上海零号湾创业投资有限公司获"上海科技企业孵化器30年新锐孵化器奖"。在表彰大会上，孵化器培育的多家优秀企业同时获奖，精励医疗科技有限公司、上海瓶钵信息科技有限公司、上海知加信息科技有限公司、上海治咸网络科技有限公司分别获"上海科技企业孵化器30年新锐创业企业奖"。

9月25日 上海交通大学副校长王伟明一行来访，商议沧源路剑川路路口景观提升项目破除围墙事宜，余建源、高雪峰参加会议。

9月28日 闵行区分管副区长到滨江办调研沧源片区转型工作，余建源、叶隆参加会议。

9月29日 区滨江办组织召开智能医疗产业大楼初步方案听取部门意见会。

10月10日 高雪峰主持召开沧源片区宜良路桥新建工程、横泾港河东岸景观工程推进会。

10月16日 上海电气集团置业有限公司执行董事、党委书记黄德浩一行来访，商议电气集团在闵行区下属地块转型工作等相关事宜，余建源、高雪峰参加会议。

10月17日 闵行区分管副区长带队赴华谊集团调研商议大正橡胶、染化厂、双钱轮胎等地块转型事宜，区领导张路加、南滨江公司董事长余建源参加。

10月23日　区政府召开剑川路商务区二期酒店项目建设专题会议，高雪峰参加。

10月25日　余建源主持召开紫竹产研院公司和智能医疗基地平台公司联合办公会议。

同日　市人大代表闵行团考察零号湾，高雪峰陪同。

10月25日　余建源参加上海交通大学、闵行区人民政府、上海临港经济发展（集团）有限公司、博康控股集团有限公司关于共建"上海人工智能研究院"合作协议签约仪式。

10月27日　全国人大常委会原副委员长、中央社会主义学院院长、中国和平统一促进会副会长严隽琪，在上海市政协副主席、民进中央副主席、上海交大副校长黄震，上海交大副校长王伟明及零号湾园区内相关单位负责人的陪同下重点视察了零号湾全球创新创业集聚区。

10月28日　坐落于"零号湾"全球创新创业集聚区的中国（上海）创业者实训基地南部科创中心分基地暨上海南部创新创业咨询服务中心正式启用。

10月30日　区长倪耀明及区相关分管领导在第50期区政府常务会上听取南滨江地区工作推进情况汇报，会议纪要明确支持大正项目存量转型。

同日　余建源参加南科创实训基地运营仪式。

10月31日　区长倪耀明主持召开南滨江地区工作推进专题会议。区领导张路加等参加会议，余建源汇报沧源片区转型和智能医疗创新示范基地建设工作推进情况和存在问题。

11月1日　高雪峰主持召开华谊集团大正地块改造、景川雨水泵站建设事宜协调会、南部科创中心核心区双创空间改造事宜协调会。

图6-1-13　2018年10月25日，市人大闵行代表团团长唐曙建（右五）带队考察零号湾

11月3日　高雪峰主持召开易普森公司土地置换协调会，区经委、莘庄工业区参加会议。

11月11日　2018零号湾路演周——"从零开始"创业英雄分享会在上海交通大学媒体与传播学院演播厅暨零号湾全球路演中心圆满举行。

11月14日　余建源出席区政府第47次常务会议，汇报闵行区与国盛集团战略合作协议。

11月19日　闵行区分管副区长主持召开黄二村改造项目专题协调会，余建源参加。

11月20日　区经委牵头召开上海佳通日清食品有限公司（25-01地块）存量工业用地转型项目、上海佳通纸制品有限公司（25-02地块）存量工业用地转型项目、上海泰阳绿色能源有限公司（11-09地块）存量工业用地转型项目"三委二局"评审会，高雪峰、陆晓蔚参加。

11月27日　上海闵行国家科技成果转移转化示范区暨上海南部科技创新中心核心区建设领导小组第一次会议召开，余建源参加。

11月29日　余建源陪同区领导接待市科创办赴闵行进行调研活动。

11月30日　区领导张路加主持召开易普森锅炉公司异地安置工作推进会，余建源、高雪峰参加。

12月7日　零号湾工作例会在地产闵虹举行。闵行区分管副区长、上海交大副校长王伟明、地产闵虹执行董事冯晓明出席会议，上海交大产研院、学生创新中心、校团委、创业学院、党政办、地方合作办相关负责领导，闵行区科委、江川路街道、南滨江公司主要领导，区府办、区发改委、区经委、区财政局、区人社局、区市场监督局分管领导，零号湾、益源公司相关领导参加会议。

图6-1-14　2018年12月14日，闵行区政府与上海国盛集团签订合作框架协议

12月14日　闵行区政府与上海国盛集团签订合作框架协议，双方在战略新兴产业发展、科技创新和成果转化、长三角区域一体化、城市更新和乡村振兴等多个领域，以军民融合、人工智能、生物医药等产业为重点，深入合作联动发展，共同探索产融联动的合作新路径。

12月29日　高雪峰列席区政府第51次常务会议《关于申请报批佳通地块存量工业用地转型方案的情况汇报》《关于申请报批泰阳绿色地块存量工业用地转型方案的情况汇报》《关于向上海南滨江投资发展有限公司拨付注册资金1亿元的情况汇报》议题。

2019年

1月4日　闵行区举行人才公园开园暨第十三批闵行领军人才颁证仪式。闵行区人大常委会党组成员张路加，区委常委、组织部部长王观宝等出席。南滨江公司为人才公园建设主体并承办现场活动，公司董事长余建源、副总经理高雪峰等相关人员参加活动。

1月10日　闵行滨江地区开发建设领导小组2019年第一次会议召开，区领导张路加、倪耀明、沈军等出席会议，区滨江办主任、南滨江公司董事长余建源，区滨江办副主任、南滨江公司副总经理高雪峰、叶隆参加会议。

1月11日　余建源、高雪峰与上海交通大学相关负责人对接景观设计方案。

同日　上海人工智能研究院有限公司召开第一届董事会第一次会议暨股东会第一次会议，股东代表余建源、人工智能公司监事刘婷婷参加会议。

1月11日　叶隆列席区政府第52次常务会议关于哈工大创新研究院情况汇报议题。

1月14日　余建源参加闵行吴泾、马桥区域产业定位及整体转型专题研究会。

同日　区科委组织召开零号湾机制沟通会，余建源、高雪峰参加。

1月14日　工程部人员参加关于2019—2020架空线入地电力基站选址现场会议。

1月16日　高雪峰主持召开剑川路930号项目装修验收及场地划分协调会。

1月17日　区建委召开华谊集团科创园区项目沟通协调会，高雪峰参加。

1月18日　高雪峰主持召开南上海创新与高新制造产业集群展示馆提升项目协调会，规划部、工程部、经发部、沧源公司相关人员参加会议。

1月21日　医疗机器人产业园孵化基金项目推进会在上海交通大学召开，上海交通大学医疗机器人研究院院长杨广中、南滨江公司董事长余建源，区金融办、千年资本、云赛资本相关负责人参加研讨，并初步达成合作意向。

1月22日　上海交大医疗机器人研究院召开（交大-闵行）联合管委会会议。闵行区分管副区长，交大副校长奚立峰，医疗机器人研究院理事会、管委会秘书长季波，常务副院长陈卫东，区经委副主任史宏超，区科委主任李丽，南滨江公司董事长余建源，闵行房地集团董事长华允弟等参加会议。

同日　颛桥镇政府召开白金汉爵酒店专题会，协调移交协议等事宜，高雪峰参加。

1月28日　高雪峰主持召开"南滨江地区产业资源转型三到五年行动计划"课题组初步方案研讨会，课题组全体成员参会。

2月11日　江川路街道党工委书记王文辉带队赴区滨江办沟通对接滨江地区开发建设工作，余建源、许延岭、高雪峰、叶隆参加。

2月12日　余建源、叶隆赴紫竹新兴产业技术研究院有限公司和南滨江智能医疗有限公司调研。

2月14日　余建源、高雪峰参加2019年区委常委会关于存量资源转型发展重要议题专题会。

2月15日　上海市科委总工程师陆敏，区科委主任李丽、副主任徐亚云赴"零号湾"全球创新创业集聚区调研，深入了解园区在服务经济发展和促进创新创业中所发挥的重要作用，公共服务设施建设情况以及在闵行优势产业发展中的职能定位。

2月15日　区发改委中心组成员及全体党员赴南上海创新与高新制造产业集群展示馆、上海智能医疗创新示范基地参观，与南滨江公司领导班子成员开展党建联谊活动。

同日　余建源主持召开医疗机器人产业孵化基金推进会，千年资本、区金融办参加。

2月18日　区长倪耀明主持召开颛桥黄二村双创基地项目专题会，余建源参加。

图6-1-15　2019年2月15日，上海市科委总工程师陆敏赴"零号湾"全球创新创业集聚区调研

图6-1-16　2019年2月15日，区发改委中心组成员及全体党员赴南上海创新与高新制造产业集群展示馆、上海智能医疗创新示范基地参观

图6-1-17　2019年2月28日，区领导张路加主持召开华谊大正地块改造项目推进会

同日　区行政服务中心召开宏润地块零星转型和佳通地块零星转型两个重大产业项目专题沟通会，高雪峰参加。

2月20日　区纪委书记、监察委主任张培荣调研南滨江公司，参观南上海创新与高新制造产业集群展示馆并召开座谈会，南滨江公司领导班子成员参加。

2月21日　区经委召开2019年零星存量资源转型计划项目及2019年18个成片区域存量产业资源转型计划项目会，高雪峰参加。

2月27日　东方国贸集团不动产事业部总经理助理童曙林一行赴南滨江公司，对接吴泾老工业基地调整改造实施范围内虹梅南路2638弄100号地块转型合作事宜，余建源、叶隆参加会议。

2月28日　区领导张路加主持召开华谊大正地块改造项目推进会，余建源参加。

同日　区规土局召开"闵行区江川社区01单元（MHP0-1101）控制性详细规划11街坊局

部调整（实施深化）"项目评审会（宏润项目），高雪峰参加。

同日　千年资本、华谊集团、南滨江公司共同商议老工业基地转型产业基金事宜，余建源参加。

3月5日　余建源、高雪峰听取人才公园二期项目第二轮景观概念方案汇报。

3月8日　区滨江办、江川路街道召开3月工作例会，张路加、余建源、高雪峰、叶隆参加。

3月15日　区滨江办、江川路街道一行赴上海交大材料学院特种材料研究中心洽谈。

3月19日　华东师大一行现场查看汽轮机厂，余建源陪同。

3月19日、25日　市科委、区科委、上海交通大学、区滨江办听取市科学学研究所关于南滨江科技城建设方案的汇报。

3月21—23日　闵行区分管副区长调研苏州、常州、南京等地千年资本投资项目，余建源、高雪峰参加。

3月26日　区领导带队走访上海电气集团，余建源参加。

图6-1-28　2019年3月15日，区滨江办、江川路街道一行赴上海交大材料学院特种材料研究中心洽谈

图6-1-19　2019年3月19日，华东师大一行现场查看汽轮机厂

3月27日　上海科创中心海关组织召开科创机构海关调研座谈会，花王公司、日清公司、圣戈班公司等参加，余建源出席。

3月28日　区领导带队走访上海仪电集团，余建源参加。

同日　叶隆主持召开新闵东路（永平南路—姚安路）道路新建工程前期动迁专题协调会。

3月29日　区国资委调研南滨江公司。

同日　华谊集团到访，商议人才公园二期景观概念方案和华谊大正项目方案，余建源、陆晓蔚参加会议。

4月8日　美国ACOME公司汇报华谊染化厂地块及周边区域城市设计前期策划，余建源、高雪峰、陆晓蔚，市人大代表唐曙建，江川路街道相关人员参加。

4月9日　闵行区分管副区长主持召开2019年零号湾工作例会第一次会议，余建源参加。会上，上海科学学研究所汇报南滨江科技城建设方案。

4月10日　余建源前往上海交通大学对接围墙打开事宜。

同日　上海南滨江智能医疗科技开发有限公司召开平台公司股权调整筹备会议，南滨江公司董事长余建源、国盛置业董事长王备军、闵行房地集团董事长华允弟、宝藤生物医药董事长楼敬伟、天亿公司相关负责人参加会议并对股权调整方案进行讨论。

4月11日　区规划资源局组织召开闵行江川社区MHPO-1101单元（佳通地块）控制性详细规划25街坊局部调整（实施深化）项目评审会，陆晓蔚参加。

同日　上海闵行房地集团与上海交大设计学院举办"闵房发展基金"成立签约仪式，支持学院学科建设和人才培养等。

4月12日　区委副书记、区长倪耀明带队调研沧源片区转型工作，现场考察剑川路930号、佳通公司、宏润公司、宝龙地块、华谊大正地块等项目并召开座谈会，南滨江公司余建源、高雪峰、叶隆参加。

图6-1-20　2019年3月29日，华谊集团到访，商议人才公园二期景观概念方案和华谊大正项目方案

图6-1-21　2019年4月11日，上海闵行房地集团与交大设计学院举办"闵房发展基金"成立签约仪式

4月15—17日　闵行区分管副区长赴北京对接招商工作，余建源陪同。

4月16日　区领导倪耀明带队走访华谊集团，与华谊集团董事长刘训峰等就华谊闵行存量资产转型进行专题会商，高雪峰参加。

4月22日　闵行区分管副区长主持召开产业资源转型发展现场会，实地调研颛桥镇金地威新科创园，高雪峰参加。

4月24日　区领导张路加主持召开南滨江科技节活动前期策划启动会，并讨论统筹江川路街道招商工作等事宜，余建源、高雪峰、叶隆，以及闵行房地集团相关人员参加会议。

4月25日　余建源，江川路街道党工委书记王文辉、办事处主任吴敏华、副主任张建新，华谊集团资产公司和闵行房地集团相关负责人，听取华谊染化厂及周边区域城市设计前期策划第二次汇报。

4月28日　余建源听取市科学学研究所汇报南滨江科创城建设方案，高雪峰、陆晓蔚参加。

5月17日　叶隆列席区政府第59次常务会议关于闵行区MHPO-1101单元05-04b、05-04c地块地下空间（剑川路940号地下停车库）出让方案的情况汇报和南滨江公司认定园区平台的情况汇报议题。

5月18日　闵行区委书记主持召开2019年二季度区委重大项目推进季度例会，余建源参加。

5月21日　余建源、叶隆赴区发改委与副主任孙雪春对接沧源科技园一期绿地停车库项目土地出让事宜。

5月30日　区滨江管委办、区招商中心、江川路街道联席会议工作例会召开。

6月3日　区领导张路加等带队赴沧源科技园调研，实地参观飞马旅交大科创园并进行交流座谈，余建源、高雪峰参加。

同日　区领导张路加主持召开"零号湾"全球创新创业集聚区"为梦启航"主题宣传活动

工作小组推进会，余建源、高雪峰、叶隆，以及活动分会场负责人参加会议。

6月6日 "零号湾"全球创新创业集聚区"为梦启航"宣传活动首站暨上海市康复辅助器具产业园南滨江园区开园仪式在沧源科技园内飞马旅交大创业园举行，市民政局副局长梅哲等出席开园仪式，余建源、高雪峰、叶隆参加。

6月13日 区领导张路加主持召开"零号湾"全球创新创业集聚区"为梦启航"主题宣传活动工作小组推进会，余建源、高雪峰参加。会议明确，由高雪峰牵头组织"为梦启航"活动。

同日 上海智能医疗创新示范基地土地出让推进会召开。

6月18日 "零号湾"全球创新创业集聚区主题活动分会场活动之"南滨江零号湾科创城"地区发展专家论坛在紫竹产研院召开，余建源、高雪峰、叶隆参加。

同日 余建源、高雪峰接待华东师范大学校友会领导。

6月19日 交大医疗机器人研究院管委会召开2019年第二次会议。

6月20日 余建源、高雪峰拜会上海交通大学陶铝新材料管委会主任吴旦，讨论陶铝项目落地闵行事宜。

同日 高雪峰参加"走进闵行——2019百家上市公司闭门会"。

6月24日 "零号湾"全球创新创业集聚区"为梦启航"主题活动举行媒体走访日活动，余建源主持会议，叶隆、零号湾创投公司总经理张志刚陪同参加，华谊资产、佳通集团、宏润集团、精励医疗、飞马旅作转型方案汇报，《新闻晨报》、《21世纪经济报道》、《华夏时报》、亿欧、《闵行报》等媒体出席，并专题采访区科委领导。

6月27日 上海智能医疗创新示范基地召开第一届资源对接会，区领导张路加出席，余建源、高雪峰、叶隆参加会议。

同日 国盛置业、南滨江公司、吴泾镇召开联组学习会，就加强三方在上海智能医疗园区开发方面合作进行研讨，区领导张路加出席。

6月28日 余建源接待复旦大学工研院，探讨南滨江与复旦大学、加拿大多伦多大学在人工智能领域、5G领域开展合作的可行性。

6月29日 "零号湾"全球创新创业集聚区"为梦启航"主题活动在上海交通大学闵行校区举行，支持单位有上海交通大学、华东师范大学、市经信委、市科委、市科创办、地产集团、华谊集团、国盛集团、仪电集团、电气集团等。区领导倪耀明、庞骏、张路加、王一力等，高校和市属大集团领导姜斯宪、吴金城、张全、蔡小庆、王霈、王伟明、孙真荣、戴敏敏、杨庆云、顾立立、陈干锦，以及闵行区相关委办局、街镇领导，知名专家学者、上海交大和华东师大校友会代表、园区和企业代表、创新创业者、投资人等来自海内外的合作伙伴出席，活动有主旨演讲、方案发布、项目展示、赛事启动、园区揭牌等内容。南滨江公司董事长余建源在会上作"新外滩、新中心、新港湾"主旨演讲，南滨江公司党委委员、副总经理高雪峰担任活动总策划。

同日 上海交通大学医疗机器人研究院第一届理事会第二次会议在交大医疗机器人产业园召开。理事长、上海交通大学党委书记姜斯宪，校长、党委副书记林忠钦院士，闵行区区长倪

图6-1-22　2019年6月29日，"零号湾"全球创新创业集聚区"为梦启航"主题活动在上海交通大学闵行校区举行，南滨江公司党委委员、副总经理高雪峰（居中）担任活动总策划

耀明，上海交通大学副校长奚立峰，理事会成员、南滨江公司董事长余建源，医疗机器人研究院院长、英国皇家工程院院士杨广中等参加。

6月29日　上海交大-闵行医疗机器人产业园正式开园。上海交通大学党委书记姜斯宪、校长林忠钦、副校长奚立峰，闵行区区长倪耀明、区人大常委会原主任张路加，市科委副主任干频，市药监局局长闻大翔，交大医疗机器人研究院院长杨广中及闵行区相关委办局、街镇、上海交通大学各大附属医院领导，以及KUKA、海尔、美敦力、亿嘉和、KINOVA等高科技企业代表，交大相关教授、医生和学生出席。

7月5日　高雪峰主持召开交大科技园项目对接会，区招商中心、江川路街道、交大科技园闵行公司参加，就多方合力共同推进交大科技园孵化项目落地闵行园区以及承载空间落实等事宜达成共识。

同日　"零号湾"参加法国里昂商学院校长见面会暨战略合作签约仪式并与法国里昂商学院亚洲校区签署合作备忘录。

7月11日　高雪峰主持召开"零号湾"全球创新创业集聚区"为梦启航"主题宣传活动小结大会，余建源、叶隆以及会议各分工小组成员参加。

7月17日　闵行区分管副区长主持召开推动上海电气集团在闵行存量工业用地的转型工作专题论证会，余建源参加。

7月22日　北京大学"鸿雁计划"学生实践团访问南滨江公司。

7月26日　余建源主持召开陶铝项目对接会，招商中心相关人员参加会议。

7月31日　闵行区分管副区长主持召开人工智能研究院项目对接会，余建源参加。

同日　区经委、江川路街道、南滨江公司召开宏润、佳通转型地块项目推进会，高雪峰参加。

8月1日　闵行区分管副区长主持召开"零号湾"工作例会，余建源参加。

8月7日　区领导张路加主持召开剑川路940号房屋改建工程协调推进会，余建源参加。

8月13日　区发改委组织召开紫竹创新创业走廊中心二期绿地新建工程专题会，叶隆参加。

8月14日　弄升公司召开2019年董事会，董事余建源、高雪峰、刘婷婷、陆文婷等参加。

同日　高雪峰主持召开北大"鸿雁计划"学生代表团"十四五"规划专项课题"紫竹创新创业走廊'十四五'规划期间的目标、思路与重点举措"汇报会。

8月16日　高雪峰主持召开上海电气集团转型地块工作推进会，电气置业公司和南滨江公司规划部、招商中心相关人员参加。

8月27日　闵行区分管副区长带队赴零号湾区域调研重点项目推进情况，并为下一步市领导赴零号湾调研做筹备，余建源参加。

8月31日　市委副书记、市长应勇在2019世界人工智能大会上为上海人工智能研究院有限公司揭牌。

9月3日　闵行区分管副区长调研飞马旅产业园，余建源、高雪峰参加。

9月4日　闵行区政府与上海仪电集团举行战略合作框架协议签约仪式。

9月5日　邀请区科委成果转化科科长徐晖做关于闵行区推进科技创新创业和成果转化政策意见专题培训，"零号湾"、飞马旅、交大医疗机器人、产研院园区等共23家企业参加。

9月19日　市科创办主任彭崧带队调研闵行区，高雪峰陪同现场参观并参加座谈会。

9月23日　南滨江公司、江川路街道召开工作例会，区领导张路加，南滨江公司余建源、高雪峰、叶隆参加。

9月27日　区领导倪耀明主持召开"'零号湾'全球创新创业集聚区建设方案"专题研讨会，上海交通大学校长林忠钦、副校长王伟明、市科委主任张全、总工程师陆敏出席，余建源汇报建设方案。

9月29日　区发改委主任李炜主持召开上海智能医疗创新基地沐星河河道整治工程专题汇报会，叶隆参加。

10月16日　余建源主持召开宏润、佳通项目转型工作推进会议，协商补地价事宜，区经委副主任曹春懿、区滨江办副主任高雪峰参加。

10月18日　区领导张路加，余建源、高雪峰参加华谊大正智慧天地项目华谊资产、万科地产、弄升公司合作签约仪式。同年12月，成立合资公司。结合项目背景及设计规划目标，园区整体分三批次施工改造。2020年7月29日获取一批次施工许可证，项目正式开工。2020年8月25日、9月16日分别获取二、三批次施工许可证。

10月21—22日　张路加、余建源带队赴安徽淮北考察交大陶铝项目，高雪峰参加。

10月24日　闵行区分管副区长召开条线2020年工作思路务虚会，余建源参加。

10月28日　高雪峰主持召开南部科创中心核心区建设项目集中开工仪式沟通会。

10月29日　区发改委、上海交大、南滨江公司召开剑川路开放式绿地项目工作会，区发改委副主任孙雪春，滨江办余建源、高雪峰参加。

10月31日　张路加参加江川滨江地区策划及城市设计方案推进会，江川路街道、南滨江公司、ACOM设计公司参加，余建源、高雪峰、陆晓蔚出席。

10月　上海零号湾创业投资有限公司发起"国际创新创业生态体系（IEIE）"，累计合作机构14家。上海零号湾创业投资有限公司获国家工业和信息化部颁发的"国家小型微型企业创业创新示范基地"荣誉称号，获国家科学技术部颁发的"国家级科技企业孵化器"荣誉称号。

11月1日　余建源前往飞马旅园区参加高企贷中银闵行试点暨闵行区科创服务中心启用仪式。

同日　叶隆前往江川路街道对接易普森工业炉项目。

11月6日　区领导张路加主持召开华谊智慧天地项目开工暨南部科创中心核心区重点建设项目集中启动工作协调会，区滨江办主任、南滨江公司董事长余建源，南滨江公司党委副书记倪悦婷，区滨江办副主任、南滨江公司副总经理高雪峰，以及江川路街道、华谊集团、弄升公司、宏润集团、佳通集团、龙湖地产相关负责人参加会议。

同日　余建源主持召开横泾港东侧外立面工作会，倪悦婷、高雪峰参加。

11月7日　区经委召开上海盛闵智能医疗科技开发有限公司认定园区平台"三委二局"评审会，叶隆参加。

11月8日　张路加主持召开人才公园二期地下车库项目协调会，余建源、叶隆参加。

11月9日　余建源、高雪峰参加"科技创新之都　融合发展之城"闵行区开放创新融合研讨会暨投资评估报告与采购信息发布会。

11月13日　余建源参加闵行区委、区政府召开的南片区域重点工作座谈会。

11月14日　余建源、高雪峰接待上海交大陶铝项目方。

同日　市科委召开"零号湾"创新创业集聚区建设方案研讨会，重点讨论保障措施内容。

11月14日　余建源、高雪峰赴区科委参加大张江重大项目讨论会。

11月18日　闵行区分管副区长出席2019零号湾路演活动，余建源参加。

11月23日　余建源、高雪峰参加2019华东师范大学校友创新创业大赛总决赛颁奖典礼暨"创新创业与教育的对话"高峰论坛。

同日　余建源、高雪峰参加大零号湾建设方案三方（上海交大、市科委、闵行区）研讨会。

11月28日　余建源主持召开横泾港景观外立面概念方案讨论会，倪悦婷、高雪峰、南滨江公司副总经理陈声凯参加。

同日　余建源接待上海交大医疗机器人研究院一行。

11月29日　举行南科创核心区建设项目集中启动暨华谊智慧天地开工仪式，上海交通大学校长林忠钦，闵行区委书记倪耀明，区领导张路加、倪学斌、王一力，华谊集团总裁王霞、副总裁顾立立等领导出席会议，会议宣布华谊智慧天地一期项目开工，龙湖淡水河畔、白金汉爵大酒店、宏润科创中心、佳通科创中心项目宣布正式启动。区滨江办主任余建源在大会上作了发言，汇报了集中开工项目的具体情况。

12月10日　区滨江办主任、南滨江公司董事长余建源，南飈机器人公司总经理刘婷婷参加上海交大医疗机器人研究院2019国际学术论坛。

12月12日　余建源主持召开飞马旅交大科创园工作会议，高雪峰、招商中心负责人陆文婷参加会议。

12月13日　区国资委党委书记、主任岳崇一行赴南滨江公司调研指导2019年度绩效考核工作。

同日　高雪峰主持召开沧源片区2020年招商工作沟通会，区招商中心、江川路街道、闵行商务公司及南滨江区域内各载体运营公司参加会议。

12月13日　上海交通大学教授朱建伟赴紫竹产研院对接工作，余建源参加。

12月17日　弄升公司召开2019年度董事会和股东会，余建源、高雪峰、刘婷婷、陆晓蔚、刘翔参加会议。

12月17—18日　余建源、倪悦婷、高雪峰会同华谊集团副总裁顾立立等赴安徽淮北考察上海交大安徽陶铝新材料研究院。

12月19日　区科委主任李丽、副主任徐亚云一行赴南滨江公司对接2020年上海南部科创中心核心区建设重点工作，余建源、高雪峰、叶隆参加。

12月20日　叶隆、陈声凯与江川路街道办事处党工委副书记张建新研究剑川路、沧源路架空线入地工作。

同日　倪悦婷主持召开南部科创公共服务中心项目内部功能设计调整工作协调会，区委组织部、区人保局、区科委、区行政服务中心相关部门负责人参加会议。

12月24日　高雪峰主持召开零号湾区域重点载体项目招商工作例会，江川路街道、区招商中心江川服务中心等相关单位招商负责人参加会议。

12月27日　都市路（灯辉路—剑川路）道路新建工程市政道路部分通过质监站竣工验收。

2020年

1月6日　南滨江公司党委副书记倪悦婷，副总经理陈声凯参加区征收中心组织的紫竹创新创业走廊中心二期绿地（零号湾）项目土地现场踏勘会议。

1月8日　倪悦婷、陈声凯参加区征收中心组织召开的《新闵东路（永平南路—姚安路）道路新建工程国有土地上非居住房屋征收补偿方案》论证会，吴泾工业区二期绿化吴泾5号地块、紫竹创新创业走廊中心二期绿地项目房屋征收补偿工作推进会。

同日　区滨江办主任、南滨江公司董事长余建源，区滨江办副主任、南滨江公司副总经理高雪峰，参加上海闵行交大科技园运营有限公司董事会一届二次会议和股东会。

1月9日　市科委总工程师陆敏在交大产研院、交大地方合作办、闵行区科委、南滨江投资发展有限公司、交大科技园、闵行房地集团领导的陪同下调研"大零号湾"全球创新创业集聚区。

1月10日　国家科技部成果转化与区域创新司产业化与园区指导处处长曹煜中一行在上海市科委及闵行区科委领导的陪同下调研上海交大国家大学科技园。

1月16日　余建源主持召开2020年大零号湾区域建设工作务虚会暨大零号湾"T"字形区域建设工作例会第一次会议，倪悦婷、高雪峰、陈声凯以及相关部门负责人参加。

1月21日　高雪峰参加上海交通大学2020春节团拜会。

1月29日　南滨江公司召开党委会，成立南滨江公司疫情防控工作领导小组，党委书记、董事长余建源任组长，党委班子成员任副组长，下设综合协调保障、沧源片区、紫竹片区、在建工地等4个专门工作组。

2月3日　闵行区分管副区长赴南滨江公司调研，区府办副主任刘明秋陪同。

同日　余建源带队赴沧源园区、紫竹园区和横泾港等在建工地检查疫情防控工作。

2月4日　南滨江公司全体党委领导和各部门负责人召开推动南科创核心区建设工作计划会议。

2月26日　区投资促进中心主任吴昌飞与余建源商议沿剑川路、沧源路"T"字形区域2020年招商工作。

3月5日　区长陈宇剑调研上海智能医疗创新示范基地，余建源、倪悦婷、叶隆、陈声凯参加。

3月17日　区科委主任李丽赴区滨江办对接推动"大零号湾"全球创新创业集聚区高质量发展十条政策措施意见，余建源、倪悦婷、叶隆参加会议。

3月27日　闵行滨江地区综合开发管理委员会2020年第一次会议召开，区领导倪耀明、陈宇剑出席。会议同意闵行滨江地区开发建设领导小组和闵行区滨江地区综合开发管理委员会职能合并，成立新的闵行区滨江地区综合开发管理委员会，区委副书记、区长陈宇剑任管委会主任。管委会办公室与南滨江公司合署办公，办公室主任由余建源兼任。

同日　闵行区分管副区长调研剑川路600号，余建源陪同调研。

4月2日　余建源陪同闵行区分管副区长接待上海交通大学副校长王伟明。

4月8日　市委副书记廖国勋调研闵行区"零号湾"全球创新创业集聚区，区委书记倪耀明，南滨江公司党委书记、董事长余建源参加。

4月10日　余建源参加闵行南片区域统筹疫情防控和经济社会发展工作座谈会。

4月13日　南滨江公司举行招商工作专题研究会。

4月14日　南滨江公司与佳通集团召开佳通存量工业用地转型推进会。余建源、佳通集团吴庆荣、闵行房地集团吴杏仙参加会议。

4月16日　余建源参加区政府第80次常务会议，列席紫竹创新创业走廊中心（零号湾）二期绿地新建工程项目可行性研究报告的情况汇报和《闵行区"十四五"区级规划编制工作方案》编制情况的汇报议题。

4月17日　市政府《每日动态》刊登《闵行区依托区内高校院所资源优势，积极推进"大零号湾"全球创新创业集聚区建设》。

4月21日　余建源陪同区领导接待仪电集团领导来访。

同日　区人大常委会副主任、区总工会主席倪学斌，副主席许向东一行赴南滨江公司开展调研。倪悦婷、叶隆及相关部门负责同志出席座谈。

4月24日　余建源与飞马旅对接华谊染化厂区域合作开发、交大康养创新园运营等事宜，倪悦婷参加。

4月26日　南滨江公司、佳通集团、弄升公司三方召开转型工作推进会，讨论合作方案等事宜，余建源参加。

4月28日　区政协主席祝学军，区政协副主席王一力调研上海交通大学国家科技园闵行园区创想600基地，吴泾镇党委书记杨其景、副书记沈军，南滨江公司党委书记、董事长余建源，党委副书记倪悦婷，闵行房地集团董事长华允弟、常务副总经理吴杏仙，上海闵行交大科技园运营有限公司总经理陈史杰陪同调研。

4月29日　闵行区分管副区长到南滨江公司调研座谈，余建源、倪悦婷、叶隆参加。

5月7日　闵行区委常委、宣传部部长胡明华，区委宣传部副部长、区政府新闻办主任杜涛一行赴南滨江公司调研，实地走访南上海创新与高新制造产业集群展示馆、交大医疗机器人产业园、交大科技园创想600基地、智能医疗创新示范基地，余建源、公司监事长罗嗣军、倪悦婷、叶隆参加。

5月8日　区政协副主席王一力，副秘书长、专委办主任邢红光，区政协科技委部分委员等一行赴南滨江公司调研。余建源、倪悦婷等陪同调研。

5月9日　市委常委、副市长吴清调研"大零号湾"全球创新创业集聚区建设情况。

图6-1-23　2020年5月7日，闵行区委常委、宣传部部长胡明华（左五），区委宣传部副部长、区政府新闻办主任杜涛（右五）一行赴南滨江公司、创想600基地调研，上海闵行交大科技园运营有限公司董事长吴杏仙（右四）、总经理陈史杰（左二）、副总经理华涛（左一）陪同并介绍园区运营情况。

　　同日　仪电集团党委书记、董事长吴建雄，副总裁陈靖调研人工智能研究院，南滨江公司董事长余建源、江川路街道办事处主任吴敏华，人工智能研究院院长宋海涛、副院长刘燕京等陪同。

　　5月9日　智能医疗创新示范基地一期项目举行国盛闵行健康智谷签约启动仪式，副市长吴清，区领导倪耀明、陈宇剑，市经信委刘平，市科委陆敏，市科创办彭崧出席，余建源、倪悦婷、叶隆参加。

　　同日　仪电集团党委书记、董事长吴建雄，副总裁陈靖等一行赴沧源片区调研，余建源、倪悦婷，以及大零号湾"T"字形区域推进办参加调研会议。

　　5月11日　余建源主持召开南滨江公司"十四五"规划专题会，正式启动十四五规划编制工作。叶隆布置工作任务。

　　5月19日　区人大代表考察南部科创核心区建设情况及剑川路、沧源路"T"字形区域重点建设开放式双创街区推进情况，余建源、倪悦婷陪同。

　　5月20日　轨交23号线、13号线西延伸规划方案讨论会召开，区领导倪耀明、陈宇剑出席，余建源参加。

　　同日　由闵行区人大常委会副主任倪学斌带队，区人大常委会教科文卫工委部分人大代表视察创想600基地。

　　5月20日　倪悦婷主持召开交大科技园闵行公司、龙湖公司三方碰头会。

　　5月21日　总规划师陆晓蔚参加《闵行区科技创新"十四五"规划》研究和编制工作部门

图6-1-24 2020年5月9日,仪电集团党委书记、董事长吴建雄(左三),副总裁陈靖(右二)调研人工智能研究院,南滨江公司董事长余建源(右三)、江川路街道办事处主任吴敏华(左一)、人工智能研究院院长宋海涛(左二)、副院长刘燕京(右一)等陪同

图6-1-25 2020年5月19日,区人大代表考察南部科创核心区建设情况及剑川路、沧源路"T"字形区域重点建设开放式双创街区推进情况

座谈会。

5月23日 常务副市长陈寅调研闵行区"十四五"规划编制等工作,现场调研"大零号湾"全球创新创业集聚区、上海交大医疗机器人研究院产业园、紫竹国家高新区展示中心,区领导倪耀明、陈宇剑、沈军陪同,余建源参加。

5月25日 区政协召开闵行区南部科创中心建设,推动南滨江开发建设情况通报会,余建源作专题汇报,倪悦婷以及公司相关部门负责人参加。

5月26日 余建源听取剑川路940号装修方案专题汇报,罗嗣军、倪悦婷、陈声凯参加。

同日 余建源接待上海交大医疗机器人研究院季波等一行,商议医疗机器人产业化平台建设事宜。

5月26日 大零号湾推进办主任富荷蓉主持召开"大零号湾"全球创新创业企业联盟筹备

会，正式启动企业家联盟建设工作，招商中心、紫竹产研院公司、沧源公司参加。

5月28日　市人大闵行代表团开展专题调研第一次活动，听取南部科创中心核心区建设工作推进情况汇报，倪悦婷出席。

5月29日　区科委副主任徐亚云，余建源、倪悦婷，以及相关部门负责人商议"零号湾"全球创新创业集聚区建设方案发布、大零号湾专项政策等事宜。

6月2日　区委组织部副部长夏林赴南滨江公司商议剑川路940号高端人才服务中心内部装修方案，余建源、陈声凯参加。

6月3日　闵行区科技创新公益基金会与上海交大科技园闵行园区合作举办的闵行区科技创业公益基金会（交大专项）第一期项目评审会在上海交大科技园创想600基地成功举办。

6月4日　上海市开发区协会联合上海交大国家大学科技园闵行园区、南京大学环境规划设计研究院，在交大科技园创想600基地举行产业园区"环境管理工作室"签约暨揭牌仪式。

6月15日　宝山区委书记汪泓，区委副书记、区长陈杰，区委副书记周志军，区委常委、副区长王益群，副区长陈尧水及宝山区各委办局和相关部门负责人，上海大学党委书记成旦红、党委副书记、校长刘昌胜及上海大学相关部门负责人一行调研"大零号湾"全球创新创业集聚区。上海交通大学党委副书记、校长林忠钦，副校长王伟明，闵行区委书记倪耀明及闵行区科委、南滨江公司等有关领导陪同参观。在参观零号湾科技大楼、医疗机器人研究院产业园后，调研创想600基地。

6月16日　余建源、倪悦婷接待仪电集团领导，商议陶铝项目。

6月17日　闵行区分管副区长调研南滨江公司，听取"零号湾"全球创新创业集聚区建设情况。

同日　闵行区政协在吴泾镇落地的首家"亮吧书房"在交大科技园创想600基地正式揭牌，区政协党组书记、主席祝学军，区政协副主席王一力，区政协秘书长韩朝阳，区政协专委办主任邢红光，吴泾镇党委书记杨其景，闵行房地集团董事长、总经理华允弟，副董事长、常务副总经理吴杏仙，副总经理王静等出席。活动由镇党委副书记沈军主持。

6月18日　"筑梦扬帆·五动未来"零号湾五周年庆祝大会暨零号湾第三方合作伙伴授牌仪式于"零号湾"全球创新创业集聚区内举行。

6月24日　区国资委党委书记、主任李炜一行赴南滨江公司调研。

6月28日　市科委在零号湾组织召开建设"大零号湾"全球创新创业集聚区媒体沟通会，市科委总工程师陆敏主持，余建源、倪悦婷参加。

7月9日　副区长沈军带队赴上海交通大学进行"十四五"规划编制工作专项调研，余建源、叶隆参加。

同日　市发改委副主任王扣柱调研零号湾，余建源参加。

7月9日　在闵行区人大常委会党组书记、主任庞峻带领下，市人大闵行代表团一行走访紫竹高新区、上海交大、吴泾镇实地考察并做专题调研。上海闵行交大科技园运营有限公司总经理陈史杰带领参观并介绍了园区学生课外实践基地、知识产权服务机构、智慧化5G建设等情况。

图6-1-26 2020年6月18日,"筑梦扬帆·五动未来"零号湾五周年庆祝大会暨零号湾第三方合作伙伴授牌仪式举行

图6-1-27 2020年6月24日,区国资委党委书记、主任李炜一行赴南滨江公司调研

7月14日 南飑机器人公司召开2020年第一次董事会、股东会,余建源、华允弟、叶隆、刘婷婷等参加。

7月15日 区行政服务中心组织召开上海智能医疗创新示范基地(重大产业项目)水系平衡中涉及相关问题协调沟通会,陈声凯参加。

同日 余建源列席区政府第88次常务会议关于佳通日清食品、佳通纸制品地块调整土地使用条件方案议题。

7月16日 闵行区分管副区长接待华谊集团副总裁马晓宾一行来访。

7月17日 上海人工智能研究院有限公司召开董事会,余建源、刘婷婷参加。

7月21日 市政府批复同意上海张江高新技术产业开发区空间调整方案。上海交通大学国家大学科技园创想600基地,科技成果转化基地剑川路930号、950号、955号,金领谷智能光学产业基地,龙湖智能协作机器人基地均被纳入大张江园区范畴。

同日 区发改委一行调研南滨江公司。

7月22日 余建源、倪悦婷拜访美敦力公司。

7月25日 区长陈宇剑接待鲁白教授团队一行考察零号湾、医疗机器人产业园、创想600

基地、智能医疗创新示范基地，余建源、倪悦婷参加。

7月27日　稻田产业深圳分公司、日本索喜科技公司负责人一行考察零号湾、智能医疗创新示范基地，余建源参加。

7月29日　中关村创智大街负责人一行考察零号湾、智能医疗创新示范基地，余建源、倪悦婷参加。

8月6日　余建源、倪悦婷前往华东师范大学闵行校区拜访校领导。

同日　余建源召开会议，专题研究大正绿地动迁工作，陈声凯参加。

8月6日　区长陈宇剑主持召开专题研究紫竹产研院编制会议，余建源参加。

8月11日　区长陈宇剑走访华谊集团，倪悦婷参加。

8月12日　区长陈宇剑调研上海仪电（集团）有限公司，倪悦婷参加。

8月18日　"发现闵行智造——南科创·新动力　聚同心·赢未来"主题活动（"发现闵行智造"集思汇开放式互动党课）在南上海创新与高新制造产业集群展示馆举行，活动由闵行区委组织部主办，区党群服务中心、阿基米德传媒、南滨江公司承办，区投资促进中心、区科创中心专委会协办。中共上海市委党校副校长朱高亮，闵行区委副书记、组织部部长王观宝出席活动。活动由上海人民广播电台首席主持人海波主持，现场邀请市委党校青年教师程曦敏博士讲述百年"创业"党课。特别邀请大零号湾区域"80后""90后"CEO赵文祥、陈史杰、杨龚轶凡、张建政、高华、薄智元、于爽、钱胜前、利文浩、高天昊分享创业经历。南滨江公司总规划师陆晓蔚

图6-1-28　2020年7月21日，区发改委一行调研南滨江公司

图6-1-29　2020年8月18日 "发现闵行智造——南科创·新动力　聚同心·赢未来"主题活动（"发现闵行智造"集思汇开放式互动党课）在南上海创新与高新制造产业集群展示馆举行

和区科委副主任徐亚运分别作主旨发言。余建源、罗嗣军、倪悦婷参加活动。

　　8月19日　中国工程院副院长钟志华院士一行赴"零号湾"全球创新创业集聚区考察调研。中国工程院院士、上海交通大学党委副书记、校长林忠钦，东华大学校长、中国工程院院士俞建勇，华东理工大学副校长、中国工程院院士钱锋，中国工程院院士、电子商务与电子支付国家工程实验室理事长柴洪峰，同济大学工程与产业研究院院长张亚雷，北京理工大学技术转移中心副主任、副研究员陈柏强等专家领导参加调研活动。上海地产闵虹（集团）有限公司执行董事冯晓明、党委书记汪丹、上海零号湾创业投资有限公司总经理张志刚等领导参加接待。

　　8月20日　余建源会同华夏研究院研究"零号湾"创新创业集聚区建设方案，叶隆参加。

　　8月24日　江苏中关村高新区考察大零号湾，余建源、倪悦婷参加。

　　8月25日　上海园区品牌入选单位授牌会议暨上海园区品牌故事微视频展示活动启幕仪式举行，上海交通大学国家大学科技园获"上海品牌示范园区"荣誉称号。

　　9月3日　由上海交通大学主办，上海市科技启明星联谊会及"零号湾"全球创新创业集聚区承办的2020"创业英雄汇"上海路演启明星专场活动精彩上演。

　　9月4日　上海市闵行区企业联合会联合上海交大国家大学科技园闵行园区，在创想600基地举行"创想600"园区专家服务站揭牌暨签约仪式。

　　9月9日　区委书记倪耀明视察大零号湾区域市属企业地块，走访华谊大正智慧天地、电气轴承厂、福新面粉厂、华谊染化厂、东方创业公司，余建源、倪悦婷陪同。

　　9月14日　区长陈宇剑接待中关村制造项目公司负责人，余建源陪同接待。

　　9月16日　区领导接待上海交通大学校长林忠钦，余建源陪同。

　　9月29日　区政府召开大零号湾周边产业布局研究会，余建源参加。

同日　闵行区政府与上海交通大学签署土地置换合作框架协议签约会，余建源参加。

10月15日　倪悦婷接待上海电气，沟通西门子中心项目。

同日　天津市津南区代表团访问"零号湾"，陆晓蔚参加接待。

10月16日　区长陈宇剑接待瑞安集团董事局主席罗康瑞一行赴闵行区考察，余建源参加。

10月21日　上海市大学科技园高质量发展推进会在上海交通大学闵行校区召开，市委副书记于绍良，市委常委、副市长吴清，副市长陈群出席会议。陈群与创业代表共同为上海交通大学国家大学科技园创想600基地启用揭牌，发布《关于加快推进我市大学科技园高质量发展的指导意见》。

同日　上海市委副书记于绍良，市委常委、副市长吴清，副市长陈群，市委副秘书长燕爽，市政府副秘书长虞丽娟、陈鸣波，闵行区委书记倪耀明，区委副书记、区长陈宇剑等领导一行，赴"零号湾"全球创新创业集聚区考察调研，市区两级相关部门、高校、重点企业及媒体陪同考察。

10月21日　公司董事长余建源、总经理徐亚云参加区政府、上海电气关于西力子能源合作项目洽谈会。

10月29日　科技部成果与区域司会同教育部科技司参访霖鼎光学。

10月30日　区委统战部部长李红珍一行赴南滨江公司调研"大零号湾"，余建源、罗嗣军、倪悦婷参加。

10月　"零号湾"加入长三角数字联盟，成为长三角数字联盟理事。

11月2日　闵行区委书记倪耀明一行参观位于金领谷科技产业园内的上海交大国家大学科技园智能光学产业基地企业——霖鼎光学的实验室、产品展示等。

11月3日　徐亚云出席"大零号湾"全球创新创业集聚区建设方案及"十四五"专题研究专场

图6-1-30　2020年8月27日，闵行区吴泾镇镇长张文琦（左五）、区投资促进中心主任顾耀祥（左四）调研上海交大科技园闵行园区创想600基地，上海闵行房地集团副董事长、常务副总经理吴杏仙（左二）陪同。

图6-1-31 2020年11月3日,徐亚云出席"大零号湾"全球创新创业集聚区建设方案及"十四五"专题研究专场讨论会

讨论会。

11月7—9日　南滨江公司参加进博会。

11月10日　为了积极贯彻落实上海市大学科技园高质量发展推进会精神,上海交大科技园与吴泾镇人民政府合作签约仪式在金领谷科技产业园举行。闵行区委副书记、区长陈宇剑,上海交通大学党委常委、副校长王伟明,上海交大科技园有限公司董事长曹兆敏,上海交大科技园有限公司总经理杜松宁,南滨江公司总经理徐亚云等出席签约仪式。

11月11日　闵行区分管副区长一行调研大零号湾区域重点项目建设情况,实地踏勘华谊氯碱厂、龙湖淡水河畔、华谊智慧天地、横泾港环境综合整治项目。

11月16日　余建源、徐亚云出席2020"创志零云　筑梦同行"neoShow Week 零号湾全球路演周活动。

同日　陈声凯主持召开新闵东路项目开工预备会议。

11月17日　区科委与南滨江公司联合召开"大零号湾"核心区专题推进会。

11月18日　徐亚云参加"走进闵行零号湾,共筑学子创业梦"——交大校友创新创业分享会,并做主题演讲。

11月　零号湾创投公司"创聚乐业小屋"启动"三位一体"赋能体系,累计服务近1 000名创业者。

12月1日　东方广播访谈余建源,介绍大零号湾推进情况,倪悦婷参加。

12月7日　余建源带队赴区科委讨论"走进零号湾系列活动"方案，徐亚云、倪悦婷参加。

同日　余建源、徐亚云参加第32次区委书记专题会，余建源作"大零号湾人才港项目"专题汇报。

12月8日　余建源、徐亚云参加在区政府召开的上海交通大学医疗机器人研究院（交大-闵行）联合管委会会议。

12月9日　南滨江公司启动研究大零号湾创新机制生态研究，上海交大大零号湾推进办主任陈江平，余建源、徐亚云、叶隆参加会议。

同日　徐亚云接待电驱动公司商议收购事宜。

12月14日　副区长汪向阳主持召开研究华泾站规划方案及留白区轨交23号线站点周边土地梳理情况专题会，叶隆、陆晓蔚参加。

12月15日　余建源、徐亚云参加上海交通大学医疗机器人研究院2020年度科研项目展示与评审会。

图6-1-32　2020年11月17日，区科委与南滨江公司联合召开"大零号湾"核心区专题推进会

图6-1-33　2020年11月18日，徐亚云参加"走进闵行零号湾，共筑学子创业梦"——交大校友创新创业分享会

同日　徐亚云接待东方集团，商议东方创业闵行基地转型事宜。

12月15日　徐亚云接待电气集团，商议西门子智慧能源赋能项目落地事宜。

12月22日　余建源带队赴区财政局，与李骏局长对接大零号湾体制机制方案事宜，徐亚云、倪悦婷、叶隆参加。

12月23日　余建源接待美敦力上海公司代表一行，商议美敦力研发中心落地事宜。

12月29日　余建源参加医疗机器人研究院秘书处会议。

12月30日　余建源、徐亚云、倪悦婷参加上海交通大学国家大学科技园闵行园区2020年工作年会。

2021年

1月4日　南滨江公司党委书记、董事长余建源，党委副书记倪悦婷接待华通科技公司美方代表一行。

同日　余建源主持召开零号湾创想谷（横泾港项目）沟通会议，倪悦婷参加。

1月6日　安徽省淮南市委巡察办副主任洪祥斌带队到闵行"大零号湾"全球创新创业集聚区考察交流，区委巡察办主任张春燕，余建源、倪悦婷参加。

同日　市政协提案委员会副主任、民建界别副召集人、民建市委秘书长沈永铭，市政协提案委员会副主任、民盟界别副召集人、民盟市委秘书长费俭，市经信委副主任张瑛，区委常委、统战部部长李红珍等市政协委员一行赴闵行调研新型基础设施建设相关情况，区科委主任李丽，区经委副主任曹春懿，南滨江公司总经理徐亚云，区科委副主任赵世莹在智能医疗创新示范基地接待。

1月8日　闵行区创建"大零号湾"营商环境示范区暨法治保障服务"六个一"机制发布会召开，区委常委、区委政法委书记刘豫峰出席会议，党委书记、董事长余建源致辞，总经理徐亚云、党委副书记倪悦婷、副总经理叶隆参加。会上向首批受聘为"大零号湾"区域法律与政策顾问团的法官、检察官、公安民警和律师颁发聘书。

1月11日　区科委召开关于南滨江区域高企、科技企业指标及划分标准会，叶隆参加。

图6-1-34　2021年1月8日，闵行区创建"大零号湾"营商环境示范区暨法治保障服务"六个一"机制发布会召开

图6-1-35 2021年1月15日,零号湾创业者发展委员会第一次会议召开

1月12日　徐亚云主持召开大零号湾机制体制落实方案讨论会,监事长罗嗣军,副总经理叶隆、陈声凯参加会议。

1月14日　交大科技成果转化项目,交大科技园在孵企业——节卡机器人完成C轮融资,融资金额超3亿元人民币,本轮融资由中信产业基金旗下基金和国投招商共同领投,老股东方广资本跟投,华兴资本担任本轮融资的独家财务顾问。这是近年全球协作机器人行业最大的单笔融资。

1月14日　徐亚云、叶隆参加区科委召开的闵行区生物医药产业发展和政策座谈会。

同日　余建源召开招商机制专题讨论会,招商中心陆文婷、李青苗,商务公司王月秋、柏乐参加会议。

1月14日　余建源、徐亚云参加上海市中小微企业政策性融资担保基金管理中心——闵行区市区联动服务中小微企业启动仪式。

1月15日　零号湾创业者发展委员会第一次会议召开。

1月18日　徐亚云参加陈宇剑区长主持召开的闵行区民心工程实施方案汇报会,并在会上作黄浦江两岸公共空间贯通工程实施方案汇报。

1月20日　宁德创新实验室常务副主任欧阳楚英带队赴大零号湾开展实地考察,上海交通大学副校长王伟明,大零号湾推进办主任陈江平、副主任罗金才,宁德时代董事长助理、投资策划总监曲涛,企业公共事务部资深经理程云,余建源、徐亚云、倪悦婷参加会议。

同日　区人大常委会副主任张国荣带队城建环保工委一行专题调研"大零号湾"全球创新创业集聚区推进情况。徐亚云、陈声凯等相关负责同志陪同调研。

1月21日　由陈声凯牵头,与交大设计学院讨论南滨江科创开放式街区设计工作合作会。

1月22日　余建源、徐亚云、倪悦婷出席飞马旅普华永道创新加速营启动仪式。

同日　陆晓蔚主持召开闵行黄浦江滨江公共空间贯通(紫竹滨江段)讨论会,区规划资源局、区水务局、区绿容局、吴泾镇、颛桥镇、江川路街道、紫竹高新区等相关部门负责人参加会议。

图6-1-36 2021年1月22日,飞马旅普华永道创新加速营启动仪式举行。普华永道合伙人黄佳(右一)、飞马旅联席董事长杨振宇(右二)、南滨江公司董事长余建源(左三)、总经理徐亚云(左二)、闵行区科委副主任陈红铭(左一)揭牌

同日　余建源、陈声凯接待园治文创公司,对接开放式街区整体形象设计工作。

1月26日　倪悦婷主持召开剑川路940号运营协调管理办公室第一次会议。

1月28日　区科委李丽主任考察剑川路940号南科创公共服务中心,并听取虚拟大零号湾方案,徐亚云、倪悦婷、陈声凯陪同考察。

同日　陈声凯主持召开2021年架空线入地(续建项目)推进调研会。

2月2日　徐亚云接待赛伯乐公司一行人。

同日　闵行区科委副主任陈红铭携主要部门负责人一行调研上海交大科技园闵行园区。上海闵行交大科技园运营有限公司总经理陈史杰等陪同调研。

2月3日　余建源带队赴上海电气环保集团对接医疗机器人项目,徐亚云、倪悦婷参加会议。

2月5日　佳通日清食品、佳通纸制品项目设计方案评审会召开。

2月19日　零号湾涉企政策专题培训会在区科创服务中心召开,活动由区科委、江川路街道、南滨江公司共同主办,大零号湾区域内招商人员、各园区载体业主、科创企业代表应邀参加。区科委副主任陈红铭致辞,南滨江公司总经理徐亚云讲话,活动邀请区委组织部、区经委、区科委、区人社局、区财政局、区统计局、区市场局及区税务局专家老师进行现场授课,线上同步直播。

2月24日　第一次法治保障服务公开日活动在剑川路951号零号湾1号楼1楼大厅举行,区委政法委、南滨江公司、区人民法院、区人民检察院、闵行公安分局、区司法局、区总工会、区税务分所江川税务所、江川市场监督管理所、江川安监所、江川街道平安办以联合接待形式，为企业带来知识产权和商业秘密保护、企业财会人员反诈骗、劳动人事法律法规、工商税务政策法规等宣传服务。

2月25日　市经信委主任吴金城、副主任张建明带队考察上海马桥人工智能创新试验区、常青工业园、金领谷园区，现场推进宁德时代研究院项目，区委副书记、区长陈宇剑，区委常委管小军，上海交大副校长王伟明，宁德时代董事长助理、投资策划总监曲涛出席会议。

同日　"上海市闵行区江川社区MHP0-1101单元控制性详细规划24街坊局部调整"评估报告评审会召开。

2月25日　倪悦婷召开剑川路940号项目运营管理办公室第二次协调会。

2月26日　区委书记倪耀明主持召开"大零号湾"专题会议，区领导陈宇剑等出席，公司班子领导参加会议，余建源作工作汇报。

同日　余建源、华允弟、徐亚云出席弄升公司股东会、董事会，吴杏仙、刘婷婷、陆文婷、冯永荣、刘翔参加。

2月26日　徐亚云参加闵行区深化"放管服"改革全面优化营商环境暨投资促进大会。

3月1日　闵行区委书记倪耀明一行赴交大科技园闵行园区黄二村龙湖淡水河畔协作机器人产业基地企业——节卡调研。

3月1日　余建源、徐亚云接待东方创业集团公司领导一行。

同日　区委常委、副区长管小军调研大零号湾，公司班子领导参加，区领导实地踏勘了华谊染化厂、华谊智慧天地、北横泾沿线滨水步行街、零号湾科技大楼、交大科技园闵行园，并在紫竹产研院召开交流座谈会。

3月3日　徐亚云赴赛伯乐考察会谈。

同日　汇伦生物和新天药业董事长董大伦，汇伦生物副总经理秦继红一行赴南滨江公司对接工作，余建源、陈声凯参加接待。

3月3日　市国资委综合协调处处长陈浩带队赴"大零号湾"开展市属企业地块转型调研，市国资委综合协调处副处长韩伟、黄小力，创新发展处副处长史杰，区国资委主任李炜，南滨江公司党委书记、董事长余建源，马桥人工智能试验区公司党委书记、董事长史宏超参加会议。

3月4日　市科委副主任陆敏调研大零号湾建设情况，余建源、徐亚云参加。

3月5日　陈声凯、陆晓蔚参加江川路街道城市更新与经济发展专题会。

3月8日　陈宇剑区长现场调研江川滨江、染化厂、华谊智慧天地、飞马旅、佳通、人工智能研究院、龙湖淡水河畔项目并召开座谈会，公司全体班子成员参加。

3月9日　陈声凯参加区征收中心召开的紫竹创新创业走廊中心（零号湾）二期绿化新建工程现状房屋调查协调会。

同日　徐亚云接待赛伯乐投资集团人员。

3月9日　倪悦婷带队赴区科委对接科创服务中心入驻剑川路940号事宜。

3月10日　倪悦婷与区人社局对接高端人才服务中心入驻剑川路940号事宜。

图6-1-37 2021年3月8日，陈宇剑区长现场调研江川滨江、染化厂、华谊智慧天地、飞马旅、佳通、人工智能研究院、龙湖淡水河畔项目

同日 陈声凯带队赴区发改委对接宜良路桥项目、大正绿地地下停车库项目、横泾港东侧环境整治工程立项事宜。

3月11日 倪悦婷接待中国高科技产业研究会。

同日 副区长管小军接待华为公司，余建源、徐亚云参加。

3月12日 徐亚云接待华东师大科技园一行人。

同日 市委统战部、区委统战部领导一行赴大零号湾调研，参观沧源展厅、零号湾大楼、龙湖淡水河畔、创想600基地。

3月16日 谊智公司汇报华谊智慧天地滨河里面公共空间改造提升方案，余建源、陆晓蔚参加。

3月18日 徐亚云接待赛伯乐集团、博士公司一行人。

3月19日 陈声凯赴江川路街道对接都市路西侧（铁路线—剑川路）环境整治事宜。

同日 徐亚云走访易校公司。

3月23日 区委书记倪耀明调研剑川路940号项目现场，倪悦婷、陈声凯参加。

3月25日 陈声凯赴区绿容局对接横泾港东侧（剑川路—东二河）环境整治工程、紫竹创新创业走廊中心绿地一期、沧源科技园绿地一期及地下停车库项目验收及移交事宜。

3月26日 徐亚云接待863软件基地一行人。

3月29日 徐亚云主持召开南滨江公司招商与企业服务工作推进会。

3月31日 徐亚云出席"万创向新，谊启未来"——华谊万创·新所"新生启航暨意向项目签约仪式"活动。

同日 区政法委等在零号湾大楼联合举办3月闵行南部科创中心法治化营商环境公开日活动。

3月31日 闵行区与上海交通大学领导对接置换用地事宜，徐亚云、陆晓蔚参加。

4月1日 启动大零号湾科技宣传片制作，讨论大零号湾科创大厦启动仪式活动方案，倪悦婷参加。

4月6日　区规划资源局召开"上海市闵行区江川社区MHP0-1101单元控制性详细规划24街坊局部调整"（易普森项目）沟通会。

同日　徐亚云接待三锐生物一行人。

4月6日　宁德时代董事长助理、战投企划部总经理曲涛，宁德时代首席财务官、财务总监郑舒等一行赴闵行区考察调研，管小军副区长接待，区科委主任李丽、区投促中心副主任陈皎乐、区经委副主任曹春懿，余建源、徐亚云陪同接待。

4月8日　徐亚云代表南滨江公司在"投资闵行月月签"4月活动上与先导智能、星控激光签订合作协议。

4月9日　聚焦上海南部科创中心中国摄影报首届上海摄影训练营正式开营。

4月12—13日　叶隆等参加2021年"科技创新促转型，比学赶超当先锋"专题培训班。

4月13日　徐亚云参加闵行区军民融合（JMRH）产业发展领导小组第五次全体（扩大）会。

同日　亿嘉和一行赴大零号湾区域实地考察，徐亚云接待。

4月13日　余建源接待华为公司商议5G服务平台项目。

同日　徐亚云接待猪八戒网调研人员。

4月16日　倪悦婷召开大零号湾科创大厦四方入驻单位联席会议。区行政服务中心副主任张润珮，南部分中心负责人祝华婷、邱美玲，区委组织部人才工作科科长王美菊，区科创服务中心负责人杨磊，上海市闵行高端人才服务中心负责人姚静、办公室主任山凌参加会议。

同日　徐亚云、叶隆接待光大控股。

4月19日　市委办公厅综合处赴南滨江公司调研大零号湾工作，余建源、徐亚云，区科委副主任陈红铭、科创推进科科长胡俊颖参加。

同日　宁德时代考察紫竹高新区、江川滨江项目现场，余建源、徐亚云参加。

4月20日　余建源、徐亚云接待智联创谷项目。

同日　上海闵行交大科技园运营有限公司与企查查科技有限公司在上海交大科技园创想600基地签署战略合作协议。上海闵行交大科技园运营有限公司总经理陈史杰、企查查联合创始人及董事长陈德强作为双方代表签约。余建源、徐亚云、企查查联合创始人及CEO杨京见证签约。

4月21日　徐亚云接待亿嘉和科技公司现场考察人员。

4月22日　市政府研究中心赴剑川路930号现场考察。

同日　徐亚云接待电气集团对接电气西门子项目人员。

4月22日　余建源主持召开落实陈宇剑区长调研大零号湾工作要求研讨会，公司班子领导和部门、子公司负责人参加。

4月23日　徐亚云主持召开招商与企业服务专题工作会，叶隆等参加。

同日　上海电力大学赴剑川路创想600基地调研。

4月23日　余建源、徐亚云听取大零号湾"T"形开放式街区设计成果汇报。

4月25日　余建源召开""T"形区及大零号湾项目讨论会、华谊染化厂地块转型讨论会，徐亚云、倪悦婷参加。

同日　九三学社赴南滨江公司调研大零号湾推进工作，余建源、徐亚云、罗嗣军、倪悦婷、叶隆参加。

4月26日　余建源、徐亚云接待宁德时代一行人。

同日　叶隆赴区国资委汇报上海交通大学上海医疗机器人研究院有限公司投资主体和治理结构情况。

4月27日　余建源、徐亚云接待华为公司、上海交大一行人，商议5G产业服务平台及"IPV 6+"实验室运营公司事宜。

4月29日　市人民政府发展研究中心赴剑川路600号实地考察调研，叶隆参加。

同日　余建源、刘婷婷参加人工智能研究院公司董事会。

4月30日　徐亚云参加区政府投资项目（S4抬升项目）PPP（政府和社会资本合作）专题会。

同日　叶隆参加创新街区试点工作座谈会。

5月6日　市人大工作研究会第二组和市经信委相关领导赴闵行区调研产业园区转型升级工作，区委常委、副区长管小军，区经委主任林艺，徐亚云参加。

5月7日　闵行区委常委、副区长管小军带队赴上海交大调研元知机器人研究院建设规划，调研与合创智慧合作设想，上海交通大学大零号湾专项办公室主任、学生创新中心主任陈江平，机械系统与振动国家重点实验室主任、机器人研究所所长朱向阳，大零号湾专项办公室副主任罗金才，机械与动力工程学院副院长盛鑫军，合创智慧科技有限公司CEO杨颖，元知资本合伙人乐蓉参加会议。

同日　区发改委召开评估审核紫竹创新创业走廊中心（零号湾）二期绿地新建工程（前期征地动拆迁费用）使用机动资金事宜专题会。

5月10日　余建源与上海交大沟通元知机器人研究院事宜。

5月11日　余建源参加投资闵行月月签活动，南滨江公司与滨谷智能公司签约。

5月14日　叶隆主持召开紫竹产研院关于市发改委专项资金应付未付项目专题会。

同日　区委副书记、组织部部长王观宝调研大零号湾科创大厦，倪悦婷、陈声凯参加。

5月14日　余建源参加陈宇剑区长主持召开的投融资体制机制专题研究会。

5月18日　为落实市领导关于上海交通大学聚焦破解科技成果转移转化"细绳子"问题、深入推进专项改革试点的批示精神，市科技党委书记徐枫一行至"大零号湾"全球创新创业集聚区，调研闵行区科技创新工作以及上海交大科技成果转化专项改革推进情况，市科委副主任陆敏，区委常委、副区长管小军，区科委主任李丽等陪同调研。

5月19日　徐亚云主持召开横泾港东侧（剑川路—东二河）环境整治工程、紫竹创新创业走廊中心绿地一期项目（主要涉及跨河人行桥及沿河岸通道）移交协调会。

同日　区委统战部副部长巫岭带队，组织市归国留学创新创业闵行基地第二期5名挂职干部赴南滨江公司学习参观考察，倪悦婷参加。

5月19日　余建源对接上海交大校园管理处，沟通破围墙事宜。

同日　余建源赴天亿基金公司沟通平台引入事宜。

5月20日　余建源接待一汽富奥公司一行人。

同日　余建源接待美敦力项目方。

5月25日　徐亚云接待道彤资本一行人。

5月26日　龙湖蓝海引擎·淡水河畔科创园举行开园仪式，区委书记倪耀明出席，余建源、徐亚云参加。

5月28日　区委常委、副区长管小军调研上海交通大学医疗机器人研究院。

同日　余建源、徐亚云拜访元知资本。

5月31日　区委副书记、区长陈宇剑实地勘察宁德时代项目选址和剑川路940号。

同日　陈声凯参加金都路、虹梅南路、沧源路、江川东路架空线入地交通组织方案汇报会。

5月31日　徐亚云接待北航科技园一行人。

6月2日　余建源专题研究公司投融资机制和智能医疗基地10号地块开发事宜，叶隆等参加。

同日　市委党史学习教育第五巡回指导组组长吴嘉敏带队调研"零号湾"全球创新创业集聚区建设和党群服务阵地情况，余建源参加座谈并专题汇报本单位党史学习教育开展情况。

6月3日　余建源、徐亚云与上海交大密歇根学院对接。

6月4日　北京市科委、中关村管委会党组成员、副主任刘晖带队赴闵行调研，参观"大零号湾"全球创新创业集聚区和上海交大国家大学科技园闵行基地，徐亚云参加调研会议。

同日　徐亚云带队赴嘉定天舟融智军民科创产业园调研。

6月7日　余建源、徐亚云与汇伦公司对接合作事宜，副总经理叶隆、陈声凯参加。

6月8日　徐亚云代表南滨江公司与新兴研究院就华为5G产业服务平台项目在"投资闵行月月签"招商项目集中签约活动上签署战略合作协议。

同日　联合国世界旅游组织（UNWTO）专家贾云峰先生携德安杰环球顾问集团一行赴闵行区开展"闵行区城区形象品牌建设与形象推广"项目实地调研，到访大零号湾。

6月8日　内蒙古自治区政府副主席黄志强一行赴"零号湾"全球创新创业集聚区调研。

6月9日　大零号湾科创大厦一门式业务受理专题会在南滨江公司召开，余建源、倪悦婷及区行政服务中心、区科创服务中心、区高端人才服务中心相关领导参加会议。

同日　科技成果转化金融论坛在上海交通大学国家科技园创想600基地召开。本次论坛主题为"金融赋能科技，驱动产能提升"，旨在加速高校科技成果转化，促进高校与企业、创投机构、金融服务机构之间的跨领域交流。由上海交通大学上海高级金融学院、上海交通大学科技园和南滨江投资发展有限公司发起，联合保利资本、金茂资本等市场头部投资机构共同组建的"科技及产业创新中心"，在上海交大国家大学科技园正式成立。闵行区委常委、副区长管小军，上海交通大学副校长奚立峰等出席论坛。

6月10日　叶隆带队赴杨浦和浦东新区科创园区考察。

6月11日　宁德时代总裁助理、战略投资部总经理曲涛，上海交大副校长王伟明赴南滨江公司对接宁德时代未来能源研究院项目落地事宜，余建源、徐亚云参加会议。

同日　余建源、徐亚云参加上海交大科技园闵行园关于共建"微电子装备研发与产业创新联合体"战略合作框架协议签约仪式。

6月15日　区委常委、副区长管小军主持召开智能医疗创新示范基地8号地块出让事宜协调会，余建源、徐亚云、陆晓蔚参加。

同日　徐亚云对接剑川路920号园区工作。

6月16日　区科委主任李丽，余建源、徐亚云召开工作对接会。

同日　徐亚云赴上海交大参加国家（微纳）医疗机器人技术创新中心筹建推进会。

6月16日　余建源、徐亚云、叶隆赴霖鼎光学公司拜访，商议投资事宜。

同日　区规划资源局召开"上海市闵行区紫竹科学园区01单元（MHP0-1001）控制性详细规划03A街坊局部调整"项目评审会。

6月17日　飞马旅公司杨振宇、王亦鸣赴南滨江公司与余建源、倪悦婷对接工作。

同日　余建源与宁德时代公司召开视频会商议合作协议内容，陆晓蔚参加会议。

6月18日　"零·618"零号湾为梦同行六周年庆祝大会于"零号湾"全球创新创业集聚区内举行，余建源、徐亚云参加。

同日　区发改委赴大零号湾调研优化营商环境工作，叶隆参加。

6月18日　市科委副主任陆敏，上海交大副校长王伟明，区委常委、副区长管小军召开"零号湾"全球创新创业集聚区建设专题研讨会，区科委主任李丽，南滨江公司董事长余建源、总经理徐亚云，上海交大大零号湾推进办主任陈江平、副主任罗金才参加会议。

6月21日　区委常委、副区长管小军主持召开闵行区加快推进高新技术企业发展工作会议，叶隆参加会议。

6月22日　徐亚云、刘婷婷参加交大医疗机器人研究院2021年项目评审会和医疗机器人产业规划专家评审会。

6月23日　徐亚云与东方创业公司洽谈转型合作事宜。

同日　余建源参加"上海电气-西门子能源智慧能源赋能中心落户闵行合作协议"签约仪式。

6月24日　区纪委书记李忠兴带队赴大零号湾调研"一南一北"战略课题，余建源作工作汇报，倪悦婷参加会议。

同日　徐亚云召开大正招商项目沟通会。

6月25日　余建源带队赴光明集团对接福新面粉厂转型工作。

同日　余建源赴区政府参加宁德时代项目落地协调会。

6月28日　区委常委、副区长管小军召开智能医疗创新示范基地8号地块水系平衡协调会，余建源、徐亚云、陈声凯、陆晓蔚参加会议。

同日　徐亚云接待数字身份证项目方。

6月29日　"聚焦上海南部科创中心全国摄影艺术展"在大零号湾科创大厦4楼开幕，中国摄影报社社长赵迎新，闵行区委常委、宣传部长胡明华，区老领导张路加、何义正、李梦麟、王胜扬，上海市摄影家协会副主席兼秘书长忻雅华，区委宣传部副部长朱奕，区档案局（馆）

图6-1-38 2021年6月29日"聚焦上海南部科创中心全国摄影艺术展"在大零号湾科创大厦4楼开幕

局长管燕，区委组织部副部长、区老干部局局长陆瑾，区总工会党组成员袁飞，江川路街道党工委书记王文辉，党工委副书记宗华，莘庄工业区党工委委员毕弘，南滨江公司党委书记、董事长余建源，南滨江公司党委副书记、总经理徐亚云，南滨江公司党委副书记倪悦婷，上海闵行房地集团董事长、总经理华允弟，上海闵行房地集团常务副总经理、上海闵行交大科技园运营有限公司董事长吴杏仙，闵行区影像艺术家协会会长吴恩福、副会长郎国清，艺术专业委员会主任陶志军，以及来自全国的摄影艺术家代表共150多人出席活动。余建源为开幕式致辞，大零号湾授牌"上海市闵行区影像艺术家协会创作展示基地"。

同日 商务公司组织开展2021年大零号湾区域园区安全生产与应急管理专题培训。

6月29日 余建源、徐亚云赴区科委对接华为5G、"IPV6+"项目落地事宜，协商补贴资金。

同日 《闵行区关于加快推进大学科技园高质量发展、打造"环高校科创带"的实施方案》发布。

6月30日 区委书记倪耀明现场调研大零号湾建设推进情况，实地走访华谊万创·新所、大零号湾科创大厦、佳通夏日创园、上海骄成机电设备有限公司；区经委主任林艺、区科委主任李丽，江川路街道党工委书记王文辉、副主任范斌，颛桥镇党委书记傅爱民，吴泾镇镇长王学镇，南滨江公司董事长余建源、总经理徐亚云参加调研会议。

同日 商务公司张立参加自动驾驶开放测试道路第三次专题工作会。

6月30日 倪悦婷召开剑川路940号项目入驻推进会，明确7月20日前确保具备入驻条件。

同日 徐亚云对接交大元知机器人项目。

7月2日 余建源主持召开剑川路940号装修工程收尾工作推进会，倪悦婷、陈声凯参加会议。

7月6日 闵行区规划资源局向社会公示《上海市闵行区江川社区MHPO-1101单元控制性详细规划11街坊项目实施深化公众参与草案》（大正绿地地下车库项目）。

7月7日　倪悦婷与区科委副主任陈宏鸣专题对接科创服务大厅宣传布展工作。

同日　首届长三角人工智能算法大赛决赛企业参观大零号湾。

7月8日　余建源、徐亚云陪同区领导接待英特尔公司一行人。

同日　叶隆主持召开紫竹产研院接收工作会。

7月9日　2021年闵行区架空线入地和杆箱整治百日攻坚战推进会在剑川路888号龙湖淡水河畔园区召开,陈声凯在大会上作为平台公司代表宣誓。

7月10日　人工智能研究院与海尔卡奥斯集团签订协议共建"海立方AI实验室",区领导陈宇剑、管小军,余建源、徐亚云出席签约仪式。

7月14日　上海交大围墙改建暨霍英东体育馆开放式广场项目启动。

同日　徐亚云接待港华公司一行人。

7月14日　市区两级海外人才工作暨留创园工作推进会于"零号湾"全球创新创业集聚区召开,闵行区海外人才归国创业服务平台("无忧平台")于会上正式启动。

7月15日　星巴克大零号湾店正式开业。

同日　徐亚云带队赴苏州国际博览中心参观中国医学装备大会。

7月16日　余建源听取交大开放绿地、横泾港桥、大正绿地地下车库项目设计方案汇报。

同日　区委常委、副区长管小军主持召开闵行区生物医药产业政策座谈会,叶隆参加。

7月19日　市药监局领导郭术廷带队调研上海交大医疗机器人研究院,听取医疗机器人检测平台、医疗机器人监管科学研究基地建设方案,闵行区领导管小军,上海交大领导奚立峰、王伟明陪同,徐亚云参加会议。

7月20日　区发改委孙雪春副主任主持召开横泾港悬索景观人行通道新建工程桥台蓝线范围和通航梁底标高净高事宜专题会,陈声凯参加。

同日　倪悦婷与中国银行闵行支行对接大零号湾科创大厦一卡通事宜。

图6-1-39　2021年7月14日,市区两级海外人才工作暨留创园工作推进会召开

同日　盛闵公司组织召开"国盛闵行健康智谷"设计方案（层高事宜）专家论证会。

7月21日　区征收中心召开江川社区MHPO-1101单元24-02地块（易普森）收储范围协调会。

7月23日　叶隆参加"投资闵行下午茶"生物医药产业专场推介会。

同日　"永远和党在一起"南滨江公司与中国银行闵行支行党建联建庆祝中国共产党成立100周年主题党课在剑川路940号2楼会议中心举行，公司领导余建源、徐亚云、罗嗣军、倪悦婷、叶隆、陈声凯及全体员工参加活动。

7月26日　区长陈宇剑主持召开华为项目专题研究会，区委常委、副区长管小军出席，余建源、徐亚云参加会议。

7月27日　区财政局局长李骏调研剑川路940号大零号湾科创大厦金融服务平台建设工作，余建源、徐亚云参加。

同日　徐亚云参加闵行区三季度新闻媒体沟通会，邀请媒体记者到剑川路940号大零号湾科创大厦参观并做主题演讲。

7月29日　大零号湾科创大厦举办启用仪式，闵行区委书记倪耀明，上海交通大学常务副校长、中国科学院院士丁奎岭，闵行区委副书记、区长陈宇剑，闵行区委常委、副区长管小军，市科委副主任陆敏，上海交通大学校务委员会专职副主任吴旦等为大厦启用揭牌。

同日　中国大学科技园新时期高质量发展研讨会在剑川路940号大零号湾科创大厦成功举行，余建源、徐亚云、罗嗣军、倪悦婷、叶隆、陈声凯参加会议。

7月30日　余建源、徐亚云与江川街道副主任张峰接待淮海汽车领导。

同日　徐亚云接待蛋黄科技公司一行人。

8月5日　地产闵虹董事长汪丹到访南滨江公司对接工作，零号湾创投公司总经理张志刚、陈青陪同，余建源、叶隆参加。

同日　区人大常委会副主任倪学斌带队视察上海南部科创中心科技创新策源功能情况，叶隆参加。

8月6日　陈声凯主持召开大零号湾大正地下停车库新建工程方案预审会。

8月17日　中国银行·南滨江公司"大零号湾科创大厦"一卡通正式发行。

8月18日　市经信委、闵行区、宁德时代新能源科技股份公司、上海交通大学签订四方战略合作框架协议，在闵行布局建设上海交通大学未来技术学院和宁德时代未来能源研究院。

8月19日　余建源、徐亚云赴上海交大参加上海交大未来技术学院成立仪式。

同日　徐亚云与电气西门子能源赋能公司对接工作。

8月26日　陆晓蔚参加区科委召开的"打造特色载体，推动中小企业创新创业升级"专项资金项目评审咨询会。

同日　闵行区2021年上半年度驻区银行行长例会在"大零号湾"全球科创大厦召开，区财政局李骏局长，南滨江公司总经理徐亚云出席会议。

8月26日　市委宣传部常务副部长胡劲军调研"大零号湾"全球创新创业集聚区，参观大零号湾科创大厦、华谊万创·新所、龙湖淡水河畔、创想600基地，并召开座谈会，余建源、倪悦婷参加会议。

同日 零号湾发展改革委员会会议召开，徐亚云参加会议。

8月27日 "我们一起走过——人人争当实干家"2021年重点工作讲评会在南滨江紫竹产研院举行，南滨江公司党政领导班子成员和全体员工参加。

8月28日 市科委、上海交大、闵行区召开大零号湾专题推进会，市科委主任张全、副主任陆敏，闵行区委书记倪耀明，区委副书记、区长陈宇剑，区委常委、副区长管小军，上海交大校长林忠钦，副校长奚立峰，党委副书记、副校长王伟明，副校长朱新远，校务委员会专职副主任吴旦出席会议，市科委高新处、创新服务处，闵行区委办、区府办、区科委、区卫健委、南滨江公司，学校大零号湾专项办、产研院、医疗机器人研究院、科技园公司、零号湾创投公司等负责人参加会议。

8月31日 余建源、徐亚云带队赴剑川路910号电子信息工业学校与赵坚校长对接拆除围墙等事宜。

9月1日 余建源主持召开剑川路920号项目改造沟通会。

同日 徐亚云接待道彤资本公司一行人。

9月2日 区投促中心主任李丽主持召开宁德时代项目"十通一平"标准专题推进视频会，叶隆参加。

9月3日 市药监局医疗器械注册处林峰、市经信委生物医药产业处黄书泽、市药监局医疗器械注册处周滢现场考察申报设立上海市生物医药产品注册指导服务工作站，余建源、徐亚云陪同。

9月7日 闵行区委书记倪耀明调研南滨江公司。

图6-1-40 2021年9月7日，闵行区委书记倪耀明（前排左三）调研南滨江公司，南滨江公司董事长余建源（前左二）、总经理徐亚云（前左一）、监事长罗嗣军（前右二）、专职监事孙培龙（前右三）、党委副书记倪悦婷（前右一），副总经理叶隆（后左三）、陈声凯（后右三），总规划师陆晓蔚（后右二），党委委员刘婷婷（后左二）、刘翔（后右一）等陪同

9月8日　区人大常委会副主任张国荣带队赴上海南滨江投资发展有限公司调研大零号湾建设工作情况，徐亚云、陆晓蔚参加。

同日　《推进南闵行滨江创意带建设　助力上海南部区域创新发展》重点提案促办协商会在江川路街道党群服务中心召开，区委常委、副区长管小军，区政协副主席王一力出席，实地考察川上美集、乔榛语言艺术馆，徐亚云汇报提案办理情况，叶隆、陆晓蔚参加。

9月9日　徐亚云接待上海磅策医疗机器人公司一行人。

同日　闵行区分管副区长调研大零号湾金融服务平台建设方案，区财政局李骏局长陪同，先参观大零号湾科创大厦，区财政局和南滨江公司分别汇报金融平台前期情况。余建源、徐亚云、倪悦婷、叶隆参加。

9月9日　招商中心陆文婷、法务部黄源参加上海电气集团智慧能源科技公司第一次董事会。

同日　区委副书记、区长陈宇剑接待励响科技公司，余建源、徐亚云陪同。

9月10日　"IPV6+创新城市高峰论坛"在大零号湾科创大厦2楼会议中心举办，余建源、徐亚云受邀参加。

同日　徐亚云接待和华瑞博公司一行人。

9月15日　徐亚云接待Innospace公司一行人。

同日　徐亚云带队赴仪电集团对接开放式街区改造事宜。

9月15日　徐亚云参加区六届人大常委会第80次主任会议，列席"关于我区提升上海南部科创中心科技创新策源功能专项工作情况的报告"议题。

9月16日　九三学社上海市委教育专门委员会主任李道季带队参观考察"大零号湾"全球创新创业集聚区，倪悦婷陪同。

同日　弄升公司、波司登公司举行吉思美公司股权收购签约仪式，余建源、徐亚云见证签约，并与波司登公司负责人座谈交流。

9月17日　徐亚云主持召开宁德时代项目"十通一平"标准专题推进会，宁德时代、上海交通大学、上海市电力公司、城投水务集团（业务受理分公司）、大众燃气公司、区土地储备中心、区生态环境局、区规划资源局（审批科、用地科）、区水务局、区绿容局（建筑垃圾及渣土管理部门）、区建管委（审批科）、区交警支队、区交通委、吴泾镇等相关人员参加会议。

同日　区委常委、副区长管小军接待日日顺科技服务有限公司，余建源陪同。

9月17日　区国资委在大零号湾科创大厦4楼多功能厅举行投融资业务培训，叶隆参加。

9月22日　徐亚云主持召开益源公司和零号湾创投公司股东会、董事会议题专题讨论会，叶隆、刘婷婷等参加。

9月23日　余建源、徐亚云走访励响网络公司。

同日　徐亚云接待深圳金峰医疗一行人。

9月23日　徐亚云接待数字身份证项目方。

9月24日　余建源、徐亚云考察张江集电港二期"科技领袖之都园区"项目。

同日　徐亚云接待唯迈医疗一行人。

9月26日　区领导王观宝考察大零号湾科创大厦，查看党群服务中心建设情况，外派监事孙培龙、党委副书记倪悦婷陪同。

9月27日　余建源接待中国信通院，研究星火链网使用区块链技术来解决产业数字化转型事宜。

同日　区生态环境局副局长杨令带队，局退休老干部一行调研大零号湾，叶隆接待。

9月28日　市委研究室调研大零号湾市属国资地块转型工作，余建源、徐亚云出席座谈会。

同日　上海益源工业开发有限公司2021年第一次董事会和股东会在零号湾创投公司召开，副总经理叶隆、综合计划部刘婷婷、益源公司董事冯永荣、监事刘翔参加。

9月29日　余建源召开大零号湾街面环境和10号地块设计启动会，陆晓蔚参加。

同日　2021年9月服务闵行南部科创中心法治化营商环境公开日"六个一"活动在零号湾科技大楼举行，倪悦婷参加。

10月8日　南滨江公司正式迁入新址（剑川路940号大零号湾科创大厦D楼3层）办公。

10月9日　区委常委、区委组织部部长胡芳到访大零号湾科创大厦，宣布孙培龙同志为南滨江公司监事会主席，公司领导班子成员参加。

10月11日　徐亚云带队参加2021上海（闵行）生物医药产业创新峰会。

10月12日　受区政府委托，余建源主持召开宁德时代项目落地专题推进会。

同日　余建源、徐亚云陪同区主要领导赴上海交通大学会见校党委书记杨振斌、校长林忠钦。

10月13日　余建源、徐亚云与杨广忠院士对接医疗机器人研究院相关工作。

10月13—15日　第七届中国国际"互联网+"大学生创新创业大赛总决赛在江西南昌举行，园区入驻企业上海交通大学农业与生物学院硕士生孙思捷带领园区企业上海葡韵科技有限公司"国瑞葡——中国鲜食葡萄栽培新模式"项目团队斩获国家金奖，属"互联网+"大赛举办七年以来园

图6-1-41　2021年10月8日，南滨江公司正式迁入新址（剑川路940号大零号湾科创大厦D楼3层）办公

区、上海交大第一枚红旅赛道金牌！在获得金奖之前，曾由上海交大科技园闵行园区推荐参加市大学生科技创业基金的比赛。2021年3月1日，上海交通大学农业与生物学院硕士生孙思捷在园区申请了上海市大学生科技创业基金（EFG）闵行分会（交大专项），获得了30万元的资助款。

10月14日　徐亚云参加区六届人大常委会第四十一次会议，列席"关于我区提升上海南部科创中心科技创新策源功能专项工作情况的报告"议题。

10月19日　徐亚云参加区政府第124次常务会，列席大正地块土地收储的情况汇报。

10月21日　科技部、教育部发布国家大学科技园绩效评价结果，上海交通大学国家大学科技园获评"优秀"，这是上海交大科技园继上一次绩效评价获评A类国家大学科技园后，再次获得主管部门和专家的肯定。

10月22日　余建源主持协调芯发科技租赁事宜协调会，闵行房地集团吴杏仙、马力，招商中心陆文婷，弄升公司总经理冯永荣参加会议。

10月26日　受区领导委托，余建源主持中国信通院项目对接会，区经委主任李慧、区科委主任李丽参加会议。

同日　余建源、徐亚云接待芯启源公司一行人，上海交大大零号湾推进办主任陈江平出席会议。

10月29日　余建源主持召开大零号湾街道公共空间提升研究讨论会，项目正式启动方案设计，陆晓蔚参加。

10月　上海闵行留学人员创业园入驻留创企业57家，海归人员近100人。

11月2日　上海交大科技园有限公司公司董事长杜松宁、总经理陈史杰一行赴南滨江公司，商议总部大楼落地事宜，余建源、徐亚云、叶隆参加会议。

11月5日　召开市科委、闵行区与上海交通大学对接会，市科委副主任陆敏，闵行区政府党组成员宋延辉，上海交大党委副书记、副校长王伟明出席会议，余建源、徐亚云参加。

11月8日　举办"数领行业　智见未来"2021闵行区城市推介大会，余建源参加。

11月10日　代区长陈华文、区政府党组成员宋延辉带队调研大零号湾建设工作，上海交大副校长王伟明，地产闵虹党委书记汪丹，上海南滨江投资发展有限公司党委书记、董事长余建源，上海闵行房地（集团）有限公司董事长华允弟参加。

11月11日　仪电集团领导来访，余建源接待。

11月12日　区交通委主任许天海，总经理徐亚云赴华谊万创·新所园区，就沪闵路增设左转车道召开现场碰头会。

11月15日　启动"大零号湾"全球创新创业集聚区建设三年（2022—2024年）行动计划项目梳理工作，余建源、徐亚云、叶隆、陈声凯参加。

11月17日　由上海市开发区协会主办，上海交大科技园闵行园、上海南滨江投资发展有限公司、中国（上海）创业者公共实训基地南部科创中心分基地协办，在交大科技园闵行园区举办了"产业园区高质量发展暨科技创新系列培训班（第二期）"。

11月19日　区人社局在南滨江公司组织线上招聘会议，为大零号湾区域企业提供招聘渠道。

11月22日　公司董事会2021年第二次会议召开，董事长余建源，董事徐亚云、倪悦婷，外部董事吴海静，职工董事刘婷婷、张菊新参加。

11月23日　余建源、徐亚云、陈声凯赴区科委对接建设方案中重大项目事宜。

同日　区纪委监委调研大零号湾，余建源、徐亚云、倪悦婷、叶隆、陈声凯参加。

11月25日　"2021对话区委书记·闵行篇"访谈节目录制，区委书记陈宇剑赴横泾港科创水街现场调研，余建源参加。

同日　区委统战部班子领导赴大零号湾调研，徐亚云接待。

11月25日　区政府党组成员宋延辉赴大零号湾现场调研拟列入政府投资计划项目，并召开专题座谈会，区发改委副主任方俐伟，区科委主任李丽、副主任陈红铭，吴泾镇副镇长张光耀，江川路街道副主任陆晓燕，余建源、徐亚云、叶隆、陈声凯参加。

11月　上海启明战略性新兴产业技术促进中心正式成立。

12月1日　区委副书记唐劲松现场调研大零号湾，余建源、叶隆陪同。

同日　余建源主持召开落实陈宇剑书记现场调研工作要求讨论会，徐亚云、倪悦婷、叶隆、陈声凯等参加会议。

12月1日　倪悦婷召开闵行区生物医药产业链党建讨论会。

12月2日　国泰君安考察团一行调研大零号湾，徐亚云接待。

12月3日　徐亚云参加"医道彤行　厚积薄发"道彤资本2021年度合伙人年会。

同日　代区长陈华文召开研究宁德时代合作协议专题会，副区长赵亮出席，余建源、徐亚云参加。

12月7日　倪悦婷主持召开剑川路940号联席会议，讨论增加保洁和专业设备人员事宜，叶隆参加。

同日　徐亚云参加区政府第128次常务会，汇报宁德时代合作协议的情况。

12月8日　交大医疗机器人研究院召开管委会，余建源、徐亚云参加。

12月13日　由区人大常委会领导王观宝、陈皋带队，区人大代表一行视察南滨江，参观龙湖淡水河畔、华谊万创·新所园区。

附 录

一、《大零号湾科创生态体系建设的建议》

二、《沧源园区转型发展和运行管理工作方案》
　　南滨江公司在闵行区紫竹创新创业走廊沧源片区推进专题会上的汇报材料

三、部分新闻报道摘编（2015—2021）

四、"零号湾"全球创新创业集聚区"为梦启航"主题活动图录

五、争朝夕　克难题　谋布局
　　南滨江公司加快推进地区转型　助力上海南部科创中心核心区建设

六、"我们一起走过——人人争当实干家"
　　南滨江公司2021年重点工作讲评会纪实

《大零号湾科创生态体系建设的建议》

撰稿：罗金才、冯沸；核改：陈江平、余建源

2020年11月

为加快推动"大零号湾"全球创新创业集聚区建设，使区域科创生态建设在"十四五"期间开好头、起好步，现就建设大零号湾科创生态体系提出如下建议。

一、总体定位

大零号湾科创生态建设的总体定位：依托上海交大科技策源特点及区域成果转化与创新创业基础，充分梳理大零号湾区域空间基本情况，盘活闲置厂房、低效用地，合理规划布局核心"T+X"区域（剑川路—沧源路/沪闵路沿线"T"形区域，新常青园区等若干"X"形区域）科创生态，加快空间转型利用。由市、区、校、企等合作，高效构建大零号湾运营模式，建立衔接紧密的"众创空间+孵化器+加速器+公共服务平台+技术转化平台+产业园"全链条创业孵化和科技成果转化体系，构建高校创新资源快速落地、产业相对集聚、布局合理、形态特征明显的创业孵化落地与科技成果转化的高质量发展示范区。

二、现状分析

目前"T+X"区域已有功能布局主要包括：以布局科创载体与综合配套相结合的"T"形区域，以及包括科创载体、高校院所与综合配套的以新常青区域为代表的"X"形区域。

其中，"T"形区域建设基本情况如下所示。

表附-1 "T"形区域建设基本情况

区块位置	承载内容	地上面积（万平方米）	当前状态
零号湾	众创空间+综合孵化器	3.97	投入运行
飞马旅	孵化器+加速器	2.80	投入运行
剑川路955号	综合孵化器	1.50	投入运行
易迈	大企业创新中心	1.78	投入运行
电驱动	加速器	2.46	投入运行
思源	综合孵化器	0.65	投入运行
剑川路600号	众创空间+综合孵化器	1.13	投入运行
剑川路920号	综合孵化器	1.18	投入运行
剑川路930号	专业孵化器+技术公共平台	1.60	投入运行
剑川路950号	专业孵化器+技术公共平台	1.68	投入运行

(续表)

区块位置	承载内容	地上面积（万平方米）	当前状态
佳通	加速器+大企业创新中心	10.61	建设中
宏润	加速器+大企业创新中心	5.00	建设中
淡水河畔	专业孵化器+加速器	4.65	建设中
剑川路940号	政府公共服务	1.60	建设中
华谊智慧天地	加速器+大企业创新中心	8.64	建设中
易普森	加速器	3.80	规划调整中
佳东	大企业创新中心	5.37	规划调整中
剑川路910号	大企业创新中心	1.77	规划调整中
纯达	综合配套	0	规划调整中
元捷	综合配套	0	规划调整中
五星村	综合配套	15.21	规划调整中
轴承厂	综合配套	26.52	规划调整中
龙湖天街	综合配套	20.15	投入运行
白金汉爵	综合配套	4.55	建设中
新闵村	综合配套	11.20	规划调整中
面积合计		137.82	

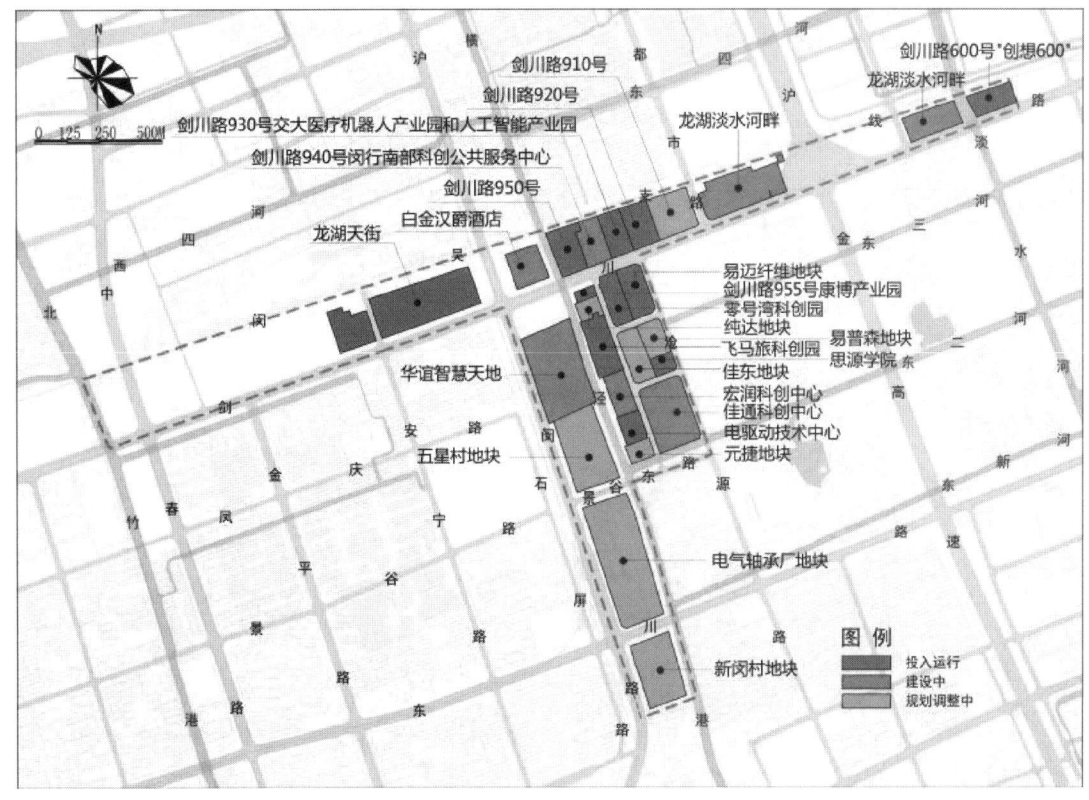

图附-1 "T"形区域建设分布情况

"T"形区域总面积为174.54万平方米,其中地上建设面积137.82万平方米,包括直接用于科创载体的空间60.19万平方米和综合配套空间77.63万平方米(其中约30万平方米也用于科创载体)。科创载体面积总计达90.19万平方米。目前科创载体建设正在多主体推进建设中,已投入运行的科创载体空间30.9万平方米,正在建设的科创载体空间30.5万平方米,规划调整中的科创载体空间28.79万平方米,区域科创载体整体形态正在逐渐形成。

"X"形区域中的新常青区域建设基本情况和分布情况如表所示。

表附-2 新常青区域建设基本情况

地块位置	承载内容	地上面积(万平方米)	功能分区	当前状态
吴泾⑪	智能医疗专业孵化平台	4	智能医疗转化区	投入运行
吴泾③	智能医疗企业总部及公共服务平台,3—5家龙头企业	12.7		待出让
吴泾⑤				
吴泾⑦				
吴泾⑧	智能医疗企业总部及研发中心,3—5家龙头企业	18.8		规划调整中
吴泾⑩				
常青⑦	东富龙总部、高端医疗设备	5.3	医疗机器人产业区	投入运行
常青①	医疗机器人企业总部	8.5		规划调整中
常青③		6		
常青⑪		3.5		
常青⑧	工业互联网与工业设计产业园	12.4	工业设计产业区	规划调整中
常青⑨				
—	中航商发	49.6	中航商发	投入运行
吴泾⑥	大健康科研平台	32.5	上海交大科研平台区	规划调整中
吴泾⑨	大文创科研平台			
常青④	功能性科研平台			
常青⑤	国防军工科研大楼			
常青⑥	学生创新中心基地			
吴泾①	博士生公寓及生活条件配套	6.7	上海交大人才服务区	规划调整中
吴泾②		12.2		
常青②	教师公寓	7.4		
—	交大南洋北苑	6		投入运行
—	雍臻公寓	1.6	人才服务区	投入运行
—	其灵公寓	2.5		
—	紫竹国际教育园区	10.6		
吴泾④	新黄浦租赁房	13.6		建设中
吴泾⑫	酒店	2.8		待出让
常青⑩	餐饮、娱乐、办公	7.6		规划调整中
	合计	224.3		

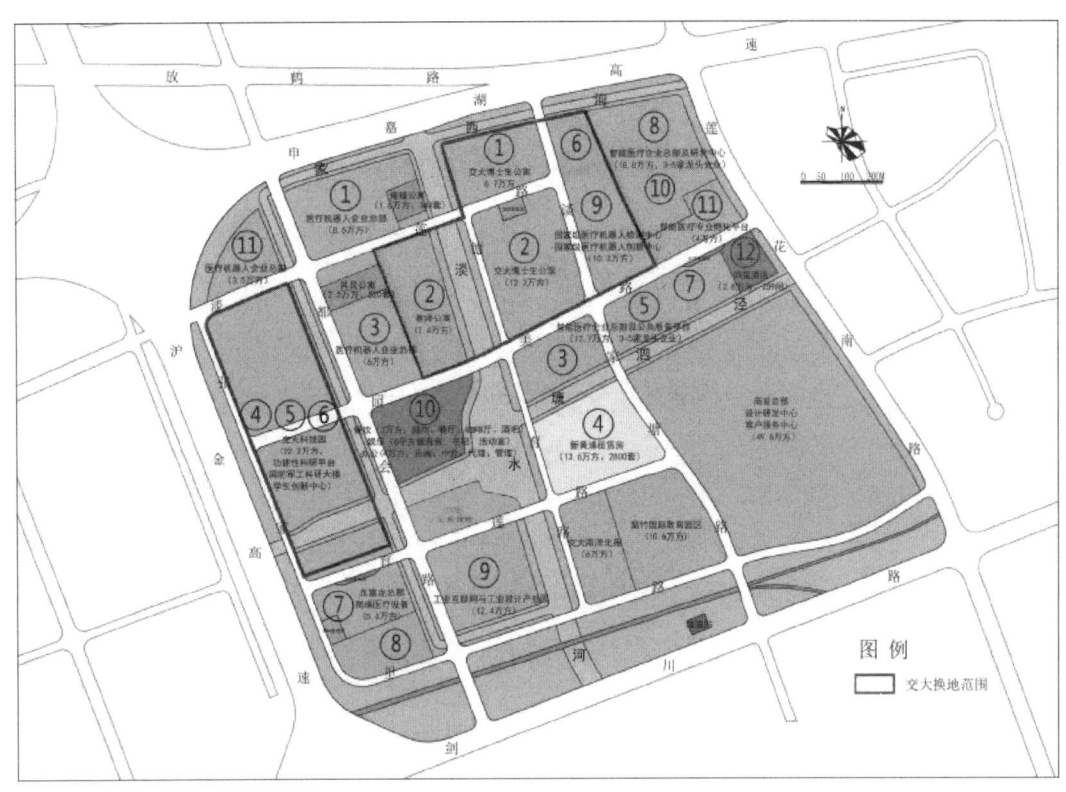

图附-2 新常青区域建设分布情况

"X"形区域中的新常青区域总建筑面积224.3万平方米，包括直接用于科创载体的空间71.2万平方米、高校院所面积125万平方米、综合配套空间28.1万平方米。目前科创载体建设正在多主体推进中，已投入运行的科创载体空间9.3万平方米，规划调整中的科创载体空间61.9万平方米。

目前"T+X"区域存在的主要问题包括：相关产业项目集聚度不高，各园区主导产业标志特征不明显，标志性成果项目较少；校内外联动不足，科技成果落地服务承接能力参差不齐；部分园区业务能级有限，重招商轻服务，部分成熟项目退租流失；各园区间同质化程度高，政策供给单一，竞争有余、协同不足，"X"形区域由于上海交大换地后相关产业和布局需进一步优化。总体而言，大零号湾现有各空间发展缺乏统筹管理，整体生态建设还存在不平衡，与高质量发展建设要求还有距离。

三、主要建议

为破解以上瓶颈问题，经深入研究，提出大零号湾科创生态体系建设的相关建议如下：

（一）明确建设"众创空间+孵化器+加速器+公共服务平台+技术转化平台+产业园"的全链条创业孵化体系过程中的科学化配置。

受外部宏观政策引导和内部各载体开发主体定位不同的影响，目前域内空间建设缺少统筹安排、精准布局，多数为功能类似、定位混杂的综合性孵化器，专业领域聚焦程度不够，外引政策多，自有政策少，对应高校各优势专业引领创新效果不明显；加速器、产业园等承接科技成果转化项目在中试放大环节的场地、技术服务需求能力明显不足。区域内已有载体与构建全链条创业孵化体系的要素配置有偏差。

根据国家、上海市相关政策及《上海市闵行区科创孵化平台管理办法》（闵科委规发〔2019〕2号）的定义分类，众创空间（新型孵化器）、孵化器（综合孵化器＋专业孵化器）、加速器、产业园（科创园区）根据载体空间、入驻企业、服务供给等进行了定义划分，见表附-3所示。

表附-3　各类载体基本要素

指标划分	众创空间	孵化器	加速器	产业园
主体	独立法人	独立法人，实缴资本≥100万元	独立法人，实缴资本≥500万	独立法人，实际运营1年以上
面积	≥500平方米，≤4 000平方米	市级≥3 000平方米，国家级≥10 000平方米	≥20 000平方米，用于中小企业≥60%	≥50 000平方米，用于企业≥60%
入驻项目	≥10个	≥15个	≥20个，其中高企≥30%	≥30个，其中科技企业≥50%
专业领域	聚焦1—2个领域	聚焦1—2个领域（专业孵化器75%一致）	有明确的产业导向，产业聚集度≥60%	产业集聚度≥50%，且已聚集一批龙头企业
服务侧重	免费或低成本提供一定空间，孵化项目和团队	有可自主支配的场地、服务团队和企业，提供创业初期相关服务	中介服务机构≥5家，提供资本、咨询、技术开发等多方面服务	全方位服务

各空间载体之间，应当根据体量大小、服务特长等，合理确定发展定位，有效覆盖科技成果转化和创新创业项目成长的各个阶段需求和客观规律，开展项目建设与运营，有效避免在某一环节存在承接能力的短板或空间载体的缺失，导致项目被迫流失外溢。

目前区域内载体形式为众创空间和孵化器，可以主要承接规模体量适中的初期创业项目开展孵化，承接企业进入加速成长期的加速器，承接具有一定规模体量的高校科技成果转化项目，开展工程化实验、中试放大的厂房类空间较为匮乏，应当新建有一定规模体量的加速器（≥20 000平方米），优化孵化器、加速器、技术服务平台设置与布局。

（二）明确各功能区域特征和引导要素，实现区域内各主体的落位的合理化布局

根据载体空间总体配置情况，科学合理安排相关载体在区域落位，按照相对集中、利于形成集群效应的原则进行规划布局。近期构建"1+7"与上海交大学生创新中心、相关学院优势学科强绑定的创业苗圃和专业孵化器。

1. 众创空间（创业苗圃）布局（表附-4）

在"T"形区域内以"创想600基地"为基础，规划单体面积1 000平方米左右的、具有相应基础设施条件的独立空间建设众创空间，作为免费的苗圃空间。新建一批单体面积1 000平方米左右的早期专业孵化器，定向对接上海交大若干院系，发挥定制化专业孵化器功能，承接一批高校教师的科技成果转化项目的前期孵化。专业孵化器应当严格控制入孵企业类型，保证与孵化器类型保持一致的项目≥75%。孵化器应当集中在环高校空间，控制与高校校区通勤距离≤2千米范围内布局。

表附-4 创业苗圃、专业孵化器布局情况

项目	位置	面积（平方米）	对应学院	领域方向
创业苗圃	剑川路600号	1 000平方米	学生创新中心	
医疗机器人专业孵化器	剑川路930号	1 000平方米	医疗机器人研究院	高端医疗装备
航空航天专业孵化器	剑川路950号	1 000平方米	航空航天学院	航空航天运用
新材料专业孵化器	剑川路950号	1 000平方米	材料科学与工程学院	材料科学与工程应用
智能制造孵化器	剑川路950号	1 000平方米	机械与动力工程学院	智能制造领域
新一代信息技术专业孵化器	飞马旅E栋	1 000平方米	电子信息与电气工程学院	新一代信息技术领域
数理科学专业孵化器	飞马旅H栋	1 000平方米	国家应用数学中心	计算机算法、数学物理领域
红杉资本、普华永道飞马旅孵化器	飞马旅C栋	2 000平方米	飞马旅	上海交大教师顶尖孵化项目

2. 加速器、公共服务平台、技术转化平台布局（表附-5—附-7）

同时在现有空间基础上，进一步优化"综合孵化器+加速器"的运营，提升综合服务配套功能，加快布局一批为科技成果转化的技术服务平台。

在"T"形区域布局建设一批单体面积超过20 000平方米的加速器，入驻与加速器相匹配的中介服务机构；预留相关空间作为大企业建设创新中心、研发中心的空间。根据创新创业生态需要，在剑川路940号建设科创服务公共平台，由南滨江等提供创新创业行政服务，入驻一批中介服务机构，提供商务、信息、咨询、培训、人力资源、技术开发与交流、投融资及市场拓展等公共服务。根据产业技术发展需要，在剑川路930号建设技术服务公共平台，先期启动建设医疗器械（医疗机器人）检测中心作为试点。

表附-5 近期综合孵化器、加速器布局情况

项目	位置	面积（万平方米）	运营平台	领域方向
飞马旅	飞马旅科技园	2.6	飞马旅	上海交大教师创新项目
零号湾	众创空间+综合孵化器	3.97	零号湾	交大师生创新项目
剑川路600号	众创空间+综合孵化器	1.13	交大科技园	交大师生创新项目
淡水河畔	专业孵化器+加速器	4.65	龙湖	交大师生创新项目
剑川路955号	综合孵化器	1.50	弄升公司	社会项目
电驱动	加速器	2.46	电驱动公司	社会项目
思源	综合孵化器	0.65	沧琛实业	社会项目
剑川路920号	综合孵化器	1.18	解放创意	社会项目
合计		18.14		

表附-6　近期服务平台布局情况

项目	位置	服务水平	领域方向
行政服务中心	剑川路940号	—	公共服务平台
科创服务中心	剑川路940号	—	公共服务平台
高端人才服务中心	剑川路940号	—	公共服务平台
科技成果转化平台	剑川路940号	—	公共服务平台
知识产权交易中心	剑川路940号	—	公共服务平台
医疗机器人研究院	剑川路930号	优	功能平台
人工智能研究院	剑川路930号	优	功能平台
国家医疗机器人技术创新中心（检测中心）	剑川路930号		专业服务平台
斯坦福技术服务中心	剑川路930号	—	技术服务平台
中关村智造服务平台	剑川路953弄	—	技术服务平台
上海汽车电驱动工程技术研究中心	剑川路953弄	一般	技术服务平台
合计			

表附-7　大企业创新中心布局情况

项目	位置	领域方向
美敦力医疗机器人创新中心	剑川路930号	医疗机器人
电气西门子能源赋能中心	华谊智慧天地	工业互联网
宏润企业创新中心	宏润地块	建设机械
佳通企业创新中心	佳通地块	新一代信息技术

3. 优化现有载体功能，合理规划后续空间

"T"形区域内缺少方向明确的专业孵化器以及与之相对应的专业服务队伍，已有综合孵化器和在建孵化器应及时向专业孵化器转型，聚焦大零号湾核心区的产业发展定位，明确入孵企业类型，实现产业集聚。正在规划中的载体应当统筹考虑目前区域"众创空间＋孵化器＋加速器＋产业园"的配置比例，结合以上海交大优势学科衍生的"硬科技"成果转化项目特点，有序科学进行载体配置，从产业规律出发，提升利用率、减少空置率。建设符合区域产业发展需要的、面向社会开放的公共服务平台，包含科创服务类、技术加工类、检测验证类等公共平台，服务域内创新创业团队与企业。按照"一门式服务"要求提供企业发展过程的其他配套服务，提升区域科创服务能级。

（三）明确新常青功能定位，规划建设以生物医药、医疗机器人为特色的产业园

根据《闵行区产业布局规划方案（2018—2025年）》，闵行南部将围绕"南上海高新智造带"，形成"一湾落九子"的产业发展格局。常青工业园位于智造带中心位置，可借助与上海交

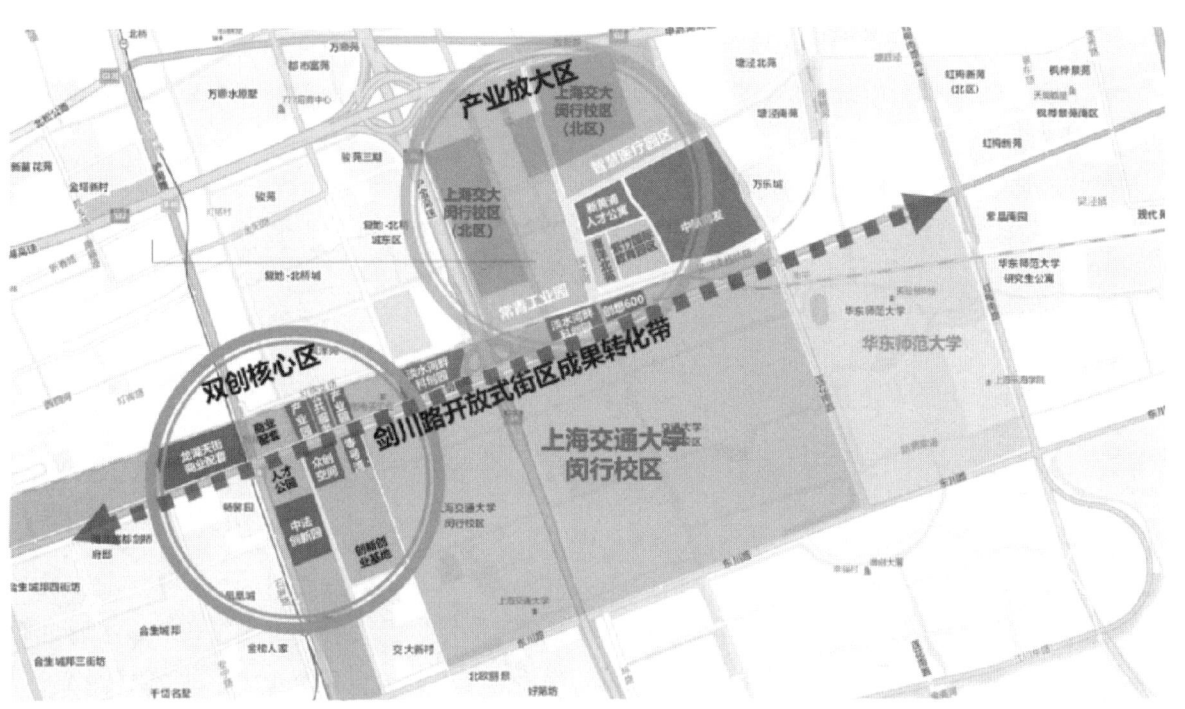

图附-3　大零号湾创新生态体系早期形态

大在常青工业园中的布局，进行产业协同发展。在新常青园区依托自身产业基础，结合产业政策导向和周边区域辐射，规划建设单体面积超过70万平方米的特色产业园，重点发展生物医药、智能医疗、医疗机器人为主导产业，并做好区域的配套服务，形成"1+1+X"产业布局。

通过系统规划布局，形成以"T"形区域中心为双创核心区，以新常青园区为产业放大区，通过建设剑川路开放式街区作为科技成果转化带加以串联，形成大零号湾创新生态体系建设规划布局的早期形态——"一带双区"格局。

四、保障措施

（一）建立区校协同推进机制

为充分挖掘区域创新资源，更好地推动区校联动，由高校为主梳理科技成果转化制度，形成校内科技成果转化项目有序发展。在操作层面，由滨江管委办和上海交大大零号湾推进办、大学科技园共同建立"大零号湾"创新生态建设协调小组，具体对大零号湾创新生态体系实行统一协调。充分调动上海交大、华东师大师生创新的积极性，加大区校对接的力度和水平，按照成熟溢出、按需落位，推动项目在大零号湾创新生态体系中入孵成长，形成校内外联动的统一机制，减少各园区/载体在项目引入过程中的各自为政、内耗竞争、重复建设。充分发挥大学科技园主力军作用，打造"T+X"区域以大学科技园为重点的特色双创载体。

（二）建立以滨江管委办为主的"T+X"区管理体制

为推进大零号湾创新生态体系建设，协调区域内各载体合理转型、有序发展，建议按照合理分工、责权统一的原则，建设统筹高效、有力的工作区域管理体制。建立以滨江管委办为主导的区域经济发展、投资促进、项目转化全链条管理，公共环境和空间载体开发建设全过程管理。建立财权与事权相统一的地区财税管理体制，建立具有符合区域发展相配套的科技成果转化管理体制。

（三）探索平台公司为主体的区域科技成果转化服务体系

区职能部门赋能南滨江公司具体实施"众创空间＋孵化器＋加速器＋公共服务平台＋技术转化平台＋产业园"全链条的管理与服务。

1. 探索南滨江公司科技成果转化服务功能

由南滨江公司与上海交大教投公司、专业学院管理团队组建专业孵化器运营公司，负责"1+6"专业孵化器运营。由南滨江公司负责整合区域现有政府体系服务资源，并以创新创业需求为导向，积极引入国内外优质科技服务机构及市场化专业服务机构入驻，由财政对"T+X"区域专业机构平台的建设运营予以专项支持。由区科委委托南滨江公司负责"T+X"区域科技创新平台建设、扶持初创企业发展、支持科技企业成长壮大、支持发展科技服务等领域的扶持专项基金的具体对接与管理，由南滨江管委办负责具体操作，经南滨江公司报科委审批通过后报财政列支，科委专项用于支持"T+X"区域的资金不少于区科委该项资金总额的30%。

2. 探索建立南滨江公司科创投资运营功能

由南滨江公司牵头会同社会资本组建科投公司，对区域内成长较快的企业进行投资入股。由南滨江公司与交大校友基金组建大零号湾天使投资基金，负责对区域内科创企业的扶持与引导。由区财政局协调区现有引导、创投、成果转化基金，在投资方向上向大零号湾区域倾斜；由区财政局委托南滨江公司向大零号湾天使投资基金（有创灵号湾，基金规模1亿元）和成果转化基金（闵行科技成果转化基金，基金规模4.28亿元）派驻投资观察员。

3. 专项制定与上海交大相关学院的对接政策

对接与上海交大相关学院的苗圃（1 000平方米）、孵化器（6 000平方米）给予房租减免及运营补贴政策。建议：三年房租全额免租补贴，三年后给予房租50%补贴；对于运营主体给予一定补贴，合计每年不超过400万元。对于技术转化平台企业，根据其转化功能和服务能级给予"一事一议"补贴政策，由滨江管委办报区政府审核认定。

4. 为中小企业的创新活动，提供从"事前""事中"到"事后"的各类帮助，提高扶持的专业性和针对性，补充中小企业相对缺失的专业服务环节，以构建其创新发展的长期保障。建议授权南滨江公司负责"T+X"区域政府创新创业券的使用管理，并增加政府创新创业券的使用范围和功能。将创新创业券从原先购买专项设备、科研服务范围加以延伸，增加对科技企业扶持的各类中介活动，如创业培训、市场对接、融资对接、创投活动、人才招聘、代理记账、知识产权申报、科创政策对接等，都纳入创新创业券的使用范围。

（四）支持南滨江公司功能性平台作用的发挥

为充分发挥南滨江公司"T+X"区域功能性平台作用，根据新形势、新发展的要求，进一步夯实工作管理基础，对相应的公司管理构架、管理人员的知识结构、运营资金保障需进一步梳理，以适应管理的要求，需在国资管理、财政支持方面给予一定的支持，确保功能性平台作用正常发挥。对新增加的业务给予一定的补贴。对公司管理成本增加和天使基金投资及科创投资功能短期内对公司经营压力较大的，建议补齐南滨江注册资本金的同时对这部分功能性投资单独考核。

表附-8　新增业务需要资金表

项目	标准	三年内年补贴金额（万元）	一次性投入（万元）	备 注
"1+6"孵化平台租金补贴	2.5元/平方米/天	638	—	
"1+6"孵化平台运营补贴	—	400	—	
创新创业券	—	300	—	
科技专项投资资金	—	—	3 000	
天使投资基金	—	—	4 000	公司投资
成果转化平台	一事一议	—	—	
公司管理成本增加	—	1 000	—	
合计	—	2 338	7 000	

《沧源园区转型发展和运行管理工作方案》
——南滨江公司在闵行区紫竹创新创业走廊沧源片区推进专题会上的汇报材料

撰稿：刘婷婷、陆晓蔚；核改：高雪峰、余建源

2017年12月

按照市委、市政府《关于加快建设具有全球影响力的科技创新中心的意见》的总体部署，闵行区提出建设"紫竹创新创业走廊"的工作设想，旨在将"紫竹创新创业走廊"打造成为上海南部科创中心的重要承载区、中国高端制造产业的重要集聚区、具有全球影响力的创新示范区。沧源片区作为"紫竹创新创业走廊"的核心区域之一，承担着南部科创中心建设发动机的作用，2016年，沧源片区改造升级的前期工作已经深入开展，城市空间设计方案初步完成，企业谈判初见成效，项目建设筹备启动，各项工作稳步推进。下一步将全面进入空间整合与实施建设的关键阶段，为顺利完成预设目标，建议进一步明确沧源片区转型升级和运行管理的工作方案，具体如下。

一、完善推进机制，加强工作协调

2015年，"零号湾"在沧源园区内正式启动，打响了沧源科技园转型的第一枪；2016年，区政府成立了紫竹创新创业走廊建设领导小组，形成了整个紫竹创新创业走廊建设的框架机制，明确南滨江公司作为实施平台。近期主要实施沧源科技园、剑川路沿线涉及仪电集团和颛桥镇所属地块（横泾港—S4）、剑川商务区（龙湖地块、思购地块和华谊集团所属地块）的整体转型和开发建设工作。前期，区滨江管委办、区经委、区科委和江川路街道等形成了很好的工作推进机制，随着工作的不断深入，现有工作机制已无法满足工作推进需要，需加以扩充和完善，建议在区紫竹创新创业走廊建设领导小组的框架下，组建由区分管领导牵头，区滨江管委办、上海交通大学、地产闵虹负责，区委组织部、区发改委、区经委、区科委、区建管委、区交通委、区财政局、区人保局、区规土局、区水务局、区绿容局、区房管局、区行政服务中心、颛桥镇、江川路街道等单位配合的专项工作推进小组，定期召开推进小组工作会议，加强工作协调和推进落实。

二、建立运管平台，落实建设主体

为提高紫竹创新创业走廊核心区——沧源片区今后的转型改造和运营管理效率，便于通过市场化方式开展沧源片区内企业股权并购、资产回购和合作开发，推进区域内企业用地资源整合，确保沧源开放式街区建设按规划目标有序推进，南滨江公司成立沧源核心区项目公司，作为统一的运管平台，负责开放式街区的项目策划、投资分析与管理、品牌管理、招商管理、客

户管理、园区管理、政府政策一门式兑现服务及基础设施建设，并由项目公司按市场化方式负责投融资，闭环运作，与属地单位开展资产、资本合作。

三、梳理区域资源，加强统筹管理

2016年，在开展沧源开放式街区城市设计的同时，对区域内现有资源进行了初步梳理，为满足紫竹创新创业走廊核心区的功能布局，加速启动沧源开放式街区建设，进一步发挥"零号湾"对科技园的带动作用，江川路街道益源工业开发有限公司区属部分40%股权由南滨江公司持有，区资产经营公司持有的上海零号湾创业投资有限公司40%股份转由南滨江公司持有；剑川路940号社保中心等资产划转南滨江公司，由南滨江公司统一按规划进行改建和管理；江川东路公租房公建配套商铺及沧源路、瑞丽路公租房委托南滨江公司管理；南滨江公司对沧源片区内的企业资产进行收购或统一租赁，与仪电集团共同进行剑川路沿线改造，与华谊集团合作进行双钱轮胎、染化厂地块的二次开发。

四、抓紧前期准备，启动项目建设

沧源片区整体转型建设工作遵循整体规划、分步推进、局部突前、连续实施的原则，在地产闵虹、上海交通大学和闵行区全力打造的"零号湾"基础上，拟将下一步开发建设划分为近、中、远三个阶段。近阶段以2017—2019年未来三年为目标，主要拟对剑川路以北仪电集团、黄二村和剑川路以南零号湾包括佳东食品厂仓库等进行建筑改造，纯达纺织地块改建新建配套地下车库及增加地面建筑，新建人行天桥，设置园区视觉与导示系统，推进智慧园区建设等。目前，各项前期工作正在积极推进，已委托优秀的设计团队对剑川路沿线空间和景观设计方案进行深化，并着手准备部分市政项目和建筑改造工程的前期工作，争取尽快启动项目建设。

五、推进合作开发，加强运营管理

一是继续与区域内上海交通大学、地产闵虹、仪电集团、华谊集团、佳通集团等重点单位保持全面联系，深化合作。以纯达纺织公司为突破口，力争2017年二季度前达成合作协议。二是争取创新平台项目尽快落地，积极开展引进优秀科创企业的相关工作。三是会同区经委等部门，梳理、明确紫竹创新创业走廊相关扶持政策，争取大张江优惠政策，做好政策服务兑现。四是启动宣传、造势，建立沧源开放式街区品牌形象，扩大园区影响力和核心竞争力。五是研究建立投融资机制，探索投融资渠道，落实资金来源。六是注重综合治理，落实属地责任，沧源片区以拆围墙、抓整合、促转型为工作思路，打造具有创新活力的开放式街区。在打造公共科创空间的同时，也将产生园区安全保障和社会管理等问题，需进一步发挥颛桥镇、江川路街道的属地管理职能，加强整个园区的社会管理和综合治理工作，结合智慧园区的建设，建立并完善开放式社区的综合管理措施，建立社区综合治理长效机制，加强园区两新党组织和社会组织平台建设。

部分新闻报道摘编（2015—2021）

2015年6月18日，"中国新闻网"报道《"零号湾"全球创新创业集聚区在上海正式启动》（记者：许婧）："零号湾"由上海交大、闵行区人民政府和上海地产（集团）有限公司共建，着眼于初创产业，主要培育和孵化科技型创业企业，通过搭建完整的创业服务平台和培育成长生态体系，吸引和凝聚国内外高校在校师生、校友以及社会各界人士落户创业，旨在通过多方合作，助力上海建设成为具有全球影响力的科技创新中心。在首批入驻的团队组成中，既有上海交大在校学生，也有海内外校友和青年教师。这些团队包括为科技创新提供网络支撑与服务平台的"InnoXYZ"项目团队；致力于智能硬件设计开发和生活健康数据挖掘的火源创业团队；开发健身食谱，让"健身与美食的邂逅成为可能"的健食记团队；发起并尝试探索中国本土化大规模在线教育道路的上海微课项目；整合第六生命元素——甲壳素的资源共享"互联网+"平台网络；为农村及贫困地区公益图书馆提供管理平台的思源公益项目；服务于现代农业的无人机项目；倾心土壤修复的节能环保循环经济项目；专注于考研辅导的微梦想考研教育项目；等等。

2017年9月29日，《经济参考报》报道《上海闵行滨江积极提升区域创新活力》（记者：李志勇、黄可欣）：坐拥"浦江第一湾"的闵行滨江，科技与人文荟萃。"老闵行"传统工业基础雄厚，"大紫竹"研发和先进制造业高度集聚。上海建设具有全球影响力的科创中心、国家老工业基地调整改造和黄浦江沿江发展三大战略在此聚焦，使得闵行滨江成为上海未来最具发展潜力的区域。2016年8月上海南滨江投资发展有限公司正式成立，全面负责滨江地区综合开发和统筹管理。"紫竹创新创业走廊"北至申嘉湖高速公路，西至区界，东、南均至黄浦江的围合区域，总计占地面积约70平方千米，其中产业用地25平方千米，区域内各类专家、院士、专业技术人才高度集聚，资源优势明显。按照加快建设具有全球影响力的科技创新中心的总体部署，闵行区与上海市经济和信息化委、上海交大、华东师大、地产闵虹及紫竹高新区开展六方合作，共同推进"紫竹创新创业走廊"建设，打造上海南部科技创新中心。以上海南部科技创新中心核心区"1+7"政策体系为基础，主动承接张江国家自主创新示范区政策辐射，研究制定加快推进紫竹创新创业走廊核心区相关政策，完备的科技创新政策支撑体系已基本形成。打造剑川路、沧源路科创开放街区，建设"大零号湾"创新港。南滨江公司已与上海交通大学、地产集团、江川街道建立四方合作互动工作机制。与沧源科技园内佳通集团等工业企业的转型合作正在全面推进中。为培育闵行南部区域新兴战略性产业，南滨江公司正在与上海交通大学、上海张江医学创新研究院合作，重点发展医疗机器人、智慧医疗大数据产业。紫竹新兴产业技术研究院一期工程已经竣工，即将投入使用。目标是建成高水平的产业技术研究和科技成果转化平台。"教育、实践、孵化"相结合，构建高校创新创业生态体系，与上海交通大学合作全面推进国家双创示范基地建设。围绕打造紫竹创新创业走廊、建设南部科创中心核心区，南滨江公司依托政府政策支持，充分调动区域资源，与上海交通大学、华东师范大学、紫竹集团、地产闵虹、华谊集团等在地机构和企业开展深度合作，加快培育区域科创载体，全面提升区域创新活力，共同推进上海闵行国家科技成果转移转化示范区建设。

2018年3月15日，《解放日报》报道《闵行：打造产城融合新亮点，建设全国示范新标杆》：一个城市没有产业的支撑，即便再漂亮，也是"空城"；一种产业没有城市依托，即便再高端，也是"空转"。实现产业、城市、人文之间活力互动、融合渗透的发展模式，是上海市闵行区坚定不移、持之以恒的追求。2016年，闵行区获批全市唯一、全国首批58个国家产城融合示范区之一，并被赋予"推动功能区有机组合，促进职住平衡和城乡一体化发展；创新产业转型升级体制机制"的示范任务。次年，推进建设上海市闵行产城融合示范区的实施方案由市发改委、市规土局等五部门联合印发。这一国家级殊荣的摘获，助推闵行区驶入了产城融合发展的快车道。……南滨江地区：重点依托紫竹创新创业走廊建设、吴泾老工业基地搬迁改造、黄浦江南延伸段开发，努力打造具备科技创新功能的上海南滨江科技城。加快建设紫竹创新创业走廊，整合盘活存量厂房和楼宇，沿剑川路、沧源路建设开放式科技创业主题街区，吸引创新创业企业和项目入驻。重点推进"医疗机器人研究院"建设。布局建设一批科技成果转化产业化基地，打造世界级技术创新源。大力推进吴泾老工业基地搬迁改造，完善开发体制机制、深化功能定位和规划研究，推进生态修复，加快煤化工产业调整和用煤减量化。强化公共空间整合，加强滨江启动区、元江路站点等重点区域和重要城市节点的规划设计，完善交通、教育、医疗、文体、养老等配套公共设施，高标准打造黄浦江沿岸绿化景观。近期，将结合闵行国家科技成果转移转化示范区建设，启动上海南部科技创新公共服务中心建设，提升"零号湾"全球创新创业集聚区影响力和辐射力，促成智慧医疗、科技成果转移转化、上海交大国家"双创"示范基地等相关项目落地。启动国家老工业基地搬迁改造示范工程，持续推进吴泾工业区环境综合整治。加快滨江先行启动区规划落地。

依托剑川路商务区和元江路上盖项目建设，进一步完善闵行南部地区配套服务。

2018年11月5日，《经济参考报》报道《上海南部科创中心核心区建设初显成效》（作者：钟源）：闵行区作为上海市科创中心建设六大功能集聚区之一，近年来以创建"国家科技成果转移转化示范区"为契机，着力突破制约科技成果转化的瓶颈障碍，整合各类资源，努力提升区域科技成果转化承载能力。与此同时，在围绕形成"创新引领区""众创集聚区""产业承载区"布局的道路上，一个创新活力竞相迸发、创新源泉不断涌现、创新能力强劲、创新成效突出的国际化产业创新高地——上海南部科创中心核心区正加快成型。2016年以来，闵行区政府围绕形成"创新引领区""众创集聚区""产业承载区"的形态布局，以推进20个重点支撑项目为抓手，注重统筹规划、优化资源配置，全力建设上海南部科创中心核心区。"围绕紫竹高新区、上海交大、华东师大为核心建设'紫竹创新创业走廊'。建设'零号湾'国家双创示范基地、沧源开放式创业社区，与上海交大共建医疗机器人研究院、人工智能研究院、生物医药创新中心等功能型平台，形成高校、园区、社区联动发展的创新创业集聚区。"区领导表示，目前闵行区以上海交大、华东师大、紫竹国家高新区为引领主体，积极推进具有全球影响力的创新引领区建设。据记者了解，闵行区全面对接上海交大，在签订新一轮战略合作框架协议的基础上，区校合作共建医疗机器人研究院、人工智能研究院等平台，推动医疗机器人、人工智能相关科技成果在平台上转移转化；推动上海交大生物医药创新平台落地，做好生物医药类项目落地服务和产业创新公共服务。具体主要包括：推进上海交大医疗机器人研究院建设，成立医疗机器人平台公司，推进建立三大研究中心和两大公共平台，年内形成医疗、产业及双创资源"3+3+3"产出机制；对接上海交大人工智能研究院，推进建设上海市人工智能功能型平台，形成建设方案，已于9月17日由上海交大、闵行区政府、博康控股集团、临港集团四方签订了战略合作协议；推动上海交大建设生物医药创新中心；加快推进紫竹产研院建设，推动东富龙等闵行区龙头企业以及复星集团等社会资本参与，打造生物药物/抗体药物公共服务平台。在打造具有全球吸引力的众创集聚区方面，闵行区加强与国内外优质创业服务机构对接和合作，推动创新创业孵化平台及专业服务平台的建设，打造最具活力、最优资源、最强成果的众创集聚区。根据国家双创示范基地考核要求，结合区校合作协议，聚焦"零号湾"全球创新创业集聚区等重点工程，通过工作例会制度，联动各方主体，以沧源开放式社区为主体，推动项目落地，进一步放大零号湾品牌效应。目前，零号湾引入超过550余个创新创业项目，350余家培育成科技创新企业，获得自主知识产权团队95家，落户知识产权数量达280多个，42家创业团队获得市级以上各类大赛殊荣，整体在孵项目投资融资近8亿元人民币。在全面建设具有全球竞争力的产业承载区方面，闵行区聚焦打造上海智能医疗大数据产业基地、上海干细胞临床研究实践创新基地、上海张江医学创新研究院成果转化基地，计划用十年左右时间，将基地建设成为亚太地区重要的精准医疗数据中心及国家级智慧医疗、精准医疗产业集聚区。联动国家产城融合示范区建设，着力打造吴泾科技时尚小镇，加快建设金领谷科技创意园区、燎申智城新材料产业园区、博济时尚科技园区、梦谷文化创意园区等项目，通过产业园区联动，承载科技成果转移转化。"在打造创新创业服务体系方面,以剑川路940号为功能载体,重点打造上海南部科创中心公共服务平台。计划用两年时间,推动政府科创服务与行业专业服务在该平台上汇聚,为创新创业者提供科技金融、创新创业、成果转化等'一门式'科创服务;设立科技成果展示中心、会议中心,推动科技成果展示、发布、项目路演、合作洽谈,促进科技成果对接;建设大型科学仪器共享平台,立足上海闵行国家科技成果转移转化示范区,以需求为导向、共享为核心,基于'互联网+'思维,线上线下服务相结合,搭建涵盖仪器共享、仪器研发、认证培训等服务为一体的一站式服务平台。"闵行区科委李丽表示。在优化创新创业生态环境方面,闵行区进一步优化区域文化设施和商业配套,加强产城融合,推动剑川路绿地示范工程、人行走廊天桥等工程建设,进一步提升创新创业生态环境建设;通过剑川路商务区项目建设功能更完备的科创载体和城市功能配套,为创新创业者提供更好的创业和生活环境。

2019年6月29日,"文汇客户端"报道《目标"科创航母",零号湾全球创新创业集聚区全面升级》(作者:周渊):零号湾全球创新创业集聚区"为梦启航"主题活动今天在上海交通大学闵行校区举办。活动以一系列主旨演讲、专家论坛、项目展示、科创赛事、闭门路演、科技园区揭牌等活动,共同描绘"零号湾"全球创新创业聚集区的未来。高校、院所、创业园区、企业、政府……打通了政产学研的"创新链条"和成果转化通道,独具活力的零号湾区域正日益成长为全球创新创业的新港湾,也成为闵行科创的一张名片。近年来,闵行区积极发挥自身优势,大力推动国家科技成果转移转化示范区建设,在此过程中诞生了一批集聚创新活力的科创载体。零号湾便是其中最具影响力的载体之一,它成功开辟了一条从实验室到市场的成果转化通道,也成为闵行科创的一张名片。为加快区域整体转型,闵行区决心将零号湾"放大",以沧源路、剑川路为主轴的"T"字形地带打造"零号湾"全球创新创业集聚区升级版。如今,在这个环上海交大、华东师大、紫竹高新区的"T"形区域内,一个开放式双创街区已逐渐成形。上海交大医疗机器人研究院、上海人工智能研究院、飞马旅康养创新产业园陆续揭牌开园;上海智能医疗创新示范基地,华谊大中华正泰橡胶厂改造项目,闵行颛桥黄二村双创基地项目,佳通、宏润研发总部转型项目等即将建设……一批科创载体陆续揭牌开园,或已画下蓝图。值得一提的是,这些项目大部分是在老工业园区、电子元件厂、食品厂的老厂房基础上进行存量土地二次开发,推动了区域的整体转型发展。佳通地块转型后,将打造"新一代信息技术产业研发平台"和"现代创意设计产业集聚平台"。宏润转型项目,将导入属盾构机器人、高铁技术、新能源技术和BIM技术等高端制造业研发中心。颛桥镇、区资产公司、黄二村、龙湖四方合作,计划将黄二村地块打造以智慧技术为基础,大健康、信息技术、智能制造为主导产业的双创空间……闵行区滨江管委会常务副主任、南滨江公司党委书记余建源告诉记者,"零号湾"全球创新创业集聚区集基础研究、前沿技术研发、成果转化、"硬科技"创业、产业集群、休闲娱乐、生活安居为一体,将提升创新资源的集聚度、创新主体的活跃度、成果转化的通畅度、产业创新的支撑度。闵行区分管副区长透露,将来"T"形区域的双创集聚效应还将进一步放大。按照上海市黄浦江两岸规划,闵行南段的滨江岸线将以科创和高科技为主题,在上海交大、华东师大为核心的区域高新技术产业将进一步集聚，成为具有全球影响力的科创航母。

2019年7月6日，"愉见财经"报道《科技创新：闵行的先手棋和聚热的"零号湾"》：零号湾全球创新创业集聚区（下称"零号湾"）是上海交通大学、上海市闵行区人民政府、上海地产集团共同全力投入优势资源合作的创新创业培育生态体系，这里有上海交大、华东师大两所"985"院校的创新策源功能，两院院士58名，背靠着闵行区所拥有的近百个国家和省部级基地、近500个科研机构，有科技、人才、信息、平台、资源、资本的集聚，因此也缔造出从源头创新到转化和产业化的完整创新链。当今世界，科技创新已经成为提高综合国力的关键支撑，也是社会生产方式和生活方式变革进步的强大引领。习近平总书记曾打过一个形象的比方，说科技创新就是个"牛鼻子"、是把"先手棋"，谁牵住了"牛鼻子"、走好了"先手棋"，谁就占领了先机、赢得了优势。上海在争取牵"牛鼻子"。上海明确科创中心建设已有五年，且早在四年多前，上海就发布了推进科创中心建设22条意见，并据此提出"两步走"规划：2020年前形成科创中心基本框架体系，到2030年形成科创中心城市的核心功能。闵行区亦在争取下"先手棋"。根据上海的总体部署，2016年3月，闵行区委、区政府制定出台《关于建设上海南部科技创新中心核心区的框架方案》，分别设定了总体目标及2020年、2030年阶段目标，形成了"一个核心区，两个着力点，三区融合发展，四大功能定位，五大重点区域"的"1+2+3+4+5"总体思路。具体来说："一个核心区"是指上海南部科技创新中心核心区；"两个着力点"是指提升科技竞争力和提升产业竞争力；"三区融合发展"是指实现大学校区、高新产业区、城市社区三区融合发展；"四大功能定位"是指发挥研发机构、产业创新、成果转化、创新创业的四大主体功能；"五大重点区域"聚力于大紫竹、莘庄工业区、南虹桥、漕河泾西区、临港浦江国际科技城。而零号湾亦破题于此。闵行区作为上海南部科技创新中心核心区，依托科技、人才、资本的优势，打通从研发到应用的产业链、创新链，打造了零号湾。下一步，零号湾将会扩容，闵行区将全面打造"大零号湾"，那将是一个百万方级的全球创新创业集聚区——围绕环上海交大、华东师大区域，打造科技成果转化和"硬科技"创业集聚示范，引领上海双创"升级版"，全面提升大学科技园能级和核心竞争力，探索高校与区域联动、成果溢出新模式和新路径。

2019年11月29日，"上观新闻"报道《闵行正式启动南科创核心区建设，华谊智慧天地等首批5个项目集中开工》（作者：黄勇娣）：11月29日下午，在原大中华正泰橡胶厂的厂址上，闵行区举行"集聚梦想 引领未来"南科创核心区建设项目启动仪式，包括华谊智慧天地、佳通科创中心、宏润科创中心、龙湖淡水河畔、白金汉爵大酒店在内的第一批5个项目集中开工，建筑面积近50万平方米，总投资约36亿元。近些年，华谊集团鉴于闵行经济转型及自身产业升级的需要，与闵行区达成统一共识，将100多亩工厂关闭停产，用壮士断腕的决心和勇气推进企业转型调整，进一步助力南部科创中心建设，为市属企业助推地区经济发挥引领示范作用。自2015年以来，闵行全力推进上海南部科创中心建设。该区以环上海交大和华东师大周边区域为重点，探索高校与区域联动，促进科创成果溢出的新模式、新路径，激发科技成果转化和"硬科技"创业集聚示范效应，全面打造"零号湾"全球创新创业集聚区。目前，环上海交大周边区域正在快速发展。通过创新创业生态体系建设，打通从研发、应用到产业化的科技创新链，这里吸引了一批在国内外有较大影响力的科创企业落户创业。其中，由上海交通大学、闵行区人民政府、上海地产集团合作建设的"零号湾"一期，入驻项目已超过560个、设立企业超过400家。在剑川路、沧源路"T"形区域内，一批特色载体正在形成，交大医疗机器人研究院、人工智能产业园、飞马旅康养创新产业园近期陆续开园……同时，人才公园、横泾港东岸景观等环境提升项目正在有序实施。本次集中开工项目位于剑川路沿线，包括华谊智慧天地、佳通科创中心、宏润科创中心、白金汉爵大酒店、龙湖淡水河畔5个重点项目，建成后将进一步提高地区科创要素集聚度，提升科技研发与创新创业的地区氛围，改善地区工作品质和生活舒适度，加快闵行建设南科创核心区的步伐，全面打响国家科技成果转移转化示范区建设攻坚战。

2020年5月28日，《经济参考报》报道《闵行加快打造"大零号湾"全球双创集聚区新名片》（记者：钟源）：近年来，上海市科委、上海市闵行区政府和上海交通大学三方定期会商、通力合作，在闵行南滨江区域大力推动国家科技成果转移转化示范区建设。在此过程中，诞生了一批集聚创新活力的科创载体，"零号湾"国家双创示范基地便是其中最具影响力的载体之一。据悉，在协力完善规划布局、全力推进载体建设、努力提升创新生态、大力改善周边配套和着力推进大学科技园建设等一揽子举措后，"大零号湾"全球创新创业集聚区这一全球领先科技创业园正加快成型。可以说，零号湾成功开辟了一条从实验室到市场的成果转化通道。如今的零号湾已成为上海建设具有全球影响力科技创新中心的重要载体，也是闵行科创的一张名片。为了放大"零号湾"品牌效应，加快区域整体转型，引领上海双创升级，上海市科委、闵行区和上海交大联手，在以沧源路、剑川路为主轴的"T"字形地带打造零号湾升级版"大零号湾"全球创新创业集聚区"，目标是打造国际科技成果的转化地、"硬科技"创业的优选地、高品质生活的示范地。闵行区滨江管委办主任、上海南滨江投资发展有限公司董事长余建源告诉记者，"大零号湾"全球创新创业集聚区将坚持国际化、高品质，全面激发科技创新活力，优化科技创新基础，提升协同创新水平，建设优势明显、特色突出、具有国际竞争能力的创新策源新高地。面向全球、面向未来，聚焦医学创新及医疗机器人、人工智能、生物医药等先进产业，构建功能全面、技术领先的创新产业生态体系，勇当上海科技创新与科技成果转化排头兵。未来的大零号湾，将成为黄浦江上的新外滩、上海城市的新中心、全球创新创业的新港湾。闵行区分管副区长表示，将来"T"形区域的双创集聚效应还将进一步放大。按照上海市黄浦江两岸规划，闵行南段的滨江岸线将以科创和高科技为主题，以上海交大、华东师大为核心的区域高新技术产业将进一步集聚，成为具有全球影响力的科创航母。事实上，为建设成科技成果转化高地，闵行区在政策上对零号湾的"服务"不可谓不大。据了解，2016年以来，闵行区相继制定出台创新创业人才、众创空间、成果转化、引导资金、先进制造业、现代服务业、生物医药、金融产业、文创产业、企业对接多层次资本市场等10个专项政策。此外，闵行区科技服务中心已入驻零号湾区域，零距离开展科创服务；闵行南部科创公共服务中心也将于年内建成，通过改造剑川路940号，新增2万平方米空间，统筹行政服务、人才服务、金融服务等各类功能入驻。在闵行区政府相关工作人员看来，"大零号湾"资源禀赋独特，创新要素齐全，科技成果转移转化能力和产业辐射力较强，优势明显、特色突出，具有较强的国际竞争能力。作为上海创新策源高地，为加快提升集聚区的集中度、显示度和贡献度，"大零号湾"还需在工作架构、国资参与、用地、政策等方面进一步升级。

2021年9月3日，"文汇报客户端"报道《与创业者"双向奔赴"！在大零号湾，看见创新创业最好的模样》（作者：周渊）：在位于上海市域西南部的"大零号湾"，看见创业最好的模样——园区和上海交通大学闵行校区仅"一墙之隔"，这也是科研成果从实验室转化为经济效能的距离，环高校的开放式街区里，既有轨道交通站点、龙湖天街商场等刚需，也有科创公园、体育馆等提升软实力的布局，创新创业的"后浪"们在此间步履匆匆，为梦想奋斗打拼。总面积约17平方千米的"大零号湾"全球创新创业集聚区，规划范围北至申嘉湖高速，西至沪闵路，东至虹梅南路，南至黄浦江，打造国际科技成果转化地、"硬科技"创业首选地和高品质生活示范地。一系列数字，讲述着"大零号湾"的生机与活力：入驻企业1 800余家，近20家企业进入拟上市梯队，十多家创新创业孵化载体、超300家创投服务机构，还有近百个专业化科创服务机构和平台。6岁的大零号湾，已初步形成生机勃勃的"环高校科创带"。以核心的上海交通大学科技园为例，其运营面积已达13.6万平方米，在环交大区域建成"创想600"、医疗机器人成果转化基地、金领谷智能光学产业基地等多个引智高地，在孵企业213家，申请知识产权986项，图灵量子、轻流等都源于上海交大科技园体系。除了优质空间配套外，还形成了"众创空间+孵化器+加速器+产业园"的孵化链条，让高校学子走出实验室即可享受"保姆级"的科技成果转化和双创孵化服务。7月底，大零号湾又添一座科创新地标——位于剑川路940号的大零号湾科创大厦正式启用。总面积约1.6万平方米，这座极具现代风格的建筑将面向大零号湾区域的企业和人才提供政务服务、创业支持等一站式服务，进一步提升科创服务能级。近日，闵行区与长三角大学科技园联盟签署战略合作框架协议，打造立足上海、服务长三角、面向全球的开放创新合作网络。"十四五"时期，闵行区将进一步加大投入，加快载体空间建设，提升双创街区形象，完善创新创业服务体系，提升大零号湾的显示度、集聚度。

2021年12月1日，"上海发布"发表由上海发布和上海人民广播电台等联合制作的《2021对话区委书记》系列节目第一期"访谈闵行区委书记陈宇剑"（资料：闵行区新闻办；编辑：林欣）：紫竹高新区和上海交通大学、华东师范大学所在的大零号湾地区，是闵行打造上海南部科创中心的核心功能区，也是闵行未来发展的希望与动力所在。对政府来讲最重要的任务是给大家搭建可以舒心、安心、创新、创业的舞台。这个舞台无非就是软、硬两个方面：从软件方面来讲，就是科创服务的体系；从硬件方面来讲，就是园区和街区的环境。科创水街两岸，过去都是老旧的厂房，经过几年的努力，现在两岸已经变成了一个生机勃勃、充满活力的科创园区。这里充满了浓郁的创新气息、生活气息，也有人文气息。华谊万创·新所老旧厂房的华丽转身，精彩蝶变，将来这里不仅会吸引一大批优秀的创业企业，也会成为一个高品质的城市公共艺术空间，所以打造一个高品质的园区，这是政府要为创业者提供的最重要的服务内容之一。科创水街，这条河就是横泾港，是连通黄浦江的，全长应该有 30 千米，流经大零号湾这个区域，也有一千多米的长度，希望在水街的两侧，不仅有科创园区，还能让大家感觉生活非常便利、非常温馨。比如开设书店、茶馆、咖啡屋等，有步道，有骑行道，同时也希望能够有篮球场、网球场、羽毛球场和供小朋友运动的足球场，等等。希望这个地方是美丽的、是温馨的，是充满活力的，也是富有生机的，是创业者可以在这里漫步，可以在这里休憩，可以在这里交流，可以碰撞出思想的火花，可以闪耀出智慧的创意的地方，甚至可能是从早到晚 24 小时运转，白天生机勃勃、夜间灯火通明的一个地方。政府和企业的愿望是共同的，就是希望共同打造一个高品质的园区，让这个地方成为创新科技策源的高地，成为年轻人创新创业的一片沃土。磨刀不误砍柴工，高水平的起步是高质量发展的重要前提，在这个过程当中，从政府角度来讲，我们坚持标准不降低，把握好业态入驻的门槛，确保这个地方能够提供高水平的公共配套服务，而且是有特色的，甚至是有个性的，是能够满足不同人群的需要的。科创园区里将开一间老年日间照护所。这个地方既是科创园区，周边也是我们老闵行的老城区，在这个园区不远地方也居住着我们闵行的居民，有不少是当年为新中国的工业建设发展做出过贡献的劳动能手。他们是当年的创业者，所以首先要让我们闵行的、老闵行的这些居民，特别是老年人能够共享区域提升发展的成果，感受到这个区域的变化与活力，真正让这个地方实现产城融合。在这些老同志身上，他们当年顽强拼搏的精神作风和实际作为，我相信也会给今天年轻创业者深刻的启迪和有力的鼓舞。有众多年轻人在这里创新创业，也非常希望让他们的父母能够看到孩子们工作拼搏的地方是个什么样子，也让年轻人的父母对他们事业更加理解和支持，也能够从这个园区感受到家庭的幸福和活力。我们要形成一种年轻人自立创业，老年人关心创业，全社会支持创业的氛围。下一步我们将在附近建设老年公寓，比如说现在有很多创业者来自全国各地，我们希望将来他们在这里工作，也可以把父母接到这个地方居住生活。这是在尽享家庭天伦之乐过程中，不断增强自己创业的信心和动力。这件事情目前还在计划阶段，下一步有信心、有条件加快推进。希望年轻人在这里尽可能解除居住、教育、医疗等方面的后顾之忧。

"零号湾"全球创新创业集聚区 "为梦启航"主题活动图录

2019年6月29日

2019年6月29日上午,由闵行区政府主办的零号湾全球创新创业集聚区"为梦启航"主题活动顺利举办。来自上海市相关部门、高校和市属企业集团的领导、专家学者、园区和企业代表、创新创业者、投资人、各方面的合作伙伴汇聚一堂,以一系列主旨演讲、方案发布、项目展示、赛事启动、园区揭牌等活动,共同描绘"零号湾"全球创新创业聚集区的未来。

市科委主任张全表示,"零号湾"全球创新创业集聚区是上海集聚区的优秀代表,希望集聚区要抓好服务,以最大的诚意、最优的政策、最佳的环境,加快吸引集聚国际、国内高水平的创新资源,围绕着人工智能与机器人、生命科学与医疗健康、互联网与信息技术等世界前沿的重点领域,构建畅通的技术转移、转化的通道,促进一批带动力强、显示度高、效益好的成果落地,构建更加开放、包容、创新的格局,为加快建设具有全球影响力的科技创新中心、为更好地服务长三角一体化战略做出积极的贡献

上海交大党委书记姜斯宪表示,2016年上海交通大学入选了国家首批双创基地,其重要的承载就是零号湾双创基地。短短三年时间,这片区域发生了巨大变化,对上海交大创新人才培养发挥了很大作用,同时也积极促进了上海创新活力的提升。上海交大将把今天的活动作为新的起点,努力推动学校创新创业事业,把"零号湾"全球创新创业集聚区这张名片擦得更亮。上海交大已看到令人振奋的蓝图,愿意与闵行区携手,参照斯坦福大学和硅谷的模式,将闵行南部这片环上海交大、华东师大的"零号湾"全球创新创业集聚区建设成为产学研结合的实践区域

飞马旅联合创始人、零点有数董事长袁岳作"崛起与消解——智能化产业的方向"主题演讲

华东师范大学教授杜德斌作"强化内生,培育引擎——上海全球科技创新中心的发展路径"主题演讲

闵行区滨江管委会常务副主任、南滨江公司董事长余建源作"新外滩、新中心、新港湾"主题演讲,首次就环上海交大、华东师大周边17平方千米科技创新策源功能布局进行论证,为大零号湾区域规划布局奠定了工作基础

华谊集团副总裁顾立立就华谊大正智慧天地转型升级方案进行了发布

飞马旅交大科创园、颛桥龙湖蓝海引擎·淡水河畔科创园、佳通科创中心、宏润科创中心等一批双创载体产业转型升级方案进行了发布

上海交通大学和华东师范大学两所高校展示各自的优秀科创项目

活动中，各区域开发主体、科研机构、地区合作项目、国际合作项目、科创服务机构、地区科创企业等进行集中签约

"华东师范大学全球校友创新创业大赛"和"第四届中国创新挑战赛（上海）暨第二届长三角国际创新挑战赛闵行区分赛场"两场赛事活动举行启动仪式

"高校国家知识产权信息服务中心""上海交通大学国家大学科技园区闵行园区"正式揭牌

活动最后，上海交通大学姜斯宪书记、市经信委吴金城主任、市科委张全主任、闵行区倪耀明区长、市科创办王鼐副主任、华东师范大学孙真荣副校长、仪电集团蔡小庆总裁、国盛集团戴敏敏副总裁、地产集团杨庆云副总裁、华谊集团顾立立副总裁、电气集团陈干锦副总裁上台共同见证"零号湾"全球创新创业集聚区正式启航。科技创新的集结号角已经吹响！"零号湾"全球创新创业集聚区将成为更多优秀企业和优秀人才的梦想地，让越来越多创新项目、创新想法能在这里破茧成蝶、扬帆启航！

争朝夕　克难题　谋布局

南滨江公司加快推进地区转型　助力上海南部科创中心核心区建设

中共闵行区委办公室编:《闵行情况》(第34期),2020年5月13日

南滨江公司按照区委、区政府统筹推进疫情防控和经济社会发展工作部署,紧紧围绕上海南部科创中心核心区建设目标,全力落实《闵行区关于聚焦上海南部科创中心核心区进一步推进制造业高质量发展的实施意见》,进一步加强统筹协调和资源整合,只争朝夕、攻坚克难、谋篇布局,加快推进地区转型,推动经济高质量发展。

一、只争朝夕抢进度,聚焦大零号湾"T"字形区域建设

一是抓建设、显成效。聚焦剑川路、沧源路"T"字形区域,加快一批功能型项目建设,提升科创社区显示度。集综合窗口受理、人才服务、科技服务、成果交易等公共服务内容为一体的南部科创公共服务中心力争年底投入使用。加快推进白金汉爵酒店、横泾港两侧滨水岸线、人才公园二期、交大剑川路围墙打开、区域断头路打通等项目,提升区域生活配套能级和环境品质。

二是促转型、求突破。围绕"T"字形区域建成百万平方米级的科创集聚区目标,进一步加强与业主及区相关部门工作对接,加快推进重点地块转型。全力以赴加快载体建设,全年计划新开工载体面积50万平方米,年内建成投入使用面积20万平方米。佳通、宏润地块争取二季度完成补地价,并督促尽早实质性开工。华谊智慧天地老厂房改造二季度完成施工招标,下半年全面启动。加快区域内易普森锅炉、五星村、电气轴承厂转型前期工作,大力推动更多地块融入大零号湾"T"字形区域改造的总体计划。

三是重招商、再提速。探索大零号湾"T+X"区域招商体制创新,成立南滨江商务公司,优化招商政策,提升招商服务能级,引导产业落地,努力实现重点区域招商水平进一步提速。建立区域合作招商机制,加强与区域内上海交大、华东师大、华谊集团高校、国企等联动合作,协同做好招商项目的产业链衔接。建立招商会商机制,充分调动区域内各园区、平台、载体招商的积极性,围绕优势产业集群和配套产业链的延伸,扩展无土招商品牌影响力,增强南滨江区域无土招商吸引力。

二、攻坚克难注活力,全速推动科创园和功能型平台建设

一是抓龙头、建集群。紫竹产研院大楼围绕分子检测、细胞生物、先进医疗器械形成产业集聚效应,积极培育中科新生命等龙头企业进一步做强做大,园区税收收入总额争取达到6000万元。智能医疗基地3、5、7号地块尽快出让和开工,二季度内筹备盛岡医疗项目对接会。积极引

进有实力的生物医药企业，加快社会资本在智能医疗基地内集聚。

二是提质量、强品牌。加快品牌科创园建设，引导产业功能集聚。剑川路951号作为成熟园区重点做好优质企业对接工作，引导企业成长壮大后在闵行落地。飞马旅康养产业园重点提升运营能级，引进红杉资本、普华永道专业孵化器和交大ACM AI教育培训项目，实现4.6万平方米康养产业园的满负荷运营。黄二村龙湖4.6万平方米科创园和华谊大正智慧园8.2万平方米重点加快载体建设，形成特色载体空间，为引入一批智慧健康、智慧信息、智能制造高水平产业项目提前做好招商布局。

三是搭平台、促转化。聚焦人工智能、医疗机器人、新材料和大学科技园等功能化平台建设，重点提升人工智能研究院、医疗机器人研究院科技成果转化水平，促进产业园区快速集聚一批行业内有知名度的创新企业。做好与交大陶铝应用技术研究院工作服务，促进陶铝产业集群在闵行落地。依托交大科技园，对接交大科技成果转化，重点加强教职员工和校友企业的引入，今年计划引进企业不少于100家。

三、谋篇布局新起点，深化区域重点区块转型

一是推进吴泾重点转型区域任务。结合"十四五"规划编制和市重点转型区域工作任务要求，深化吴泾地区转型研究，在明确吴泾地区总体功能和产业定位的基础上，适时启动城市规划等专项规划研究，加强政策创新，研究地块收储、土地利用、规划管理等相关政策。积极探索国际合作模式，吸引国际优质资源，按照"一次规划、滚动实施"的原则，建立吴泾转型区域启动地块开发建设机制。推进吴泾工业区环境综合整治收尾工作，加快绿化二期剩余建设地块动迁，争取上半年完成动迁，年底完成剩余48亩（3.2万平方米）工程建设，推进景东路（华济路—银都路）道路工程建设。做好中航机载项目落地前期工作，启动地块控规调整和优质项目认证，以中航机载项目为突破口，推动留白区转型。

二是深化黄浦江两岸开发建设规划。根据市"一江一河"办《关于黄浦江、苏州河沿岸地区建设规划近、中期行动计划（2018—2035年）》任务要求，推进黄浦江两岸闵行段建设规划研究。结合拆改留、工业遗存保护、老闵行历史记忆和创新要素集聚等要求，重点做好江川滨江城市更新概念规划。江川滨江区域结合概念性规划中期研究成果，探索新一轮开发体制，结合开发要求，完成概念性规划并启动控规调整。继续做好平山路两侧地块动迁腾地工作，启动闵行水质

净化厂转型谈判工作。结合华谊染化厂、福新面粉厂老厂房改造工程，深化黄浦江沿线景观提升方案，推进景川雨水泵站及新闵东路等配套道路工程建设。

三是加快常青工业园转型。结合大学科技园布局和智能医疗产业布局延伸，进一步优化工业园区规划方案。针对园区土地权属特点，着手研究常青工业园转型机制和开发路径，积极探索资金投入少、开发周期短的转型升级路径，对有实力、有意向自主开发并符合产业导向的企业，在政策和产业方向上进行引导，尽量按照工业用地性质进行规划建设。同时，对具备收储条件的企业，加大收储力度和产业培育力度。

"我们一起走过——人人争当实干家"

南滨江公司2021年重点工作讲评会纪实

2021年8月27日下午,"我们一起走过——人人争当实干家"2021年重点工作讲评会在南滨江紫竹产研院举行,公司党政领导班子成员和全体员工参加。

2021年是南滨江公司成立第五个年头,公司党委在年初就制定了"人人争当实干家"的工作要求,全面围绕区委提出的"比学赶超氛围浓"的工作指示,公司上下聚焦重点项目,真抓实干,开展比学赶超,人人争当实干家的氛围越来越浓。这一点在上半年的工作当中很好体现在了各自具体的岗位和绩效上,在员工身边也涌现了一批具有代表性的实干家和感人的事迹。

本次重点工作讲评会形式非常的特别,活动共分三个环节,分别是"访谈进行时""我是演说家"以及"滨江这五年"。南滨江公司想用这样一个特别的形式,更好地去展现南滨江人的实干精神,弘扬担当、实干的企业文化,进一步统一思想、凝心聚力。本次讲评会的主题是"我

们一起走过"，既是对五年来工作简短的回顾，也是对2021年重点工作的一次集中讲评。我们希望通过访谈来剖析，在具体的案例当中挖掘干部群众的精神内涵，来弘扬我们身边的先进。通过主题演讲来深挖企业文化的核心价值，希望南滨江人再一次达成共识；也希望通过表彰台上所有的讲述人，为公司的企业文化树立标杆和典型，引领公司的风尚，加速我们团队的成长。

访谈第一篇章"大厦养成记"，公司工程部与设计部代表叙述了大零号湾科创大厦项目在设计与建设过程中的甜酸苦辣，有委屈，有遗憾，有感动。

访谈第二篇章"不能没有你"，老工业基地、沧源公司和元莲公司代表叙述了公司在不同阶段，在重点项目攻关中经历了很多艰辛，南滨江人做了大量前期协调、铺垫、沟通的工作，攻坚克难、任劳任怨。

访谈第三篇章"力争三个亿"，招商中心、商务公司代表叙述了在招商力争三个亿目标下，全公司排除万难、坚定信念，全员招商，如何变不可能为可能，事无巨细、体贴入微做好企业服务的故事。

"梦想 进取 灵动 超越"和"从零开始 创造无限"的主题演讲让现场气氛达到高潮。带来主题演讲的两位都是公司的骨干，他们分别是党群工作部部长张菊新和党委委员、综合计划与投资管理部部长刘婷婷。他们陪伴着公司的发展步伐共同成长，从基层做起，一步一步成长为如今的部门主官。两位都是"80后"的干部，面对着各种各样复杂、多

样的问题，就更加需要敢于担当和作为，在复杂境况下走好自律之路、学习之路、实干之路。他们的事迹也激励着广大员工，更加奋勇争先、敢于担当，争取涌现出一批又一批新的年轻干部和主力军。

演讲之后，南滨江公司领导向"五周年员工"颁发荣誉奖杯。

随后，庆祝南滨江公司成立五周年仪式举行。

最后，南滨江公司党委书记、董事长余建源表示，回顾南滨江成立五年来的心路历程，在大家的共同努力下，南滨江从无到有，踏踏实实、勤勤恳恳，事业蒸蒸日上，南滨江生动诠释了梦想、进取、灵动、超越的企业精神。有作为才有地位。南滨江会面临更大的发展机遇与挑战，希望南滨江人在新的征程上，充分发扬"三牛精神"，以更加主动的担当、更加昂扬的姿态、更加坚定的自信，让南滨江在更广阔的舞台从零开始，创造无限。

从零开始，创造无限
——南滨江公司成立五周年纪念

讲述者：刘婷婷（时任南滨江公司党委委员、综合计划与投资管理部部长）

非常感谢能够在今天这个特殊的日子里，和大家一起做一次分享。我演讲的主题是"从零开始 创造无限"。在刚接到这个任务时，头脑里涌现出很多记忆的画面。回想一路走来我们都经历了什么，从滨江办的成立到南滨江公司的组建，从一间办公室到一栋办公楼，从几个人到整整一百人，从零资产到 20 亿元的资产总额……一切都是从零开始。作为一名老员工，非常有幸亲眼看见和亲身经历了这一切，那么接下来我就跟大家聊一聊，这些年在创业的路途上，我们经历的那些苦辣酸甜。

变动的"苦"

这里就要从 8 年前滨江办成立之初说起了。2013 年，按照市委、市政府的要求，闵行区正式启动上海黄浦江两岸南延伸段区域的发展战略研究，并组建了滨江地区开发建设领导小组，下

设办公室——滨江办。滨江办成立初期，区委、区政府对其定位尚处于摸索阶段。虽然从来没有听到过抱怨声，但我知道大家心里是很苦的，因为每一次的工作重心的调整，都意味着会有大量的基础排摸、调查研究、文字撰写和沟通汇报工作。记得余书记当时跟我们说，不管区里如何调整，我们把这个区域底数摸清楚了，总是能够以不变应万变。就这样，从黄浦江两岸开发到吴泾老工业基地调整改造，从"大红大紫大绿"战略到紫竹创新创业走廊，从上海南部科创中心到"大零号湾"全球创新创业集聚区，一路走来，不管客观情况如何变化，在滨江办领导们的带领下，我们都能够应对一切改变，并且扎扎实实一步一个脚印地完成了每一项任务。

现在我们成了闵行区一南一北战略中重要的一部分，成了闵行建设虹桥国际开放枢纽的重要一环，这是我们这些年不断打磨、不断沉淀的结果，这也正说明了有作为才能有地位、吃得苦中苦方品甜上甜的道理。

辣手的"辣"

说完了苦，接下来我来说说"辣"：上海有一个形容词叫"辣手"，意思就是"厉害"。下面我来说说我们是如何"辣手"的。

这张图可能很多人都没有看到过，这就是滨江办刚成立时明确的滨江统筹区域范围图，面积达 146 平方公里，占闵行全域面积的 1/3 还多，随后滨江办又牵头研究编制了滨江开发体制机制方案，得到了区领导小组的认可并发文实施，滨江开发的蓝图就此铸就，滨江梦从此开始，这魄力你们说"辣手"不辣手？

这张照片有人记得吗？对的，这是 2014 年 4 月 29 日，闵行滨江地区开发建设联席会议第一次召开时的合影，照片里数一数，有十几个厅局级领导。记得那时滨江办刚成立没多久，领导说，滨江这么大范围，光靠我们自己单打独斗是不行的，要成立个联席会议，让区域内的各个主体都参与进来，大家一起合作共赢。我扳扳手指头算了一下，一共有 16 家政府、高校、市属企业等单位。我当时心里还在想，这些都是大佬们，哪里会听咱

们的。可办领导说干就干,带着我们一家家地去拜访,去商量沟通。没想到大家听了我们的想法后都表示非常好,非常支持,于是滨江联席会议就这么成立起来了。在联席会议机制的作用下,我们先后牵头促成了区政府与华谊集团、电气集团、仪电集团、电力股份、纺织集团、国盛集团的战略合作协议,为今后整个区域的发展起到了非常积极的推动作用。这件事也告诉我一个道理,永远不要觉得自己渺小,只要团结起来,敢想敢干,蚂蚁也能搬动大象,不是吗?

还有 2014 年 12 月 30 日,在市政府会议室召开的市吴泾工业区综合整治领导小组会议,在这次会上举行了市吴泾办的交接仪式,市吴泾办工作职能从市经信委调整到了闵行区。记得当时区领导还在犹豫这块职能放在哪个部门时,我们领导说,吴泾工业区在我们滨江统筹管理范围内,承接这块任务我们当仁不让。就这样,我们小小一匹马拉起了市吴泾办这么一辆大车,这是怎样的勇气和底气啊!

当然,我们南滨江"辣手"的事还有很多,那些把不可能变成可能的事,处处反映出我们南滨江人的精神和品质。一件事把它从 10 做到 100 或许很难,而从 0 做到 1 却是更不容易。2013 年,我们的创始团队就来到这里,靠着一张地图一个想法一步步支撑到现在,遇到过很多的不理解、不支持、不认同、不配合,那么多的难题都没有打倒我们,领导还是毅然决然地带领着我们这个团队,不断地建章立制、攻坚克难,开辟出南滨江如今的天地。今天回忆起这些往事,最想对我们这个团队说的一句话还是:佩服,还有,辛苦了!

鼻子的"酸"

我想问问在座的同事们,有谁来到南滨江后因为工作酸过鼻子的?我就不请大家举手了,你们肯定会不好意思。

哭不丢人，为了工作哭，更不丢人。2019 年 6 月 29 日，经历过的、参与过的同事们应该都难以忘记。对的，在那天，"零号湾"全球创新创业集聚区"为梦启航"系列主题活动顺利举办。那是对于我们来说意义非凡的一天，我们邀请到了来自市、区、高校、市属企业的近 20 位局级以上领导共同参与见证。当时，筹备时间只有短短一个月，压力非常大。为了能把活动办好，大家分工合作、群策群力，呈现出了前所未有的团结合作的氛围。尤其是临近活动的最后几天，很多同事都是加班加点，最后一天甚至熬夜通宵布置会场。记得当晚胡蝶飞因为家住得太远，就在附近酒店开了房间睡了几个小时。我作为活动主要牵头部门负责人，压力更是大，任何细节都不敢放过。可是，活动开场前还是出现了意外，由于礼仪方面的细节没考虑到位，受到领导严肃批评。强大的压力和紧绷的神经差点让我支撑不住，眼泪在眼眶里直打转……还好，理智把我拉回现实——这个时候，领导想听到的一定不是解释，得尽快解决这个问题。之后，我和赵赟、张菊新及时纠正、努力补救，最终还是成功完成了任务，得到公司领导的表扬和鼓励。我发现，只要坚持努力、扛住压力，每一次的"酸鼻子"都会是一次成长！

收获的"甜"

最后想说有苦才有甜，虽然一路披荆斩棘、历经坎坷，但付出一定会有回报，收获的那一刻都是甜的。

比如南滨江公司的诞生，清晰地记得从工商局拿回公司营业执照时的喜悦，感觉那一刻起我们有了根，有了归属感，也更有了底气。也就是那个时候，我也决心放弃事业编制的身份，正式来到滨江大家庭。时过 5 年，从未后悔。

再比如闵行区的各位领导，为了帮助我们推动工作，多次来进行专题调研，虽然每次的准备工作都非常辛苦，但心里还是美滋滋的，因为我们感受到了领导的重视和支持，这让我们对工作更加充满信心。

还有每一次区领导在大会上对我们的肯定，每一场大型会议和活动的成功举办，每一个项目的顺利开工和竣工，每一个招商项目的落地，每一次团建、年会等活动中大家的优秀表现，都是一次次美好的回忆，都是甜的，这些就是推动我们不断努力前进的动力。

对于我来说，七年多的滨江生涯，经历了这些酸甜苦辣，让我得到了成长，无比荣幸，无比感动。七年不痒，我希望还能在南滨江度过下一个七年，下下个七年，下下下个七年！

最后，套用曾经看到过的一段话作结束语，与大家共勉：你所立足的地方，就是你的公司；你怎么样，公司便怎么样；你是什么，公司便是什么；你有光明，公司便前途无量。在上下各方面共同努力下，从以沧源路、剑川路为主轴的"T"字形地带的"零号湾"，到如今升级版的"大零号湾"全球创新创业集聚区已初步形成，我们都是见证者、参与者，这是何等的幸运和幸福啊！亲爱的伙伴们，让我们一起携手，共创南滨江和大零号湾的无限未来！谢谢大家！

后记

大零号湾科技创新策源功能区的开发是方方面面共同努力的结果，也是在实践中逐步探索、最终达成共识的过程，充分体现上海贯彻落实习近平总书记重要指示精神、上海各级领导和各方建设主体坚决贯彻国家战略的坚强决心。从上海交大国家双创基地建设到闵行区打造上海南部科创中心，从"零号湾"到"大零号湾"，生动体现了市、区、高校各级领导部署谋划、持续接力和不懈努力。在创新策源功能区建设的实践过程中，各方充分挖掘潜力，整合资源，优势互补，同频共振，勠力同心，共商解决措施，真正形成政府、高校、企业的合力。当然，创新策源功能区建设作为一个新生事物，从零开始，从无到有，在实践过程中，也受到资金、资源、政策等外部条件的限制。"想，都是问题；做，全是答案。"各方建设主体想尽办法，在有限的外部条件下，不畏困难、努力前行、小步快跑、真抓实干，日积月累、终成雏形。

"大零号湾"的开发得到了很多市领导的关心和指导，多次亲临现场主持召开联席会议，牵头解决推进中的问题；市科委、闵行区、上海交大三方领导以联席会议为平台，从创新策源功能区顶层设计到协调各方资源，推进落实，做了大量有实效的工作；地产集团、华谊集团、仪电集团等企业积极提供资源支撑，将"大零号湾"建设从方案一步一步变为现实。2022年11月2日，市政府发文同意《推进"大零号湾"科技创新策源功能区建设方案》。12月20日，市委书记陈吉宁来到"大零号湾"淡水河畔科创园，察看上海交通大学的科技成果转化项目，听取"大零号湾"产业布局、运作模式及打造科技创新策源高地等情况介绍，强调科创园区要更好发挥引领和策源作用，树立科技创新全链条观念，建立健全风险共担、利益共享机制，加快推动形成科学家敢干、资本敢投、企业敢闯、政府敢支持的创新资源优化配置方式，打造创新发展新引擎，为上海科创中心建设作出更大贡献。

习近平总书记将历史视为"最好的教科书"，多次强调"走得再远都不能忘记来时的路"。他常以历史教育启迪领导干部，曾劝言"领导干部要多读一点历史"。2022年6月，一群史志爱好者开始酝酿编纂《从零开始，创造无限——"大零号湾"开发亲历者回忆（2015—2021）》，希冀通过梳理部分亲历者的回忆，以及来自上海市人民政府、上海交通大学、上海市科学技术委员会、闵行区人民政府等官方网站，"上海发布""上海交通大学""上海科技""今日闵行""科创闵行""南滨江""上海地产闵虹集团""零号湾"等微信公众号，部分新闻媒体、相关人员工作笔记等资料，力图从部分"大零号湾"开发建设亲历者的视角，再现2015—2021年间"大零号湾"的创建背景、管理机构、工作推进、开发运营、建设成效等过程和内容，知所从来，方明所去，通过"认真回顾走过的路"，从而"继续走好前行的路"，为上海加快建设具有全球影响力的科技创新中心、为闵行着力打造科学、科技、科创"三科之城"贡献史志力量。

本书在编纂过程中，得到上海市地方志办公室原党组书记、主任洪民荣，闵行区人大常委会原主任张路加，市地方志办公室原副主任莫建备，市文史资料研究会常务副会长祝君波，市工商业联合会第十五届执行委员会副主席、威达高科技控股有限公司董事长周桐宇，闵行区时任发改委党委书记、区滨江办主任、南滨江公司党委书记、董事长余建源，闵行房地集团董事长华允弟，上海交大"大零号湾"专项办原主任陈江平、专项办副主任罗金才，市科学学研究所副所长张聪慧等领导的积极支持，在此表示感谢！在编写过程中，刘婷婷、吴庆贤、王亦鸣、刘清、冯永荣、陆文婷、李青苗、余宙、孙凤昌等补充提供文字和图片素材，在此一并表示感谢！

个别收录的新闻报道和照片无法及时联系到作者，恳请作者见书后联系上海科学技术文献出版社，以便按照出版社规定和标准奉上稿酬。

由于资料不完整以及编纂人员水平有限，本书难免存在不足和疏漏之处，敬请读者多加指教！

编纂组

2024 年 8 月

图书在版编目（CIP）数据

从零开始，创造无限：“大零号湾”开发亲历者回忆(2015—2021) / 本书编委会编． —上海 ： 上海科学技术文献出版社，2025． —ISBN 978-7-5439-9352-5

Ⅰ．G322.751

中国国家版本馆CIP数据核字第2025MF3558号

责任编辑：栾 鑫 李 莺
封面设计：海未来

从零开始，创造无限——"大零号湾"开发亲历者回忆（2015—2021）
CONGLINGKAISHI, CHUANGZAO WUXIAN——"DALINGHAOWAN" KAIFA QINLIZHE HUIYI(2015—2021)
本书编委会　编
出版发行：上海科学技术文献出版社
地　　址：上海市淮海中路1329号4楼
邮政编码：200031
经　　销：全国新华书店
印　　刷：常熟市人民印刷有限公司
开　　本：889mm×1194mm　1/16
印　　张：19.5
插　　页：20
字　　数：441 000
版　　次：2025年1月第1版　2025年1月第1次印刷
书　　号：ISBN 978-7-5439-9352-5
定　　价：198.00元
http://www.sstlp.com